电气防爆培训系列教材
职业技能鉴定系列教材

防爆电气维修工

主　编　张永艳
副主编　王　哲　刘大平

U1005804

中国矿业大学出版社
·徐州·

内 容 提 要

全书共分七章，主要介绍了维修工具与仪表知识、防爆电气安全管理等通用电气部分内容，还详细介绍了防爆电气设备的安装、检查、维修和维护等内容。本教材融基础知识与实际操作为一体，既可作为职业院校相关课程参考教材，也可作为从事防爆电气设备设计、制造、检修的职业技能培训教材，还可供从事防爆电气设备维修和管理工作的人员参考。

图书在版编目(CIP)数据

防爆电气维修工/张永艳主编. —徐州:中国矿业大学出版社，2021.12

ISBN 978-7-5646-4883-1

Ⅰ. ①防… Ⅱ. ①张… Ⅲ. ①防爆电气设备—维修—技术培训—教材 Ⅳ. ①TM

中国版本图书馆 CIP 数据核字(2020)第256756号

书　　名 防爆电气维修工
主　　编 张永艳
责任编辑 何晓明　何　戈
出版发行 中国矿业大学出版社有限责任公司
(江苏省徐州市解放南路　邮编 221008)
营销热线 (0516)83885370　83884103
出版服务 (0516)83995789　83884920
网　　址 http://www.cumtp.com　**E-mail**:cumtpvip@cumtp.com
印　　刷 江苏淮阴新华印务有限公司
开　　本 787 mm×1092 mm　1/16　**印张** 13　**字数** 332 千字
版次印次 2021 年 12 月第 1 版　2021 年 12 月第 1 次印刷
定　　价 36.00 元
(图书出现印装质量问题，本社负责调换)

前　言

煤炭、石油、化工、纺织和粮食加工等工业在国民经济中占有很重要的地位，这些行业在生产过程会形成爆炸性混合物的危险环境，防爆电气设备制造、使用和维护是企业安全生产的重要环节，为保障企业安全生产状况得到根本的好转，企业对技术工人的知识、技能水平以及相关的职业教育和职业培训提出了更高、更新的要求，防爆电气的职业技能培训也是一项长期的任务。

为了适应行业发展的需要，同时更好地满足职业院校的教学要求，特开发了这套教材。教材在编写过程中严格执行国家有关技术标准，较多地介绍防爆行业的新知识、新技术、新工艺和新设备，突出教材的先进性，合理安排教材内容，并注重利用图表、实物照片及案例辅助讲解知识点和技能点。本教材依据爆炸性环境系列标准、可燃性粉尘环境用电气设备系列标准、防爆电气设备的行业标准、《煤矿安全规程》及《粉尘防爆安全规程》等编写。全书共分七章，主要介绍了维修工具与仪表知识、防爆电气安全管理等通用电气部分内容，还详细介绍了防爆电气设备的安装、检查、维修和维护等内容。本教材融基础知识与实际操作为一体，既可作为职业院校相关课程参考教材，也可作为从事防爆电气设备设计、制造、检修的职业技能培训教材，供从事防爆电气行业防爆电气设备技术和管理工作的人员参考。

本书由黑龙江能源职业学院张永艳担任主编，王哲、刘大平担任副主编，参加编写的还有郑绪瑛、吴艳萍、辛华、王亚娟等。具体编写分工如下：第一章，郑绪瑛、杨彬、王哲；第二章，辛华、范利明；第三章，张永艳、王哲；第四章，吴艳萍、李凤海；第五章，温玉婷、王亚娟；第六章、第七章及附录，王哲、张永艳。全书由张永艳统稿、定稿。

本书在编写过程中得到各级领导以及中国电器工业协会防爆电器分会李绍春，华荣科技股份有限公司王亚德、林献忠，佳木斯防爆电机研究所王维越等技术专家的帮助，以及沈阳电气传动研究所、洪江汇海科技有限公司、大庆恒驰电气有限公司、新黎明科技股份有限公司等企业的大力支持，在此一并表示由衷的感谢！

由于编者水平有限，特别是对新标准学习理解不够，书中难免存在不足之处，敬请读者批评指正。

编　者

2021年10月

目 录

第一章　维修工具与仪表知识

第一节　常用维修工具及使用

一、螺钉旋具及其使用方法

1. 螺钉旋具

螺钉旋具俗称起子，又称螺丝刀、改锥，由手柄和金属杆组成，主要用来紧固和拆卸螺钉。螺钉旋具的手柄通常有木柄、塑料柄、橡胶柄。根据金属杆顶端形状的不同，螺钉旋具一般分为一字形、十字形和组合式。

（1）一字形螺钉旋具

如图 1-1-1 所示，一字形螺钉旋具规格很多，它的规格是用除手柄以外的刀体长度来区分的，其中 50 mm、100 mm、150 mm、200 mm 是电工必备的。选用一字形螺钉旋具时要注意刀口尺寸要与螺钉的一字槽相适应，否则会损坏螺钉槽。

（2）十字形螺钉旋具

如图 1-1-1 所示，十字形螺钉旋具规格与一字形螺钉旋具相同，但端头随不同规格的螺钉旋具有所不同，使用过程应根据不同大小的螺钉选用。

（3）组合式螺钉旋具

如图 1-1-2 所示，组合式螺钉旋具的金属杆刀头部分可拆卸组装，方便了使用过程中对不同规格螺钉旋具的需求。

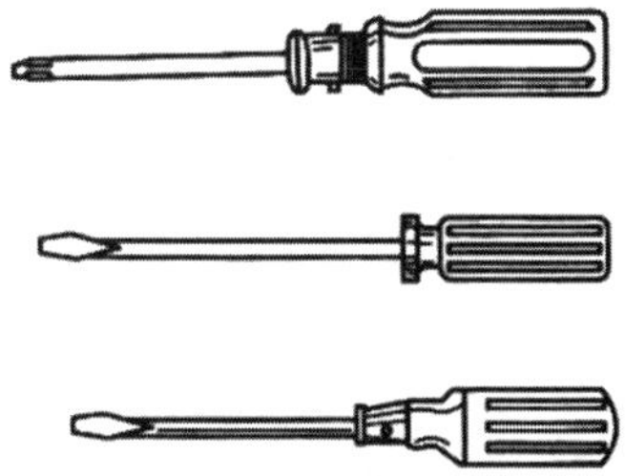

图 1-1-1　常用螺钉旋具

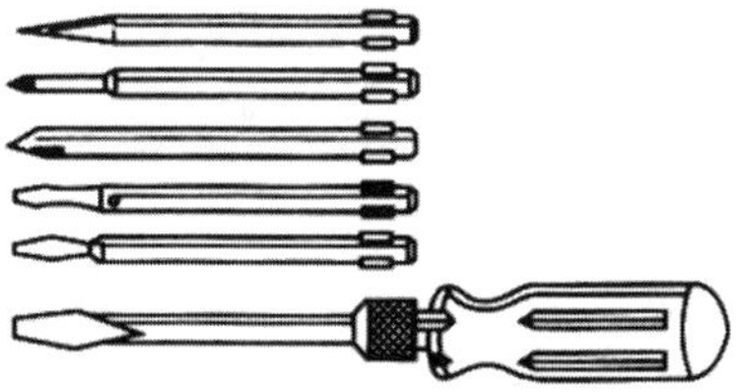

图 1-1-2　组合式螺钉旋具

2. 螺钉旋具的使用

使用小型号螺钉旋具时，用食指顶住握柄末端，大拇指和中指夹住握柄旋动；使用大型号螺钉旋具时，手掌顶住握柄末端，大拇指、食指和中指夹住握柄旋动；使用金属杆较长的螺钉旋具时，左手握住金属杆的中间部分，右手压紧并旋转，以防螺钉旋具滑脱，左手不放在螺钉周围，以免螺钉旋具滑出将手划破，如图 1-1-3 所示。

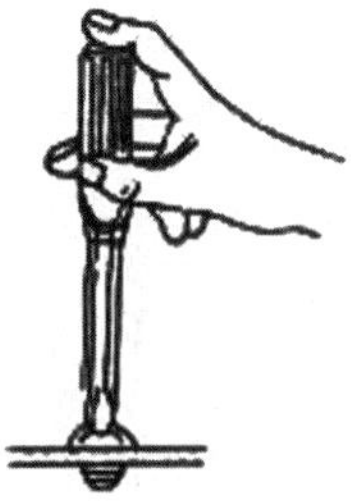

(a) 小型号螺钉旋具

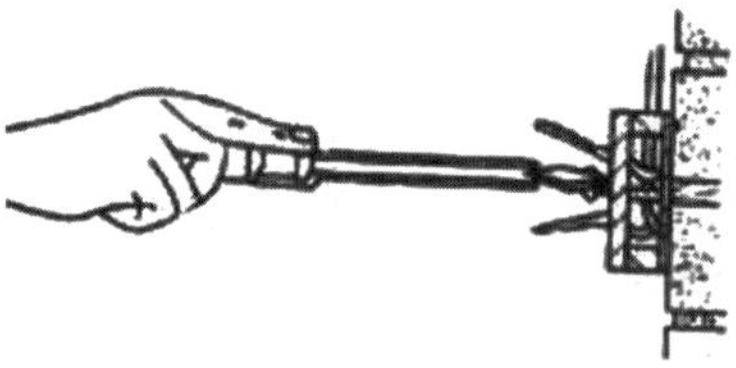

(b) 大型号螺钉旋具

图 1-1-3　螺钉旋具的使用

不管使用哪种螺钉旋具,使用时刀口都应对准螺钉凹槽,开始拧松或最后拧紧时都要用力将螺钉旋具压紧后再旋转。

二、电工刀

如图 1-1-4 所示,电工刀主要用来剖削和切割电线绝缘层、切削圆木或塑料槽、削制木榫等。电工刀主要由刀身和刀柄组成,每次使用完毕应及时将刀身折进刀柄。由于电工刀刀柄不绝缘,因此不能在带电导线或器材上剖削,以免触电。

1. 削制木榫

用电工刀削制木榫的方法如图 1-1-5 所示。

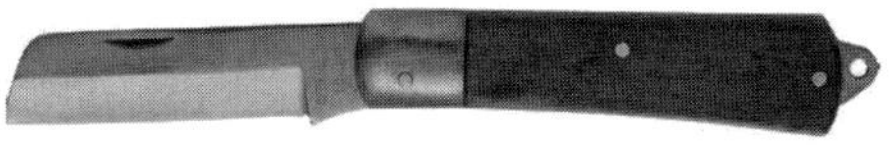

图 1-1-4　电工刀

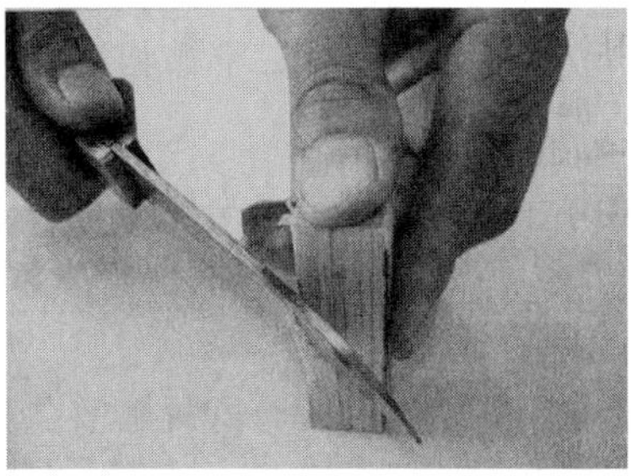

图 1-1-5　电工刀削制木榫

2. 剖削导线

电工刀适合剖削截面积大于 4 mm^2 的塑料导线,操作方法如图 1-1-6 所示。注意加工过程中不要割伤芯线,更不要割伤手。

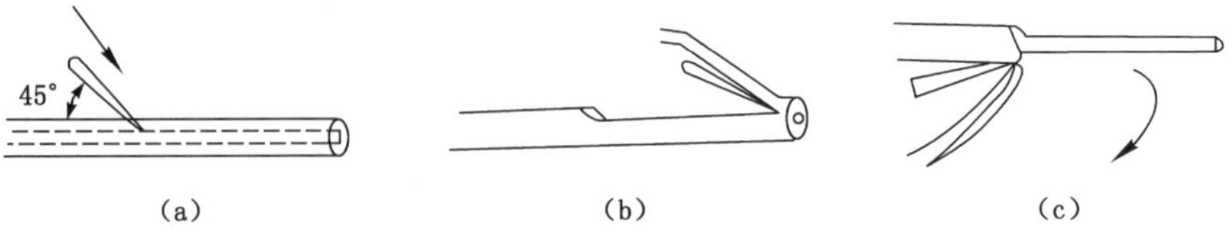

图 1-1-6　电工刀剖削塑料导线

① 电工刀以 45°角切入导线绝缘层。

② 电工刀与线芯保持约 25°角,用力向线端推削,削去上面一层塑料绝缘层。

③ 将下面塑料绝缘层向后扳翻,用电工刀齐根切去。

3. 剖削护套线

电工刀剖削护套线护套层的操作方法如图 1-1-7 所示。

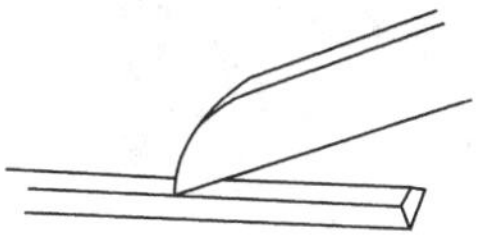

(a)

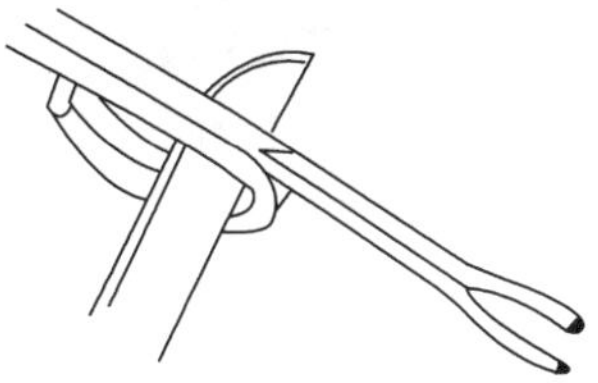

(b)

图 1-1-7　电工刀剖削护套线护套层

① 根据长度在指定处横向划一深痕，但不能损伤芯线绝缘层。

② 找准芯线中间缝隙，划破护套层。

③ 向后扳翻护套，用电工刀齐根切去。

三、钢丝钳

钢丝钳由钳头和钳柄两部分组成，如图 1-1-8 所示。钳头由钳口、齿口、刀口和铡口组成，钳口用来弯绞和钳夹导线线头；齿口用来紧固螺母；刀口用来剪切导线或剥削导线(4 mm^2 以下)绝缘层；铡口用来铡切钢丝等较硬金属丝，如图 1-1-9 和图 1-1-10 所示。电工一般选用带绝缘手柄的钢丝钳，绝缘护套耐压为 500 V，因此只适合在 500 V 以下带电设备上使用。在用刀口剥削导线绝缘层时，应注意刀口切入绝缘层，但不能伤及线芯；右手握住钳头，向外拉来剥去绝缘层。

图 1-1-8　钢丝钳

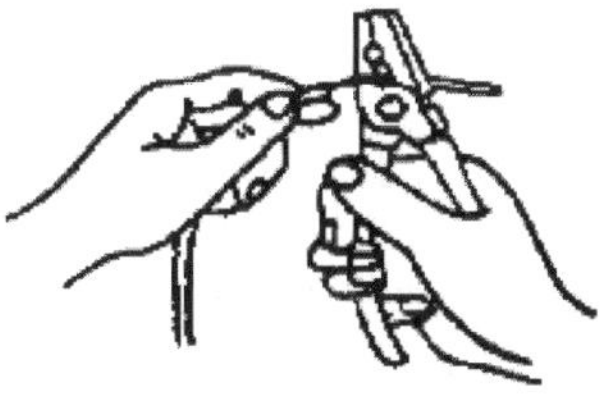

(a) 刀口剪断导线

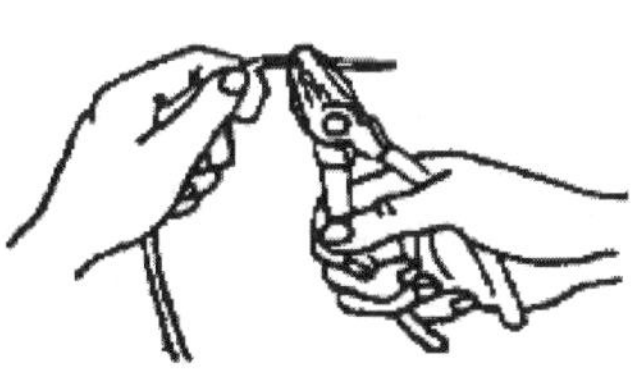

(b) 钳口弯绞导线

(c) 齿口紧固螺母

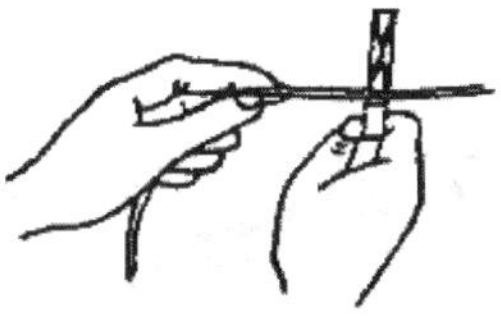

(d) 铡口铡切钢丝

图 1-1-9　钢丝钳的使用

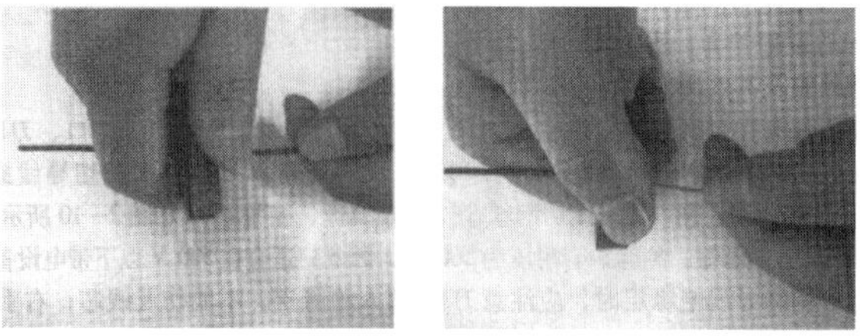

(a) 切入绝缘层　　(b) 剥去绝缘层

图 1-1-10　钢丝钳剥削导线

四、尖嘴钳

尖嘴钳如图 1-1-11 所示，适合在狭小空间中操作。电工一般使用带绝缘手柄(耐压 500 V)的尖嘴钳，可用于切断细小的导线、金属丝；夹持小螺钉、垫圈及导线等物件；将导线端头弯曲成所需的各种形状。由于尖嘴钳钳头尖细，且经过热处理，因此钳夹物体不可过大，用力时切勿过猛，以免损伤钳头。

五、断线钳

断线钳如图 1-1-12 所示，又称斜口钳，专供剪断较粗的金属丝、线材及电线电缆。电工常用绝缘手柄断线钳的绝缘耐压为 500 V。

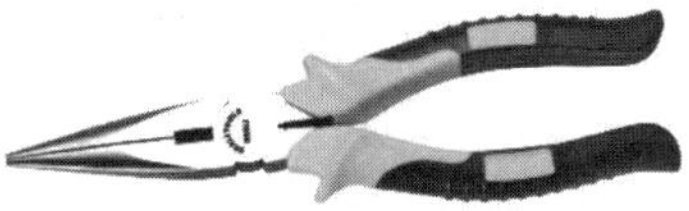

图 1-1-11　尖嘴钳

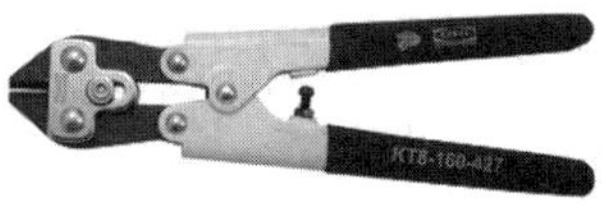

图 1-1-12　断线钳

六、扳钳

1. 手动扳手

扳手是用于装拆螺纹连接的工具，常见的有活扳手、固定扳手、套筒扳手等，如图 1-1-13 所示。固定扳手和套筒扳手的扳口或套口尺寸固定，在拆卸时不易损坏螺栓和螺母，能在一些特殊的位置使用。如图 1-1-14 所示，活扳手是用来紧固或旋松螺母的一种专用工具，其卡口可在规格锁定范围内任意调整大小。扳动较大螺母时，所用力矩较大，手应握在手柄尾部，如图 1-1-15(a)所示；扳动较小螺母时，为防止卡口处打滑，手应握在接近头部位置，且用拇指调节和稳定蜗轮，如图 1-1-15(b)所示。使用扳手时不得带电操作，不得将扳手当作撬棒或锤子使用。

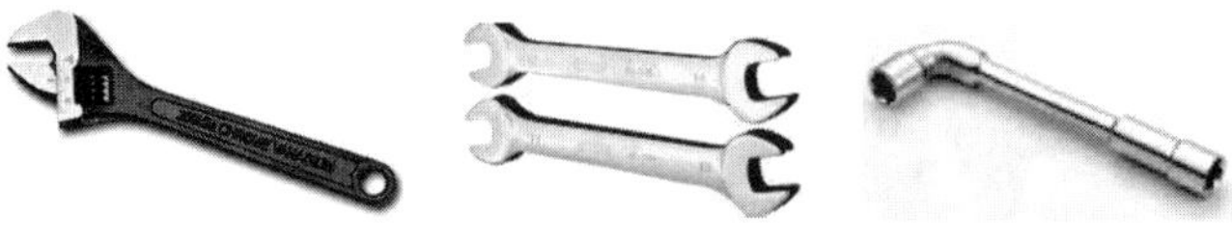

(a) 活扳手　　(b) 固定扳手　　(c) 套筒扳手

图 1-1-13　常见扳手

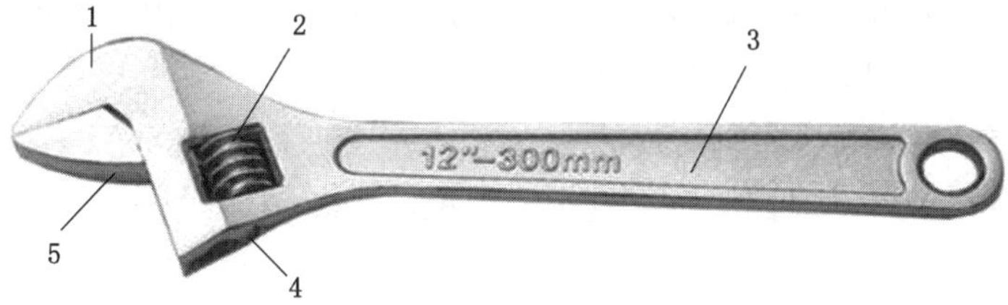

1—呆扳唇；2—蜗轮；3—扳手柄；4—轴销；5—活扳唇。

图 1-1-14　活扳手

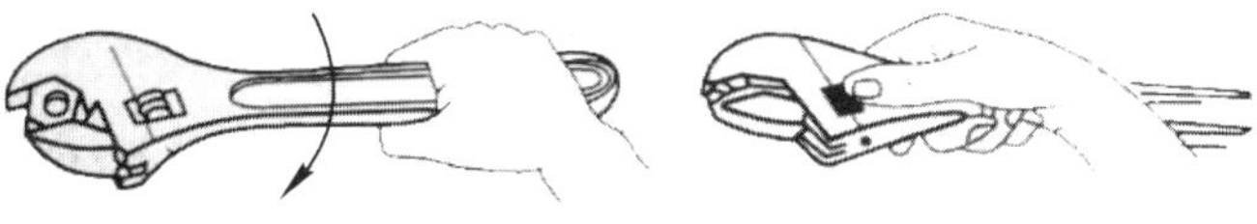

（a）扳动较大螺母　　（b）扳动较小螺母

图 1-1-15　活扳手的握法

2. 电动扳手

如图 1-1-16 所示，电动扳手就是以电源或电池为动力的扳手，是一种拧紧螺栓的工具。主要分为冲击扳手、扭剪扳手、定扭矩扳手、转角扳手、角向扳手、液压扳手、扭力扳手等。电动扳手主要应用于钢结构安装行业，专门安装钢结构高强度螺栓。高强度螺栓是用来连接钢结构接点的，通常是以螺栓群的方式出现。高强度螺栓可分为扭剪型和大六角型两种。一般对于高强度螺栓的紧固都要先初紧再终紧，而且每步都需要有严格的扭矩要求。扭剪型高强度螺栓的初紧可使用冲击电动扳手或定扭矩扳手，而终紧必须使用扭剪扳手；大六角高强度螺栓的初紧和终紧都必须使用定扭矩扳手，故各种电动扳手就是为各种紧固需要而设计制作的。

图 1-1-16　电动扳手

冲击电动扳手主要是用来初紧螺栓的，它的使用很简单，就是对准螺栓扳动电源开关就行。电动扭剪扳手主要是用来终紧扭剪型高强度螺栓的，它使用时就是对准螺栓扳动电源开关，直到把扭剪型高强度螺栓的梅花头打断为止。电动定扭矩扳手既可初紧又可终紧，它使用时是先调节扭矩，再紧固螺栓。电动转角扳手主要也属于定扭矩扳手的一种，它使用时是先调节旋转度数，再紧固螺栓。电动角向扳手是一种专门紧固钢架夹角部位螺栓的电动扳手，它使用时和电动扭剪扳手原理一样。

（1）电动扳手的检验试验及保养

① 电动扳手的金属外壳应可靠接地，其外壳应有定期检验试验合格证，并在有效期限内。

② 检查电动扳手机身安装螺钉紧固情况，若发现螺钉松了，应立即重新扭紧，否则会导致电动扳手故障。

③ 检查手持电动扳手两侧手柄是否完好，是否有开裂和破损，安装是否牢固。

（2）电动扳手的使用和操作注意事项

① 确认现场所接电源与电动扳手铭牌是否相符，是否接有漏电保护器。

② 根据螺帽大小选择匹配的套筒，并妥善安装。

③ 在送电前确认电动扳手上开关断开状态。

④ 若作业场所在远离电源的地点，需延伸线缆时，应使用容量足够、安装合格的延伸线缆。延伸线缆如通过人行过道时，应高架或做好防止线缆被碾压损坏的措施。

⑤ 尽可能在使用时找好反向力矩支靠点，以防反作用力伤人。

⑥ 使用时发现电动机碳刷处电火花异常时，应立即停止工作，进行检查处理，排除故障。此外，碳刷必须保持清洁干净。

⑦ 站在梯子上工作或高处作业时，应做好防止高处坠落措施，梯子应有地面人员扶持。

七、验电笔

验电笔简称电笔，又称试电笔，是检验导线、低压电气设备外壳是否带电的一种常用辅助安全工具，其检测范围为 60～500 V，有钢笔式、旋具式和数字式多种，如图 1-1-17 所示。

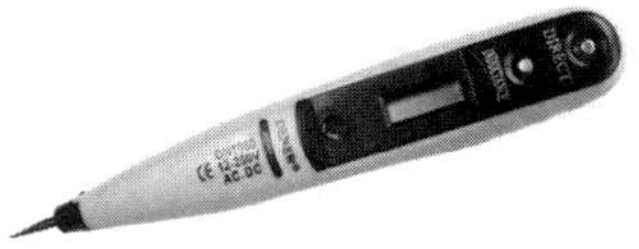

图 1-1-17　验电笔

旋具式低压验电笔由笔尖、电阻、氖管、弹簧、笔身、笔尾金属体等部分组成，如图 1-1-18 所示；其使用方法如图 1-1-19 所示，使用时手应触及笔尾金属部分。

验电笔主要作用是区分相线与中性(零)线。在交流电路中，当验电笔触及导线时氖管发亮即是相线；正常情况下中性(零)线不会使氖管发亮。

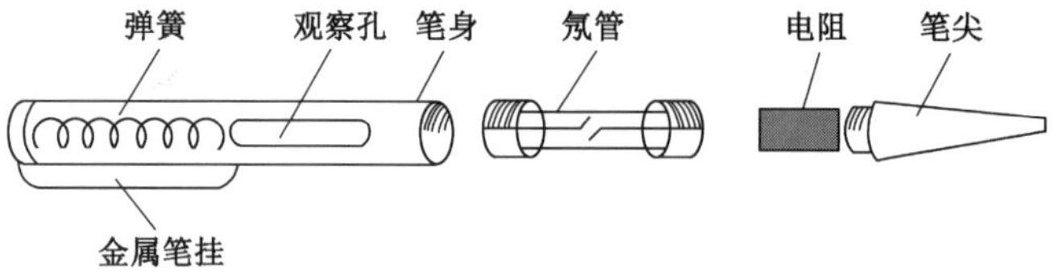

图 1-1-18　旋具式低压验电笔的结构

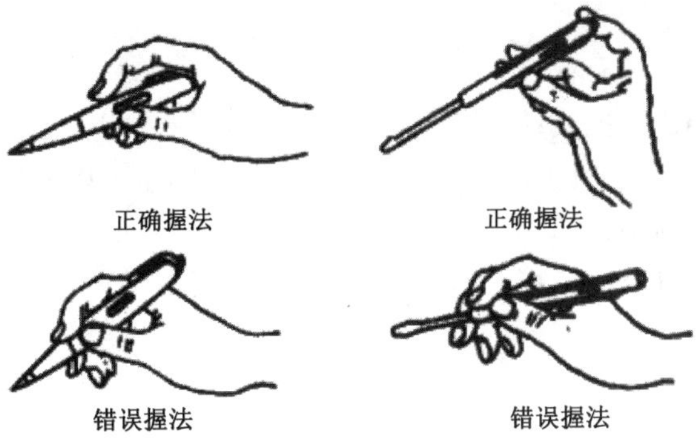

图 1-1-19　旋具式低压验电笔使用方法

八、剥线钳

剥线钳是用来剥除电线、电缆端部橡胶及塑料绝缘层的专用工具。剥线钳由刀口、压线口和钳柄组成，如图 1-1-20 所示。剥线钳的刀口上有多个不同直径的切口，以适应不同规格的线芯剥削。剥线钳的钳柄上套有耐压 500 V 的绝缘套管。剥线钳常用于剥除线芯截面为 6 mm^2 以下塑料或橡胶绝缘导线的绝缘层。

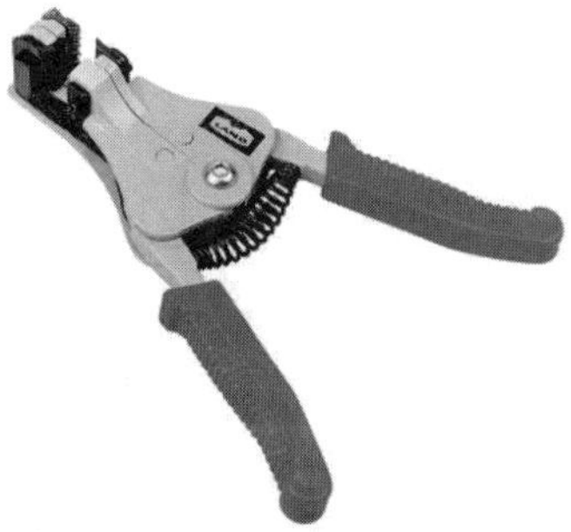

图 1-1-20　剥线钳

用剥线钳剥除导线绝缘层时，将导线放在略大于金属线芯直径的刀口中，选择好要剥线的长度，压握钳柄，导线绝缘层即自动剥除，如图 1-1-21 所示。

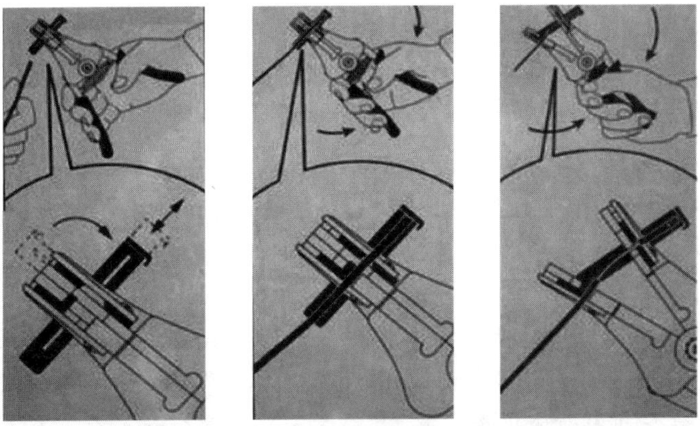

(a) 放置导线　(b) 压握钳柄　(c) 剥除绝缘层

图 1-1-21　剥线钳剥除导线绝缘层

九、压接钳

1. 压接钳的种类

压接钳是用于导线与接线端子、接线耳等之间连接的常用电工工具。

图 1-1-22(a)所示为手动压接钳，压接钳钳口上的不同压齿适用于不同规格的导线和接线端子之间的压接。图 1-1-22(b)所示为液压压接钳，是一种靠冷挤压方式进行多股铝、铜芯导线接头连接的工具。简易多功能压接钳如图 1-1-22(c)所示，可以用作导线的切割、绝缘层的剥削、螺栓的剪切、端子的压接。

(a) 手动压接钳　(b) 液压压接钳　(c) 简易多功能压接钳

图 1-1-22　常见的压接钳

2. 压接钳的使用

压接前用剥线钳将导线的绝缘层剥去，将接线耳放入相应压齿中，将芯线绞紧后插入接线耳中，用力压下钳柄便完成导线与接线耳的连接。其连接如图 1-1-23 所示。

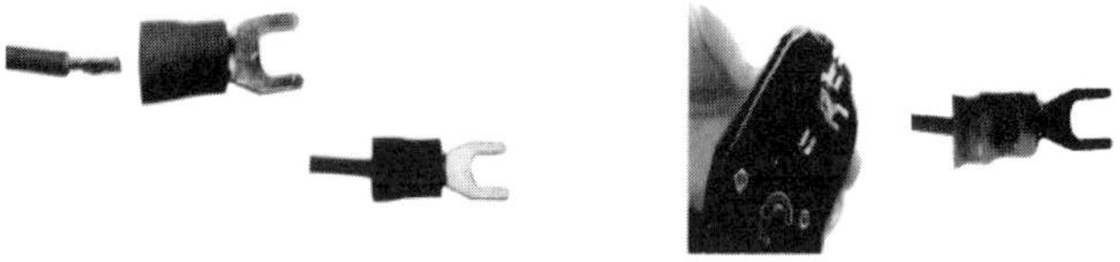

(a) 线头插入接线耳　(b) 使用压接钳压紧接线耳

图 1-1-23　导线与接线耳的连接

多股铜、铝芯线与接线耳的连接如图 1-1-24 所示，具体步骤为：

① 按照压接螺钉的直径和线芯的线径选择冷压接线耳和相应规格的压模，如图 1-1-24(a)所示。

② 装配压模后，将冷压接线耳放入压模中，并将导线插入接线耳中，如图 1-1-24(b)所示。

③ 反复扳动手柄，使上、下压模贴合为止，如图 1-1-24(c)所示。

④ 连接好的接线耳如图 1-1-24(d)所示。

十、手电钻

手电钻是一种头部有钻头、内部装有单相整流子电动机，靠旋转钻孔的手持式电动工具。手电钻外形如图 1-1-25 所示，主要用于金属、木材、塑料等材料的钻孔。

使用前，首先检查电线绝缘是否良好，并将手电钻外壳接地。使用时，右手握把，右手食指扣动开关，钻头对准孔位且垂直于被钻物体，用力要均匀，不宜用力过猛。出现转速异常

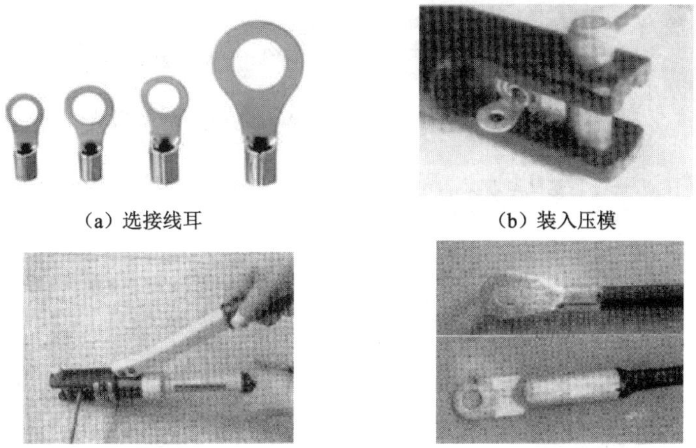

(a) 选接线耳　(b) 装入压模

(c) 扳动手柄　(d) 制作完成

图 1-1-24　多股铜、铝芯线与接线耳的连接

降低时，应放松压力，以免电动机过载而造成损坏。

注意事项：

① 对于金属外壳的手电钻必须采取保护接地（接零）措施。

② 当钻头被卡住时，应停止钻孔，检查钻头是否卡得过松，重新紧固钻头后再使用。如仍卡，则负载不匹配。

③ 钻头在钻金属孔过程中，要适量加些润滑油。

④ 对较小的工件，在钻孔前必须先将其固定牢固，这样才能避免钻孔时工件随钻头旋转，保证操作者的安全。

图 1-1-25　手电钻

十一、电烙铁及选用

电烙铁是最常用的手工焊接工具之一，被广泛用于各种电子产品的生产与维修。

1. 电烙铁的种类

常见的电烙铁有内热式、外热式、恒温式、吸锡式等形式，如图 1-1-26 所示。

（1）内热式电烙铁

内热式电烙铁主要由发热元件、烙铁头、连接杆以及手柄等组成，它具有发热快、体积小、重量轻、效率高等特点，因而得到普遍应用。

常用的内热式电烙铁的规格有 20 W、35 W、50 W 等，其中 20 W 烙铁头的温度可达 350 ℃左右。电烙铁的功率越大，烙铁头的温度就越高。焊接集成电路、一般小型元器件选用 20 W 内热式电烙铁即可。使用的电烙铁功率过大，容易烫坏元件（二极管和三极管等半导体元器件当温度超过 200 ℃时就会烧毁）和使印制板上的铜箔线脱落；电烙铁的功率太小，不能使被焊接物充分加热而导致焊点不光滑、不牢固，易产生虚焊。

（2）外热式电烙铁

外热式电烙铁由烙铁芯、烙铁头、手柄等组成。烙铁芯由电热丝绕在薄云母片和绝缘筒上制成。

外热式电烙铁常用的规格有 25 W、45 W、75 W、100 W 等。当被焊接物较大时常使用

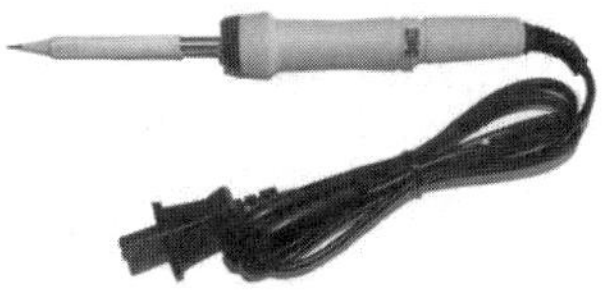

(a) 内热式电烙铁

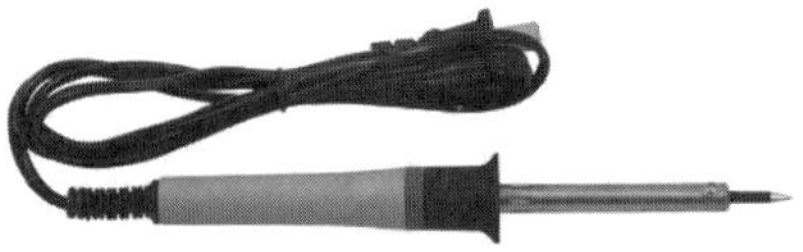

(b) 外热式电烙铁

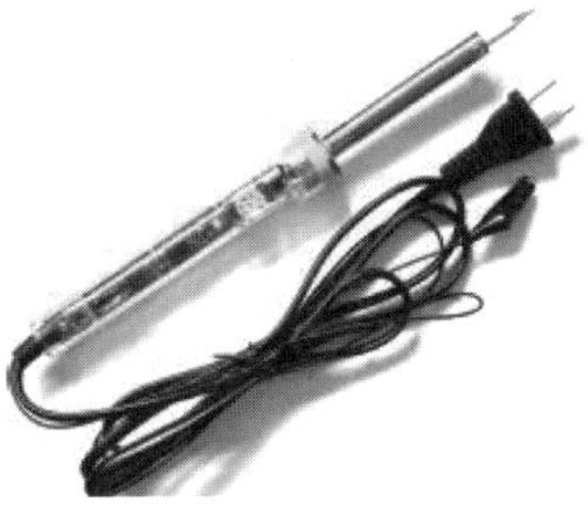

(c) 吸锡式电烙铁

(d) 恒温式电烙铁

图 1-1-26　常见的电烙铁

外热式电烙铁。它的烙铁头可以被加工成各种形状，以适应不同焊接面的需要。

(3) 吸锡式电烙铁

吸锡式电烙铁是拆除焊件的专用工具，可将焊接点上的焊锡吸除，使元件的引脚与焊盘分离。操作时，先将烙铁加热，再将烙铁头放到焊点上，待熔化焊接点上的焊锡后，按动吸锡开关，即可将焊点上的焊锡吸掉，有时这个步骤要进行几次才行。

(4) 恒温式电烙铁

恒温式电烙铁是用电烙铁内部的磁控开关来控制烙铁的加热电路，使烙铁头保持恒温。磁控开关的软磁铁被加热到一定的温度时，便失去磁性，使触点断开，切断电源。恒温式电烙铁也有用热敏元件来测温以控制加热电路使烙铁头保持恒温的。

2. 电烙铁的选用

由前述可知，电烙铁的种类及规格有很多种，而且被焊工件的大小又有所不同，因而合理地选用电烙铁的功率及种类，对提高焊接质量和效率有直接的关系。如果被焊件较大，使用的电烙铁功率较小，则焊接温度过低，焊料熔化较慢，焊剂不能挥发，焊点不光滑、不牢固，这样势必造成焊接强度及质量不合格，甚至焊料不能熔化，使焊接无法进行。如果电烙铁的功率太大，则使过多的热量传递到被焊工件上面，使元器件的焊点过热，造成元器件的损坏，致使电路板的铜箔脱落，焊料在焊接面上流动过快，导致无法控制。

选用电烙铁时，可以从以下几个方面进行考虑：

① 焊接集成电路、晶体管及受热易损元器件时，应选用 20 W 内热式或 25 W 外热式电烙铁。

② 焊接导线及同轴电缆时，应先用 45～75 W 外热式电烙铁，或用 50 W 内热式电烙铁。

③ 焊接较大的元器件时，应选用 100 W 以上的电烙铁。

3. 电烙铁的使用方法

电烙铁使用前应先用万用表检查烙铁的电源线有无短路和开路，烙铁是否漏电，电源线的装接是否牢固，螺丝是否松动，在手柄上的电源线是否被螺丝顶紧，电源线的套管有无破损等。新买的烙铁一般不能直接使用，要先将烙铁头进行“上锡”后方能使用。

4．电烙铁的握法

电烙铁的握法可分为三种，如图 1-1-27 所示。如图 1-1-27(a)所示，反握法就是用五指把电烙铁的柄握在掌内，此法适用于大功率电烙铁，焊接散热量较大的被焊件。如图 1-1-27(b)所示，正握法使用的电烙铁比较大，且多为弯形烙铁头。如图 1-1-27(c)所示，握笔法适用于小功率的电烙铁，焊接散热量小的被焊件，如焊接收音机、电视机的电路板及其维修等。

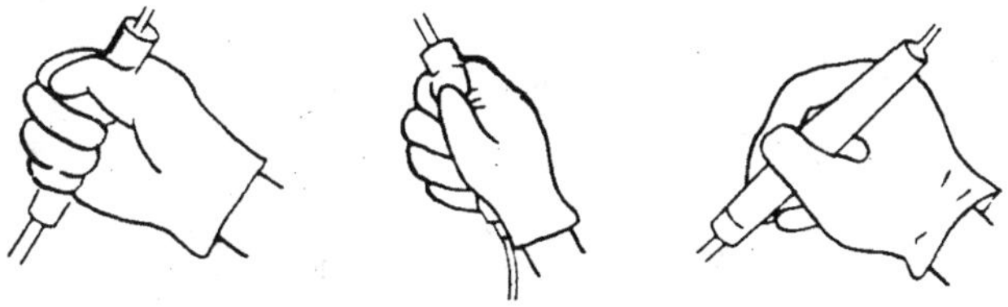

(a) 反握法　　(b) 正握法　　(c) 握笔法

图 1-1-27　电烙铁的握法

5．焊料

焊料是指易熔金属及其合金，它能使元器件引线与电路板的连接点连接在一起，焊料的选择对焊接质量有很大的影响。

焊料根据组成的成分不同可分为锡铅焊料、银焊料、铜焊料等；根据熔点不同可分为硬焊料和软焊料，熔点在 450 ℃以上的称为硬焊料，450 ℃以下的称为软焊料。在焊接工艺中，一般使用锡铅焊料。锡铅焊料的材料配比不同，性能也不同。常用的锡铅焊料及其用途见表 1-1-1。

表 1-1-1　常用的锡铅焊料及其用途

名称	牌号	熔点温度/℃	用途
10# 锡铅焊料	HlSnPb10	220	焊接食品器具及医疗方面的物品
39# 锡铅焊料	HlSnPb39	183	焊接电子制品
50# 锡铅焊料	HlSnPb50	210	焊接计算机、散热器、黄铜制品
58-2# 锡铅焊料	HlSnPb58-2	235	焊接工业及物理仪表
68-2# 锡铅焊料	HlSnPb68-2	256	焊接电缆铅护套、铅管等
80-2# 锡铅焊料	HlSnPb80-2	277	焊接油壶、容器、大散热器等
90-6# 锡铅焊料	HlSnPb90-6	265	焊接铜件
73-2# 锡铅焊料	HlSnPb73-2	265	焊接铅管件

市场上出售的焊锡，因生产厂家不同，配制比有很大的差别，但熔点基本在 140～180 ℃之间。在电子产品的焊接中一般采用 Sn62.7%＋Pb37.3%配比的焊料，其优点是熔点低、

结晶时间短、流动性好、机械强度高。焊料与助焊剂如图 1-1-28 所示。

(a) 焊料(管状焊锡丝)

(b) 助焊剂(松香)

图 1-1-28　焊料与助焊剂

第二节　常用测量工具

生产过程中的装配操作大多数为钳工操作，具有工具简单、加工多样灵活、操作方便、适应面广等特点。钳工在保证机械加工质量中起着重要的作用，是不可缺少的重要工种之一。

在生产中，为保证零件的加工质量，要对加工出来的零件按照要求进行表面粗糙度、尺寸精度、形状精度、位置精度测量，所使用的工具即为量具。常用量具及模型规如图 1-2-1 和图 1-2-2 所示。

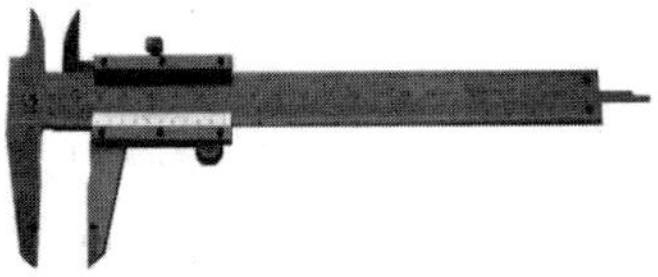

普通游标卡尺

千分尺

万能角度尺

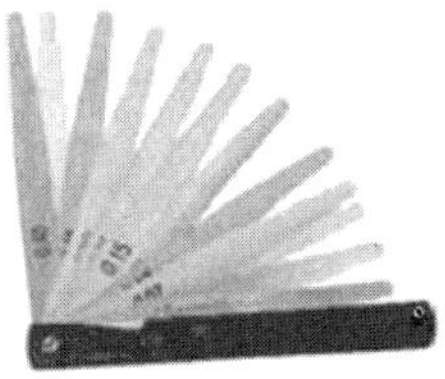

塞尺

图 1-2-1　常用量具

根据用途和特点的不同可分为：① 万用量具，由量具厂统一制造的通用性量具，可以测量出零件的形状、尺寸等具体数据，如直尺、平板、万能角度尺、游标卡尺、百分表等；② 标准量具，指用作测量或检定标准的量具，通常用来校对和调整其他量具，也可以作为标准与被测件进行比较，如块规、角度量块、表面粗糙度比较样块等；③ 专用量具，专门为检测工件某一技术参数而设计制造的量具，不能测量出零件的实际尺寸，只能测量出零件的形状、尺寸是否合格，如内外沟槽卡尺、钢丝绳卡尺、塞规、螺纹规、卡规、齿轮游标卡尺等。

一、钢直尺

钢直尺是最简单的长度量具，它有 150 mm、300 mm、500 mm 和 1 000 mm 四种规格，

螺纹环规　　螺纹塞规　　锥度塞规

图 1-2-2　模型规(节距规)

常用的是 150 mm 钢直尺,如图 1-2-3 所示,它的测量结果不太准确。这是由于钢直尺的刻线间距为 1 mm,而刻线本身的宽度就有 0.1～0.2 mm,所以测量时读数误差比较大,只能读出毫米数,即它的最小读数值为 1 mm,比 1 mm 小的数值只能估读数。钢直尺常见的使用方法如图 1-2-4 所示。

图 1-2-3　150 mm 钢直尺

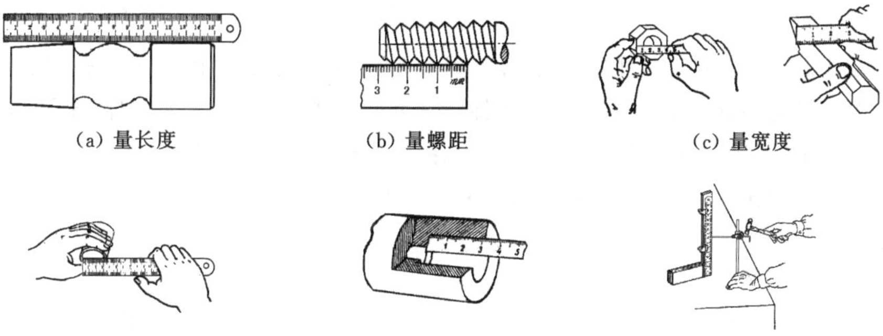

(a) 量长度　　(b) 量螺距　　(c) 量宽度

(d) 量内孔　　(e) 量深度　　(f) 划线

图 1-2-4　钢直尺常见的使用方法

二、内、外卡钳

1. 内、外卡钳的测量原理

内、外卡钳是最简单的比较量具。外卡钳是用来测量外径和平面的,内卡钳是用来测量内径和凹槽的。它们本身都不能直接读出测量结果,而是把测量得到的长度尺寸(直径也属于长度尺寸)在量具上进行读数,或在量具上先设定下所需尺寸,再去检验零件的直径是否符合。

2. 外卡钳的使用

用外卡钳测量外径时,要使两个测量面的连线垂直零件的轴线,靠外卡钳的自重滑过零件外圆时,我们手中的感觉应该是外卡钳与零件外圆正好是点接触,此时外卡钳两个测量面之间的距离就是被测零件的外径。所以,用外卡钳测量外径,就是比较外卡钳与零件外圆接触的松紧程度。

常见外卡钳的使用方法如图 1-2-5 所示。

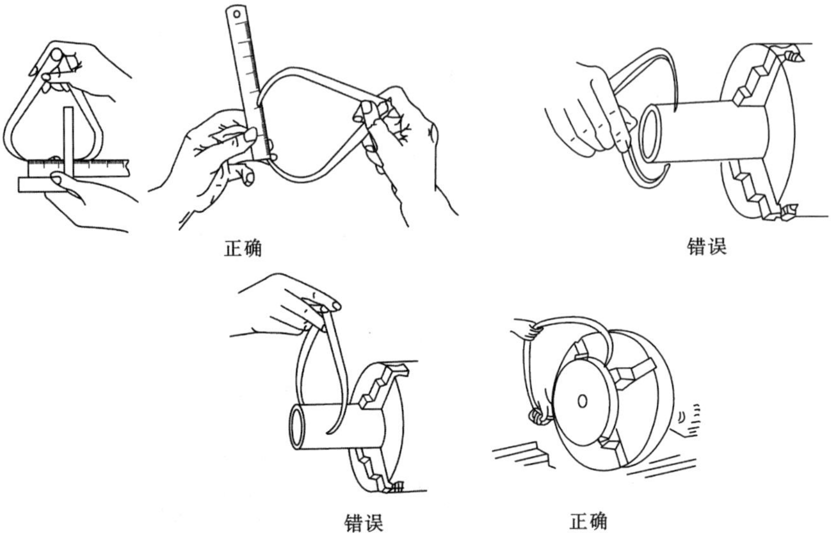

图 1-2-5　常见外卡钳的使用方法

3. 内卡钳的使用

用内卡钳测量内径时，应使两个钳脚测量面的连线正好垂直相交于内孔的轴线，即钳脚的两个测量面应是内孔直径的两端点。因此，测量时应将下面的钳脚的测量面停在孔壁上作为支点，上面的钳脚由孔口略往里面一些并逐渐向外试探，沿孔壁圆周方向摆动，当沿孔壁圆周方向能摆动的距离为最小时，则表示内卡钳脚的两个测量面已处于内孔直径的两端点了。再将卡钳由外向里慢慢移动，可检验孔的圆度公差。常见内卡钳的测量方法如图 1-2-6 所示。

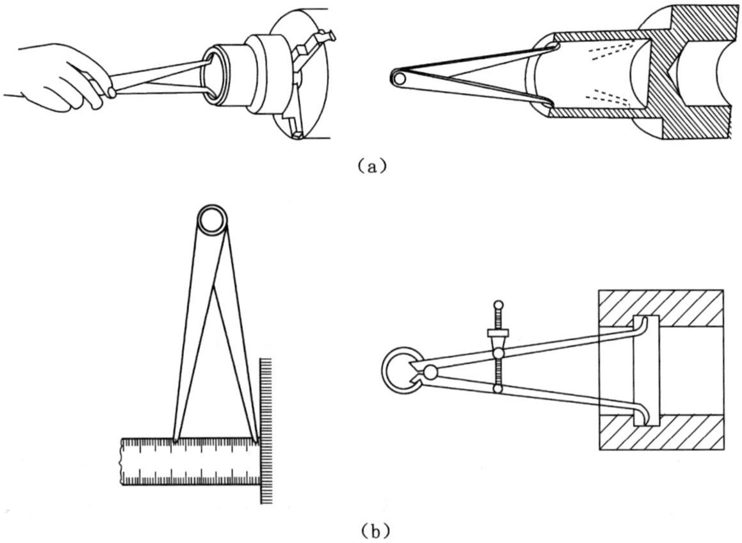

图 1-2-6　常见内卡钳的测量方法

4. 卡钳的适用范围

卡钳是一种简单的量具，它具有结构简单、制造方便、价格低廉、维护和使用方便等特点，广泛应用于要求不高的零件尺寸的测量和检验，尤其是对锻铸件毛坯尺寸的测量和检验，卡钳是最合适的测量工具。卡钳虽然是简单量具，但是只要我们掌握得好，也可获得较高的测量精度。如图 1-2-7 所示，内卡钳搭百分尺可以精确测量内径。

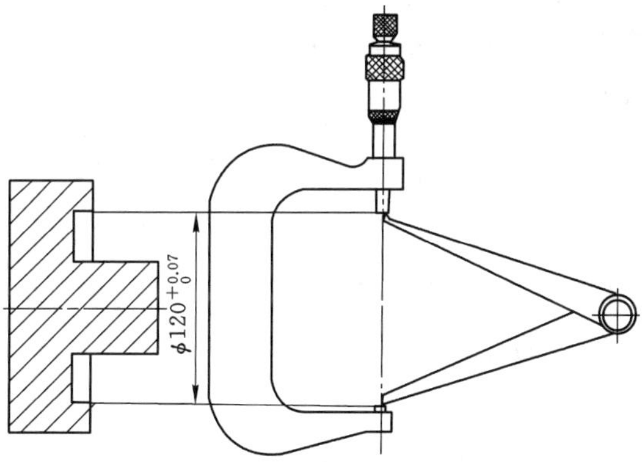

图 1-2-7　内卡钳搭百分尺测量内径

三、塞尺

1. 塞尺的用途

塞尺又称厚薄规或间隙片，主要用来检验机床特别紧固面和紧固面、活塞和气缸、活塞环槽和活塞环、十字头滑板和导板、进排气阀顶端和摇臂、齿轮啮合间隙等两个接合面之间的间隙大小。

2. 塞尺的结构

塞尺是由许多层厚薄不一的薄钢片组成的，按照塞尺的组别制成一把一把的塞尺，叠成一组后再合装在夹板里。塞尺中的每片具有两个平行的测量平面，长度有 50 mm、100 mm、200 mm 三种，且都有厚度标记，以供组合使用。厚度在 0.02～0.1 mm 的中间每片相差 0.01 mm；厚度在 0.1～1 mm 的中间每片相差 0.05 mm。其结构如图 1-2-8 所示。

图 1-2-8　塞尺

3. 塞尺的使用

使用塞尺时，应根据间隙大小，用一片或数片插入间隙内，以判断间隙的范围。例如，测量隔爆面间隙，用厚 0.30 mm 的间隙片可以插入工件间隙，而用厚 0.35 mm 的间隙片却插不进去，说明工件的间隙在 0.30～0.35 mm 之间。

使用塞尺时必须注意以下几点：

① 根据接合面的间隙情况选用塞尺片数，但片数越少越好。

② 测量时不能用力太大，以免塞尺弯曲或折断。

③ 不能测量温度较高的工件。

④ 不能有油污、灰尘等。

⑤ 观察有无弯折、生锈。

四、游标卡尺

游标卡尺是一种常用的量具，具有结构简单、使用方便、精度中等和测量的尺寸范围大等特点，可以用它来测量零件的外径、内径、长度、宽度、厚度、深度和孔距等，应用范围很广。图 1-2-9 所示为普通游标卡尺的结构。

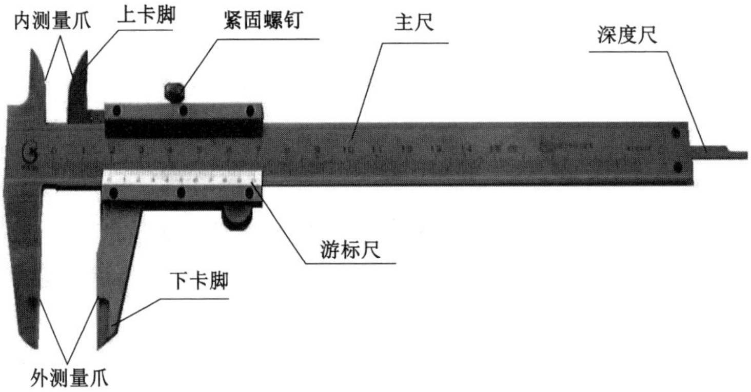

图 1-2-9　普通游标卡尺

1. 游标卡尺的种类

① 测量范围为 0～150 mm 的游标卡尺，一般制成带有刀口形的上、下量爪和带有深度尺的型式，如图 1-2-10 所示。

② 测量范围为 0～200 mm 和 0～300 mm 的游标卡尺，可制成带有内、外测量面的下量爪和带有刀口形的上量爪型式，如图 1-2-11 所示。

③ 测量范围为 0～200 mm 和 0～300 mm 的游标卡尺，也可制成只带有内、外测量面的下量爪的型式，如图 1-2-12 所示。而测量范围大于 300 mm 的游标卡尺，只制成这种仅带有下量爪的型式。

2. 游标卡尺的读数原理和读数方法

游标卡尺尺身上刻有 1 mm 格距的刻度，其刻度全长为游标卡尺的规格，如 125 mm、150 mm、200 mm、300 mm 等。其测量精度有 0.1 mm、0.05 mm 和 0.02 mm 三种，其刻线和读数原理如下：

(1) 游标读数值为 0.1 mm 的游标卡尺

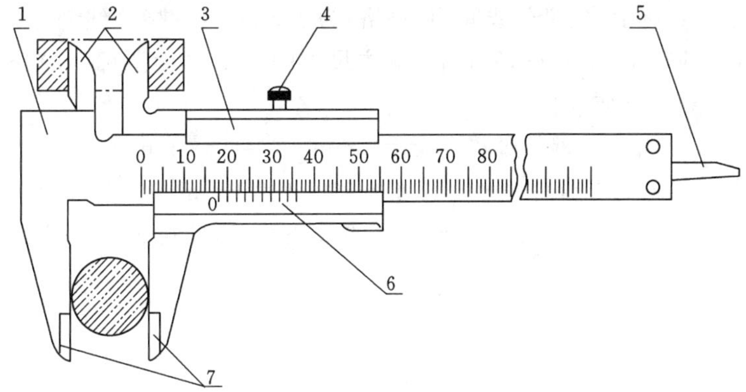

1—尺身；2—上量爪；3—尺框；4—紧固螺钉；5—深度尺；6—游标；7—下量爪。

图 1-2-10 游标卡尺的结构型式之一

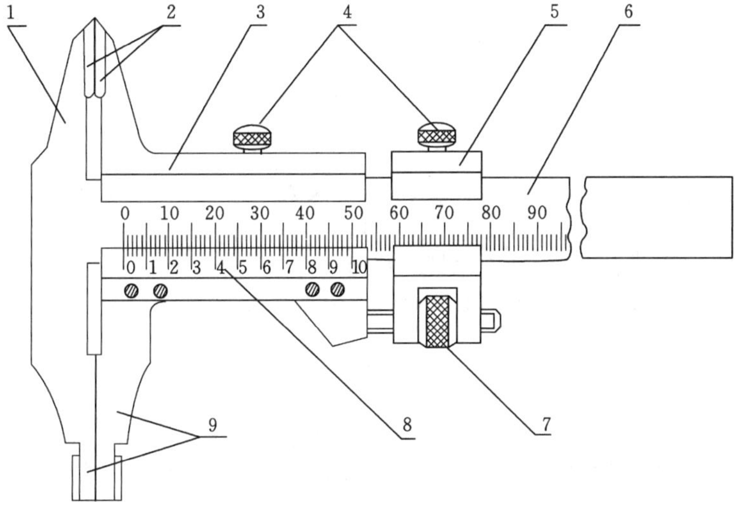

1—尺身；2—上量爪；3—尺框；4—紧固螺钉；5—微动装置；6—主尺；7—微动螺母；8—游标；9—下量爪。

图 1-2-11 游标卡尺的结构型式之二

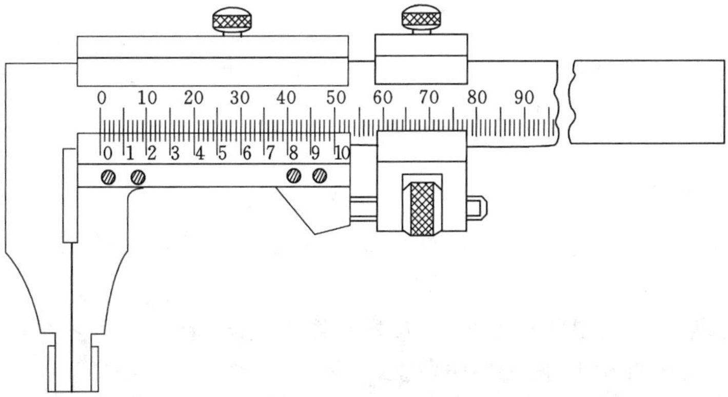

图 1-2-12 游标卡尺的结构型式之三

如图 1-2-13(a)所示，主尺刻线间距(每格)为 1 mm，当游标零线与主尺零线对准(两爪合并)时，游标上的第 10 刻线正好指向等于主尺上的 9 mm，而游标上的其他刻线都不会与主尺上任何一条刻线对准，则有：

游标每格间距＝9 mm÷10＝0.9 mm

主尺每格间距与游标每格间距相差间距值＝1 mm－0.9 mm＝0.1 mm

0.1 mm 即为此游标卡尺上游标所读出的最小数值，即再也不能读出比 0.1 mm 小的数值。

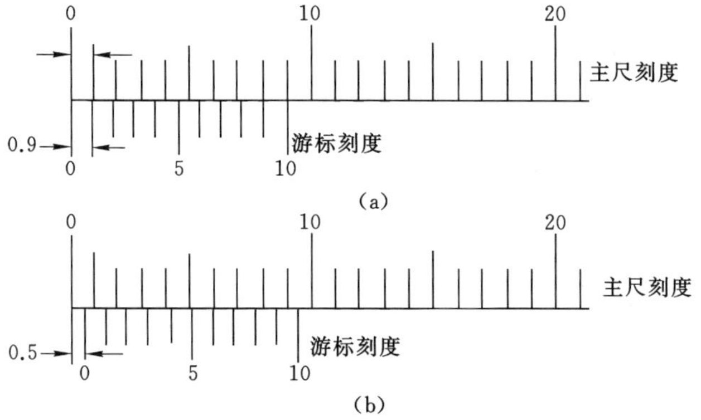

图 1-2-13　游标读数原理

(2) 游标读数值为 0.05 mm 的游标卡尺

如图 1-2-14(c)所示，主尺每小格 1 mm，当两爪合并时，游标上的 20 格刚好等于主尺的 39 mm，则有：

游标每格间距＝39 mm÷20＝1.95 mm

主尺 2 格间距与游标 1 格间距相差＝2－1.95＝0.05 (mm)

0.05 mm 即为此种游标卡尺的最小读数值。同理，也有用游标上的 20 格刚好等于主尺上的 19 mm，其读数原理不变。

(3) 游标读数值为 0.02 mm 的游标卡尺

如图 1-2-14(e)所示，主尺每小格 1 mm，当两爪合并时，游标上的 50 格刚好等于主尺上的 49 mm，则有：

游标每格间距＝49 mm÷50＝0.98 mm

主尺每格间距与游标每格间距相差＝1－0.98＝0.02 (mm)

0.02 mm 即为此种游标卡尺的最小读数值。

具体读数方法为：

① 首先读出游标零线以左尺身上所显示的整毫米数。

② 读出游标上第 n 条刻线(零线除外)与尺身刻线对齐，则 $n\times0.02$ 即为所测尺寸的小数值。

③ 两者加起来即为测得的尺寸数值，读数如图 1-2-15 所示。

3. 游标卡尺的使用方法(图 1-2-16)及注意事项

① 根据被测工件的特点、尺寸大小和精度要求，选用合适的类型、测量范围和分度值。

② 测量前应将游标卡尺擦干净，并将两量爪合并，检查游标卡尺的精度状况；大规格的

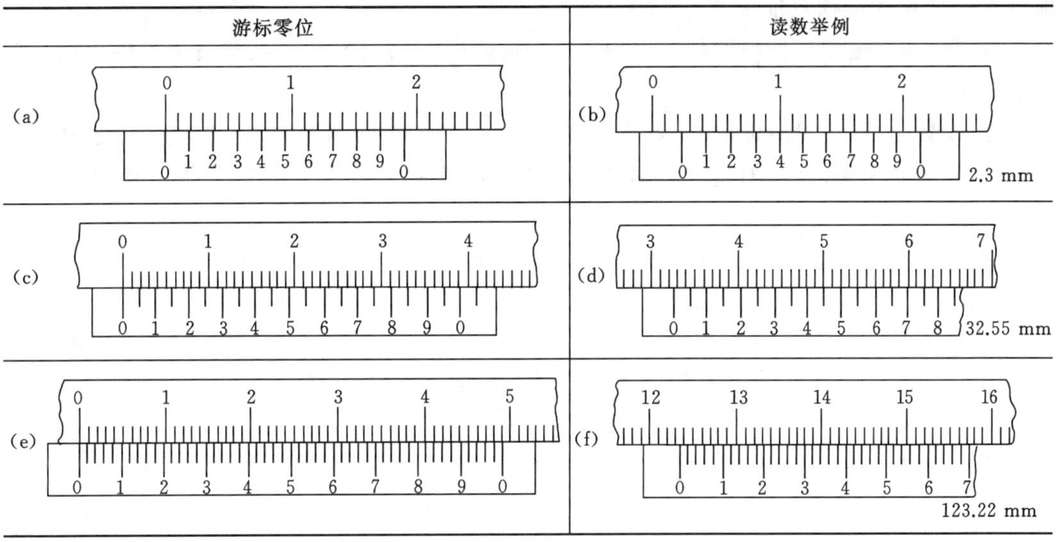

图 1-2-14　游标零位和读数举例

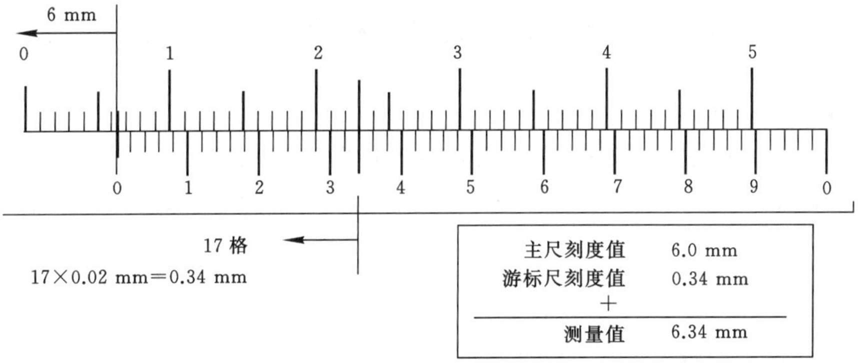

图 1-2-15　读数举例

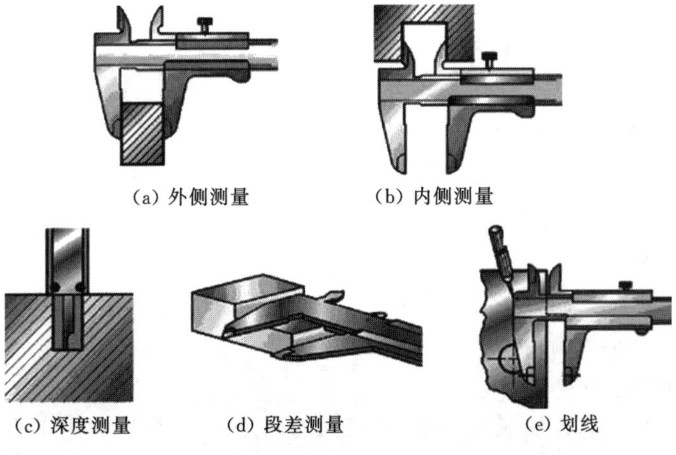

图 1-2-16　游标卡尺的常见使用方法

游标卡尺要用标准棒校准检查。

③ 测量时，被测工件与游标卡尺要对正，测量位置要准确，两量爪与被测工件表面接触松紧合适。

④ 读数时，要正对游标刻线，看准对齐的刻线，正确读数；不能斜视，以减少读数误差。

⑤ 用单面游标卡尺测量内尺寸时，测得的尺寸应为卡尺上的读数加上两量爪宽度尺寸。

⑥ 严禁在毛坯面、运动工件或温度较高的工件上进行测量，以防损伤量具精度和影响测量精度。

第三节　电工仪表的基本知识

作为电气技术人员，要对电气控制系统进行维护与维修，就必须掌握各种常用电工电气仪器仪表的使用方法，并能够熟练应用其进行故障检测。因此，首先要认识各类仪表，了解仪表内部结构，掌握电气信号的检测与测量的基本方法。

一、电工仪表的分类

在电工测量中，测量各种电量、磁量及电路参数的仪器仪表统称为电工仪表。电工仪表的种类繁多，根据其在进行测量时得到被测量数值的方法不同，可以分为电测量指示仪表和比较式仪表两大类。

1. 电测量指示仪表

电测量指示仪表是先将被测量转换为可动部分的角位移，然后通过可动部分的指示器（如指针、光标等）在标尺上的位移直接读出被测量的大小。指示仪表按不同的分类方法又可分为以下几种。

① 按测量对象不同分类：可分为电流表、电压表、功率表、电度表、欧姆表、绝缘电阻表及万用表等。

② 按仪表的工作原理分类：可分为磁电系(C)、电磁系(T)、电动系(D)、感应系(G)等。

磁电系仪表的主要优点有：

a. 准确度高，可达 0.1 级至 0.05 级。

b. 灵敏度高，磁电系测量机构内部的磁场很强，动圈中只需通过很小的电流就能产生足够大的转动力矩。

c. 受外磁场及温度的影响小。

d. 功率消耗小。

磁电系仪表的主要缺点是：

a. 过载能力小。

b. 不能直接测量交流。

c. 结构复杂，成本较高。

电磁系仪表的特点：

a. 磁滞误差：用于直流测量时，会产生很大的磁滞误差，所以只用于交流。

b. 灵敏度：电磁系仪表的灵敏度较磁电系的低很多。

c. 外磁场的影响：由于电磁系仪表的内部磁场很弱，所以外磁场对它的影响很大，仅地磁就可造成1%的误差。

d. 温度的影响：应适当选择固定线圈的电阻和附加电阻的比值。

e. 频率的影响：通常采用和附加电阻并联电容的方法来降低电压表的频率误差。

f. 标尺的刻度不均匀：由于转动力矩都与固定线圈磁势的平方成正比，所以刻度左侧密、右侧疏。选择电磁系仪表量程时应尽量使读数靠近刻度上限，但由于它具有结构简单、过载能力强、比较牢固、价格便宜等优点，因此在开关仪表中应用十分广泛。

③ 按测量电流的种类分类：可分为交流表、直流表、交直流两用表。

④ 按使用方式分类：可分为安装式仪表、可携式仪表。

⑤ 按准确度等级分类：可分为0.1级、0.2级、0.5级、1.0级、1.5级、2.5级、5.0级等。数字越小，仪表的准确度等级越高。仪表精度等级的百分数又叫作仪表的基本误差。仪表可能产生的绝对误差等于精度等级的百分数乘以仪表的量程。

⑥ 按仪表防护性能分类：可分为普通型、防尘型、防溅型、防水型、水密型、气密型、隔爆型等形式。

⑦ 按使用的环境条件分类：可以分为A、A1、B、B1、C五个组。其中，C组环境条件最差，各组的具体使用条件在GB/T 776—1976(现已作废)中都有详细的说明，如A组的使用条件是环境温度应为0～+40 ℃，在25 ℃时的相对湿度为95%。

⑧ 按仪表防御外界电场或磁场的性能分类：可分为Ⅰ、Ⅱ、Ⅲ、Ⅳ四个等级。Ⅰ级仪表在外磁场或外电场的影响下，允许其指示值改变±0.5%；Ⅱ级仪表允许改变±1.0%；Ⅲ级仪表允许改变±2.5%；Ⅳ级仪表允许改变±5.0%。

2. 比较式仪表

在测量过程中，通过被测量与同类标准量进行比较，然后根据比较结果才能确定被测量的大小。比较式仪表包括直流比较式仪表和交流比较式仪表。直流电桥和电位差计属于直流比较式仪表，交流电桥属于交流比较式仪表。比较式仪表测量的准确度比较高，但操作过程复杂、测量速度较慢。

二、电工仪表的选择

在电工测量中，为了顺利完成测量任务，使测量结果满足测量要求，首先必须正确合理地选择仪器仪表。选择仪器仪表的主要依据有：

① 测量的目的。

② 测量的原理及有关技术要求。

③ 测量电路。

以上内容确定后，就可以根据以下原则来选择仪器仪表。

1. 根据被测量的性质选择仪表

在电工测量中，根据所使用的电源性质不同，一般将电工仪表分为直流、交流和交直流两用三种。根据被测量的性质，被测量分为直流量与交流量两种。交流电量中又分有正弦量和非正弦量。在电力工程中涉及的交流电，大多数是工频(50 Hz)正弦交流电。

对于直流电量的测量，广泛选用磁电系仪表。对于正弦交流电量的测量，可选用电磁系或电动系仪表。一般交流电表都是按正弦交流电的有效值刻度的，若要测量正弦交流电的平均值、峰值、峰-峰值或非正弦交流电，则需要进行换算或使用专门刻度的仪表。

2. 根据测量结果准确度的要求选择仪表

从提高测量准确度的角度出发,仪表的精确度越高越好。但精确度高的仪表对工作环境条件的要求严格,仪表的成本也高,所以仪表精确度的选择要从测量的实际需要出发,既要满足测量要求,又要本着节约的原则。

通常 0.1 级和 0.2 级仪表用作标准仪表或在精密测量时选用,0.5 级和 1.0 级仪表作为实验室测量时选用,1.5 级、2.5 级和 5.0 级仪表可在一般工程测量中选用。

3. 根据估算的量程选择仪表

仪表的准确度只有在合理的量程下才能发挥作用,这在指示仪表中具有普遍意义。由于测量误差与仪表的量程有关,因此如果仪表的量程选择得不合理,标尺刻度得不到充分利用,即使仪表本身的准确度很高,测量误差也会很大。

在对被测量进行测量前,应根据有关条件如给定的实验电路、历史数据等估算出被测量的大小,并依此选择量程相近或稍大的仪表。如果无法估算出被测量的大小,为了不损坏仪表,可采用以下办法:① 首先选用量程较大的仪表,然后根据实际测量情况换成适当的量程或改用合适的仪表。② 降低试验电压进行预测,估计出在试验电压下所需的量程后再选用合适仪表按原定试验电压正式测试。为了提高测量的准确度,应使被测量值处于仪表量限的 1/2～2/3 以上,但不能超过仪表的满量限,否则有可能损坏仪表。

4. 根据仪表内阻选择仪表

仪表的内阻是指仪表两端子间的等效电阻,它反映了仪表本身消耗的功率大小,测量时会影响电路的工作状态。选择仪表时,须根据被测对象阻抗大小来选择仪表内阻,否则会给测量结果带来很大误差。

为了使仪表接入测量电路后不至于改变原来电路的工作状态,要求电流表或功率表的电流线圈内阻尽量小些,并且量程越大,内阻应越小。电压表或功率表的电压线圈内阻要尽量大些,并且量程越大,内阻应越大。

5. 根据仪表的使用环境及工作条件选择仪表

选择仪表还应考虑使用的环境条件及工作条件的要求,如环境温度的高低、通风条件、外界电磁场的影响程度等都要综合考虑。实验室使用的仪表,一般选择便携式仪表;固定安装在盘面上的仪表,一般选择安装式仪表。若对温度、湿度、外界电磁场等性能有特定要求时,要选择适应在此类环境中使用的仪表。

选择仪表时,对仪表的类型、精度、量程、内阻等的选择要综合考虑,特别要考虑引起较大误差的因素。在国家标准中,对仪表的使用环境和工作条件做出了具体的规定,仪表必须在规定的工作条件下使用。

第四节　电流与电压的测量

电流与电压的测量是电气测量的重要内容,是最基本的测量,在生产实际中应用十分广泛,其中又以电压测量最为常用。电压测量是其他许多电参数、非电参数测量的基础。在电气测量中,由于所遇到的被测电压与电流信号各不相同,采用的电工仪表也不尽相同,需要针对不同的测量信号采用不同的仪表。

一、电流表

按测量物理量的性质不同，电流表可分为交流电流表、直流电流表和交直流电流表。按工作原理不同，电流表可分为指针式电流表和数字式电流表，如图 1-4-1 所示。

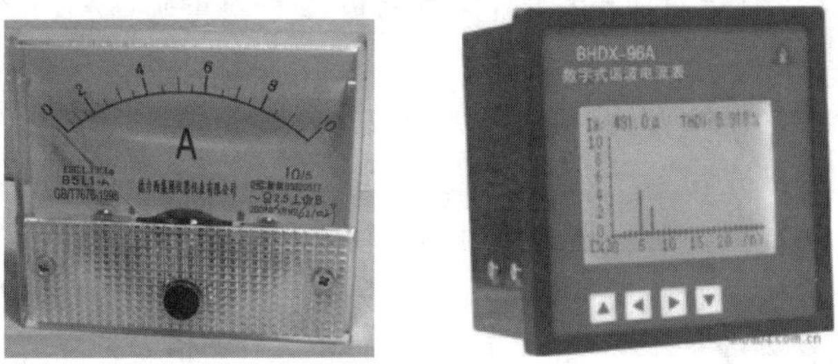

（a）指针式电流表　　（b）数字式电流表

图 1-4-1　电流表

电流表用来测量电路中的电流，使用时必须串联在电路中。

使用电流表的注意事项：

① 分清被测的电流是直流量还是交流量。对于非交直流两用表，误用交流表测量直流量可能导致仪表烧坏。

② 使用前应检查仪表外观是否完好，晃动仪表时仪表指针应能灵活摆动。

③ 测量前应进行机械调零。

④ 正确选用仪表量程。量程选择太小，将造成仪表过载，可能损坏仪表；量程选择太大，将导致误差过大。为防止瞬时冲击，选用时应按工作电流的 1.5 倍左右选取量程。测量时，仪表指针宜指示在刻度盘 1/3～3/4 的范围内。如不知道被测电流的范围，应选用最大量程试测大致范围，再选用适当量程进行测量。

⑤ 测量直流电流时，仪表的极性必须正确：仪表正极接电流流入端，仪表负极接电流流出端。如不知道被测电流的极性，应先选用最大量程试测，再调整极性并选用适当量程进行测量。

⑥ 如测量交流大电流，应配用电流互感器；如测量直流大电流，应配用分流器。

二、电压表

按测量物理量的性质不同，电压表可分为交流电压表、直流电压表和交直流电压表。按工作原理不同，电压表可分为指针式电压表和数字式电压表，如图 1-4-2 所示。

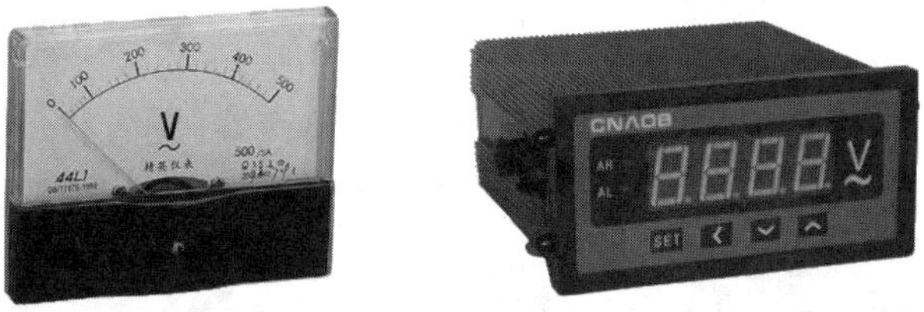

（a）指针式电压表　　（b）数字式电压表

图 1-4-2　电压表

电压表用来测量电路中的电压时，必须并联在电路中。

使用电压表的注意事项：

① 分清被测的电压是直流量还是交流量。对于非交直流两用表，误用交流表测量直流量可能导致仪表烧坏。测量直流电压时，仪表的极性必须正确：仪表正极接线路高电位端，仪表负极接线路低电位端。

② 使用前应检查仪表外观是否完好，晃动仪表时仪表指针应能灵活摆动。

③ 测量前应进行机械调零。

④ 正确选用仪表量程。量程选择太小，将造成仪表过载，可能损坏仪表；量程选择太大，将导致误差过大。为防止瞬时冲击，选用时应按工作电压的 1.5 倍左右选取量程。测量时，仪表指针宜指示在刻度盘 1/3～3/4 的范围内。如不知道被测电压的范围，应选用最大量程试测大致范围，再选用适当量程进行测量。

⑤ 如测量交流高电压，应配用电压互感器；如测量直流高电压，应配用分压器。

三、万用表

万用表是一种多用途、多量程的仪表，分为模拟式万用表和数字式万用表两类。在电工电子技术实验实训环节中，很多场合都要使用万用表。实际应用中要注意所使用万用表的测量范围、工作频率、准确度、精度等级等参数对测量的影响。

数字式万用表以其测量精度高、显示直观、速度快、功能全、可靠性好、小巧轻便、耗电量小以及便于操作等优点，受到人们的普遍欢迎，已成为电子、电工测量以及电子设备维修的必备仪表。下面以 M-830B 型数字式万用表为例进行介绍。

M-830B 型数字式万用表是一种三位半数字万用表，配有液晶显示器，最大显示值为 1 999，测量速率约 3 次/s，能自动显示极性和超量程符号，并对各量程实现了全保护。采用一节 6F22 型 9 V 叠层电池供电，工作温度范围是 0～40 ℃。M-830B 型数字式万用表面板布置如图 1-4-3 所示。

M-830B 型数字式万用表的使用方法如下：

1. 直流电压(DCV)测量

使用时，将功能转换开关置于“DCV”挡的相应量程上，将红表笔插入测量插孔“VΩ”，黑表笔插入测量插孔“COM”，两表笔并联在被测电路两端，并使红表笔对应高电位端，黑表笔对应低电位端。此时显示屏显示出相应的电压数字值。如果被测电压超过所选定量程，显示屏将只显示最高位“1”，表示溢出，此时应将量程改高一挡，直至得到合适的读数。但被测电压超过所用量程范围过大时，易造成万用表的损坏，因此应注意测量前的挡位选择。

2. 交流电压(ACV)测量

使用时，将功能转换开关置于“ACV”挡的相应量程上，将红表笔插入测量插孔“VΩ”，黑表笔插入测量插孔“COM”，两表笔并联在被测电路两端，表笔不分正负。数字表所显示数值为测量端交流电压的有效值。如果被测电压超过所设定量程，显示屏将只显示最高位“1”，表示溢出，此时应将量程改高一挡测量。

3. 直流电流(DCA)测量

使用时，将功能转换开关置于“DCA”挡的相应量程上，将红表笔插入测量插孔“A”，黑表笔插入测量插孔“COM”，两表笔应串联在被测回路中，红表笔接在电流正极方向，黑表笔接在电流负极方向。当电流超过 200 mA 时，置量程转换开关于“DCA”挡的“10 A”量程上，

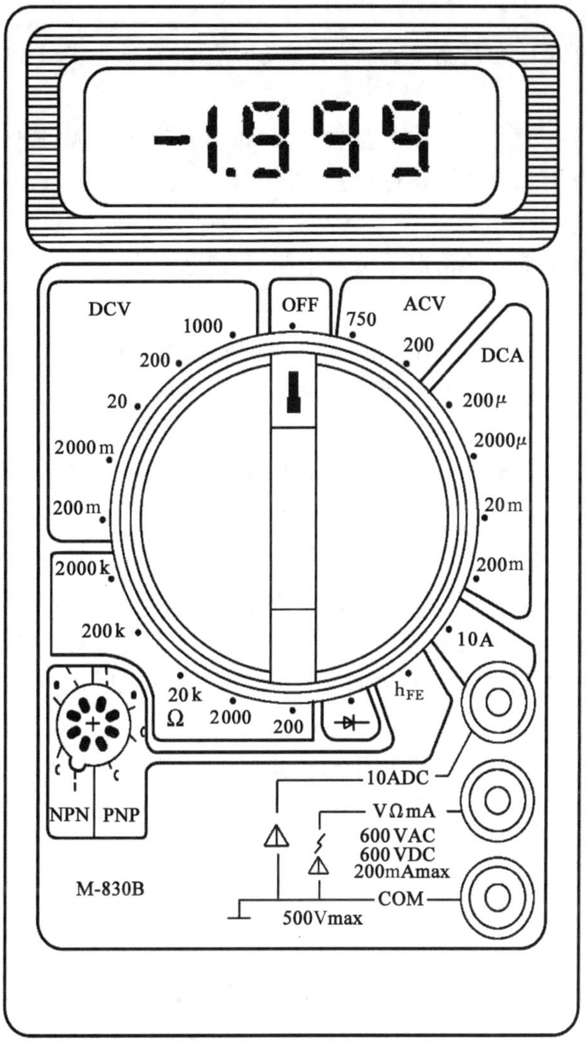

图 1-4-3 M-830B 型数字式万用表面板布置

并将红表笔插入测量插孔“10 A”中。此时测量最高电流可达 10 A,测量时间不得超过 10 s,否则会因分流电阻发热使读数变化。

4. 注意事项

① 测量前,应校对量程开关位置及两表笔所插的插孔,无误后再进行测量。

② 测量前若无法估计被测量大小,应先用最高量程挡测量,再视测量结果选择合适的量程挡。

③ 若将电源开关拨至“ON”位置,液晶显示器无显示,应检查电池是否失效,或熔丝管是否烧断。当显示屏出现“LOBAT”或电池符号时,表明电池电压不足,应更换。装换电池时,关掉电源开关,打开电池盒后盖,即可更换。

④ 当测量电流没有读数时,请检查保险丝。过载保护熔丝断后更换时,需打开整个后端盒盖,即可更换。

⑤ 测量完毕,应关上电源。若长期不用,应取出电池,防止因电池内电解液漏出而腐蚀

表内元器件。

⑥ 这种仪表不宜在日光及高温、高湿的地方使用与存放。其工作温度为 0～40 ℃，湿度小于 80%。

⑦ 严禁测量高压或大电流时拨动量程开关，以防止产生电弧，烧毁开关触点。

⑧ 由于数字式万用表的频率特性较差，故只能测量 45～500 Hz 范围内的正弦波电量的有效值。

⑨ 严禁在被测电路带电的情况下测量电阻，以免损坏仪表。

四、钳形电流表

在实际的生产和工作过程中，有时需要在不切断电源的情况下去测量负载电流，以判断负载的工作情况，了解负载的工作状态。用一般的电流表无法做到这一点，因此，可以使用钳形电流表来测量线路中的电流。

钳形电流表是电流互感器和电流表的组合，可以在不断开交流电路并在设备仍运行的条件下测量交流电流。如图 1-4-4 所示，互感器的铁芯制成活动开口，且成钳形，活动部分与手柄 6 相连。当紧握手柄时电流互感器的铁芯张开(图中点画线所示)，可将被测载流导线 4 置于钳口中，该载流导线成为电流互感器的一次绕组线圈。关闭钳口，在电流互感器的铁芯中就有交变磁通通过，互感器的二次绕组 5 中产生感应电流。电流表接于二次绕组两端，它的指针所指示的电流与钳入的载流导线的工作电流成正比，可直接从刻度盘上读出被测电流值。

钳形电流表准确度等级不高，常用于对测量要求不高的场合，如图 1-4-5 所示。

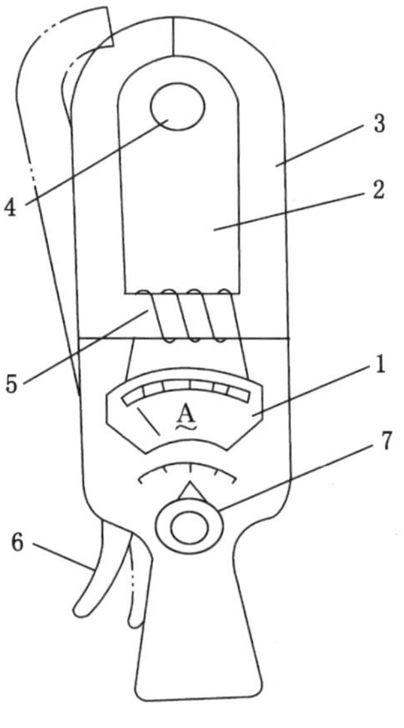

1—电流表；2—电流互感器；3—铁芯；4—被测载流导线；
5—二次绕组；6—手柄；7—量程选择开关。

图 1-4-4　钳形电流表结构

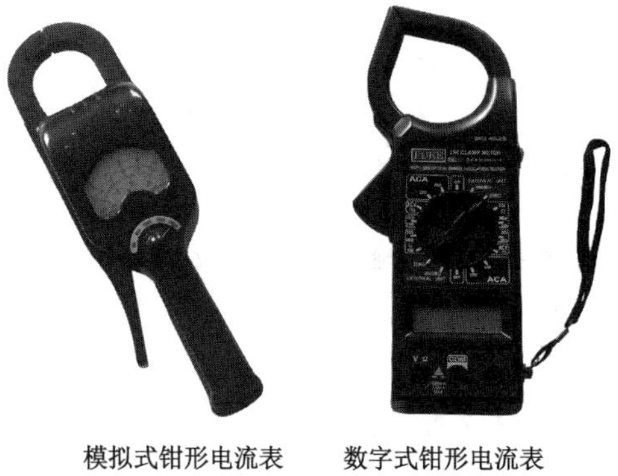

模拟式钳形电流表　数字式钳形电流表

图 1-4-5　钳形电流表

钳形电流表的使用方法：

1. 测量前的准备

① 检查仪表的钳口上是否有杂物或油污，钳口要结合紧密，有污物要及时清洗，待清理

干净后再测量，如图 1-4-6 所示。

② 进行仪表的机械调零。

2. 用钳形电流表测量

① 估计被测电流的大小，将转换开关调至需要的测量挡。如无法估计被测电流大小，先用最高量程挡测量，然后根据测量情况调到合适的量程。

② 握紧钳柄，使钳口张开，放置被测导线。为减少误差，被测导线应置于钳形口的中央，如图 1-4-7 所示。

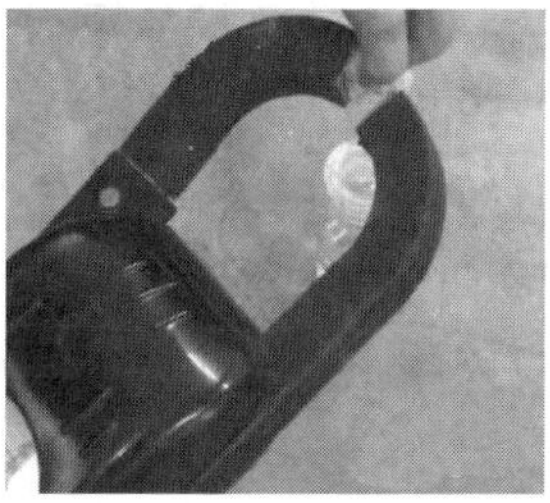

图 1-4-6　清洗钳形电流表钳口

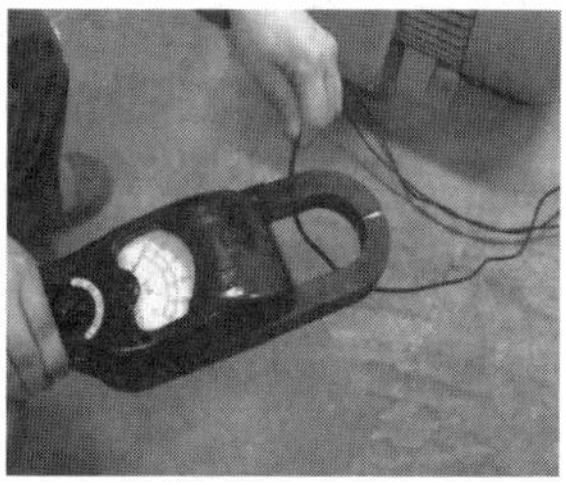

图 1-4-7　钳形电流表测量

③ 钳口要紧密接触，如遇有杂音时可检查钳口清洁，或重新开口一次，再闭合。

④ 测量 5 A 以下的小电流时，为提高测量精度，在条件允许的情况下，可将被测导线多绕几圈，再放入钳口进行测量，如图 1-4-8 所示。此时实际电流应是仪表读数除以放入钳口中的导线圈数。

⑤ 测量完毕，将选择量程开关拨到最大量程挡位上。

3. 注意事项

① 被测电路的电压不可超过钳形电流表的额定电压。钳形电流表不能测量高压电气设备。

② 不能在测量过程中转动转换开关换挡。在换挡前，应先将载流导线退出钳口。

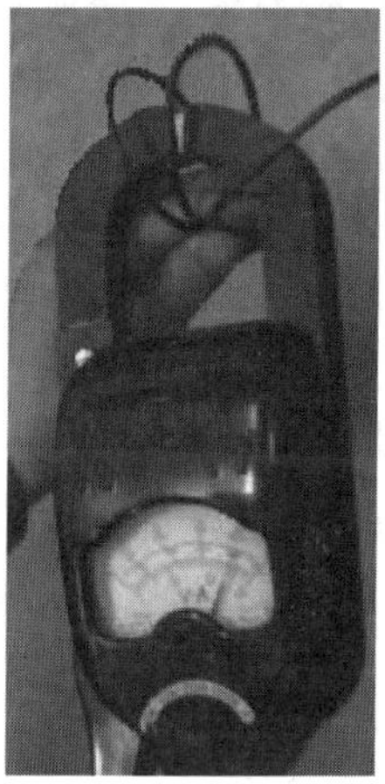

图 1-4-8　钳形电流表测量 5 A 以下的小电流

第五节　电阻与绝缘电阻的测量

一、电阻的测量

阻抗是描述一个网络和系统的重要电参量。阻抗测量包括电阻、电容、电感及与它们相关的品质因数、损耗角、电导等参数的测量，是电气测量的重要组成部分。电阻的测量是电气测量中最基础的应用。

1. 模拟式万用表测电阻

(1) 用欧姆挡测电阻

① 把转换开关拨到欧姆挡，合理选择量程。

② 两表笔短接，进行电调零，即转动零欧姆调节旋钮，使指针打到电阻刻度右边的 0 Ω处。

③ 将被测电阻脱离电源，用两表笔接触电阻两端，用表头指针显示的读数乘所选量程的倍率数即为所测电阻的阻值。如选用 R×100 挡测量，指针指示 40，则被测电阻值为 40 Ω×100=4 000 Ω=4 kΩ。

(2) 注意事项

① 不允许带电测量电阻，否则会烧坏万用表。

② 万用表内干电池的正极与面板上“－”号插孔相连，干电池的负极与面板上的“＋”号插孔相连。在测量电解电容和晶体管等器件的电阻时要注意极性。

③ 每换一次倍率挡，要重新进行电调零。

④ 不允许用万用表电阻挡直接测量高灵敏度表头的内阻，以免烧坏表头。

⑤ 不准用两只手捏住表笔的金属部分测电阻，否则会将人体电阻并接于被测电阻而引起测量误差。

⑥ 测量完毕，将转换开关置于交流电压最高挡或空挡。

(3) 电阻挡的故障及排除

正常情况下，将转换开关置于 R×1 k 挡两表笔短路，转动欧姆调零器，指针应平稳移至零欧姆处。然后将开关依次旋至 R×100、R×10、R×1 各挡，指针应逐渐偏离零欧姆处，但最终都能调至零欧姆处。

2. 数字式万用表测电阻

使用时，将量程转换开关置于“Ω”挡的五个相应量程上，无须调零，将红表笔插入测量插孔“VΩ”，黑表笔插入测量插孔“COM”，将两表笔跨接在被测电阻两端，即可在显示屏上得到被测电阻的数值。当使用 200 Ω 量程进行测量时，两表笔短路时读数为 1.0，这是正常的，此读数是一个固定的偏移值，如被测电阻为 100 Ω 时读数为 101 Ω，正确的阻值是显示读数减去 1.0。

二、绝缘电阻的测量

电气设备和输电线路绝缘性能的好坏，关系到设备和线路的正常运行和工作人员的人身安全，新安装的电气设备以及需要定期进行检测的设备都应进行绝缘电阻的测量。发现其绝缘性能不符合安全要求的应立即进行处理。一般采用兆欧表进行绝缘电阻的测量。兆欧表又称绝缘电阻表或摇表，是一种专门用来检查和测量电气设备或输电线路绝缘电阻的可携式仪表。兆欧表的种类很多，但结构基本相同，都是由比率型磁电系测量机构和手摇小发电机两个部分组成。

1. 正确选用兆欧表

(1) 兆欧表的额定电压应根据被测电气设备的额定电压来选择。

① 测量 500 V 以下的设备，选用 500 V 或 1 000 V 的兆欧表。

② 测量 500 V 以上的设备，应选用 1 000 V 或 2 500 V 的兆欧表。

③ 对于绝缘子、母线等，要选用 2 500 V 或 3 000 V 的兆欧表。

(2) 兆欧表的测量范围要与被测绝缘电阻的范围相符合，以免引起大的读数误差。

2. 使用前检查兆欧表是否完好

兆欧表有三个接线端钮，分别标有 L(线路)、E(接地)和 G(屏蔽)，使用时应按测量对象的不同来选用。当测量电力设备对地的绝缘电阻时，应将 L 接到被测设备上，E 可靠接地即可。兆欧表如图 1-5-1 所示。

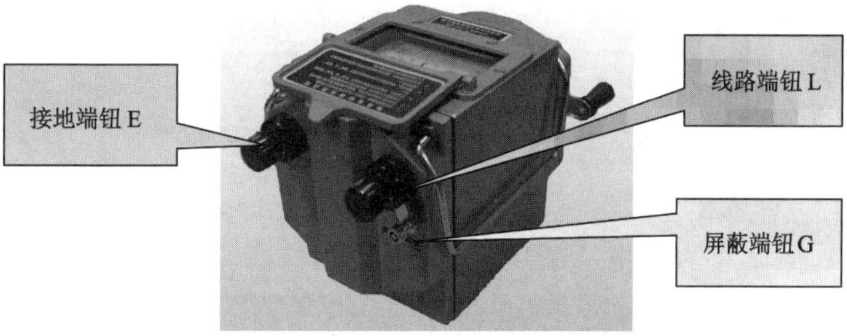

图 1-5-1　兆欧表

将兆欧表水平且平稳放置，检查指针偏转情况：将 E、L 两端开路，以约 120 r/min 的转速摇动手柄，如图 1-5-2 所示，观测指针是否指到"∞"处；然后将 E、L 两端短接，缓慢摇动手柄，如图 1-5-3 所示，观测指针是否指到"0"处。经检查完好才能使用，注意兆欧表的标度尺为反向不均匀刻度，如图 1-5-4 所示。

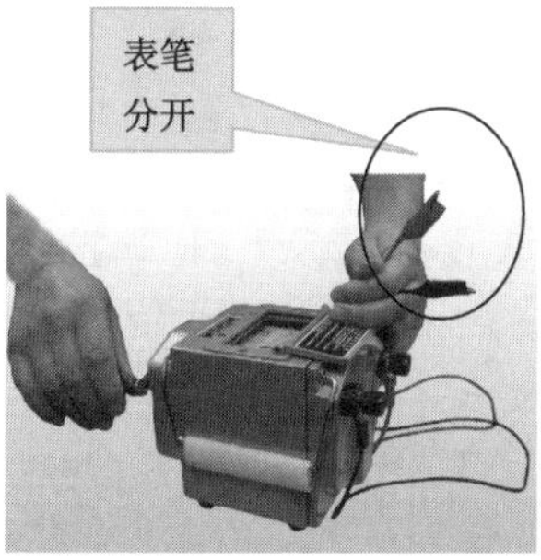

图 1-5-2　兆欧表的开路试验

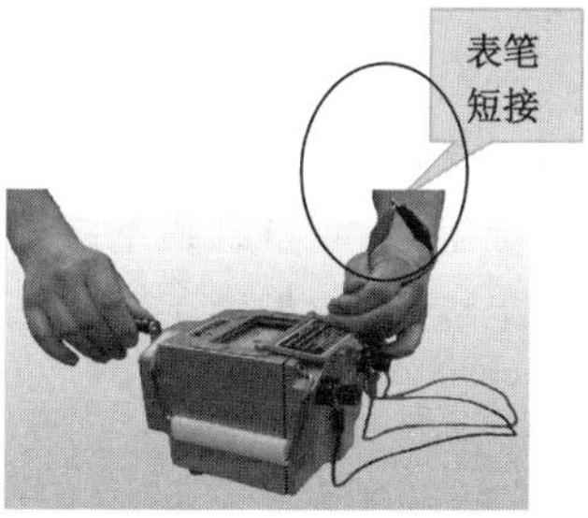

图 1-5-3　兆欧表的短路试验

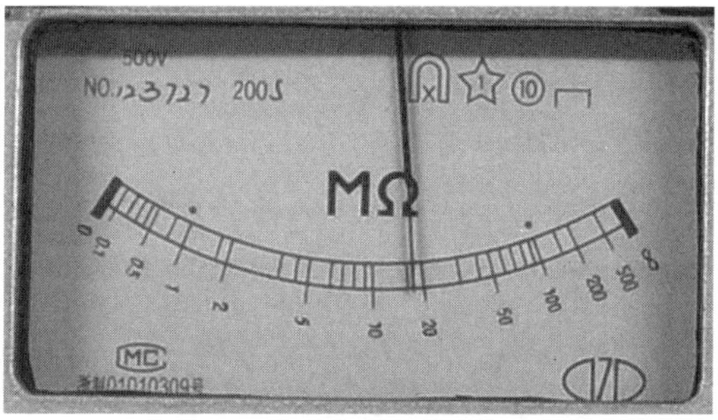

图 1-5-4　兆欧表的标度尺

3. 兆欧表的使用

(1) 兆欧表放置平稳牢固，被测物表面擦干净，以保证测量正确。

(2) 正确接线。兆欧表有三个接线柱：根据不同测量对象，做相应接线，如图 1-5-5 所示。

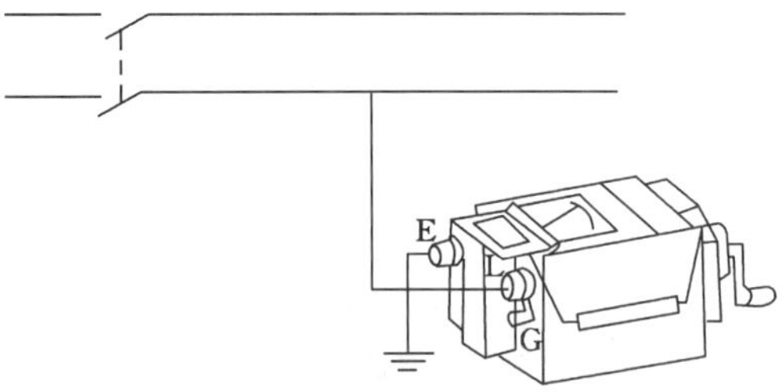

图 1-5-5　兆欧表接线图一

① 测量线路对地绝缘电阻时，E 端接地，L 端接于被测线路上。

② 测量电机或设备绝缘电阻时，E 端接电机或设备外壳，L 端接被测绕组的一端，如图 1-5-6 所示。

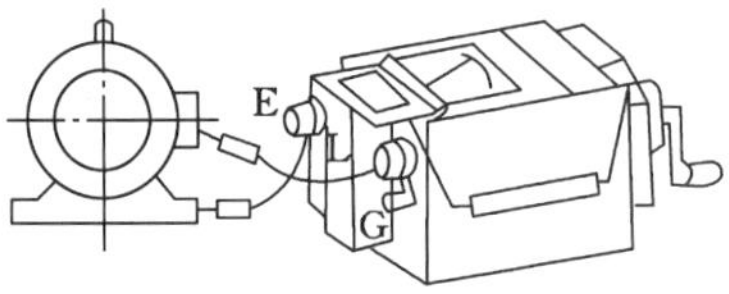

图 1-5-6　兆欧表接线图二

③ 测量电机或变压器绕组间绝缘电阻时，先拆除绕组间的连接线，将 E、L 端分别接于被测的两相绕组上；测量电缆绝缘电阻时，E 端接电缆外表皮（铅套）上，L 端接线芯，G 端接芯线最外层绝缘层上，如图 1-5-7 所示。

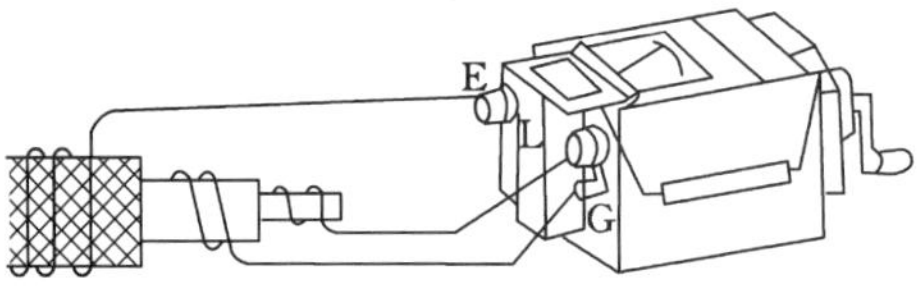

图 1-5-7　兆欧表接线图三

（3）由慢到快摇动手柄，直到转速达 120 r/min 左右，保持手柄的转速均匀、稳定，一般转动 1 min，待指针稳定后读数，如图 1-5-8 所示。

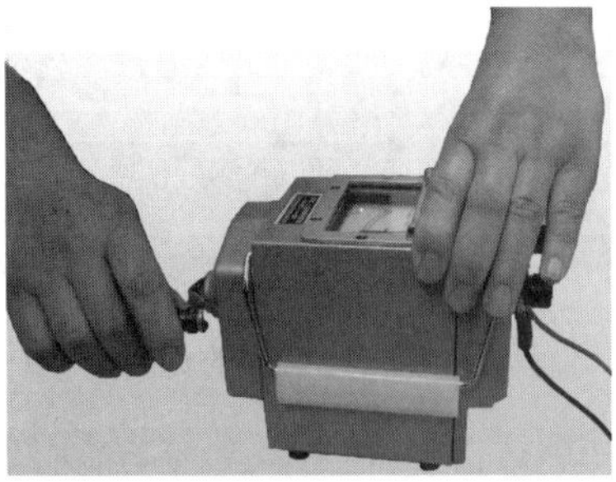

图 1-5-8　测量时兆欧表的操作方法

（4）测量完毕，待兆欧表停止转动和被测物接地放电后方能拆除连接导线。

4. 注意事项

因兆欧表本身工作时产生高压电，为避免人身及设备事故，必须注意以下几点：

① 不能在设备带电的情况下测量其绝缘电阻。测量前被测设备必须切断电源和负载，并进行放电，对含有大电容的设备，测量前应先进行放电，测量后也应及时放电，放电时间不得小于 2 min，以保证人身安全；已用兆欧表测量过的设备如要再次测量，也必须先接地放电。

② 兆欧表测量时要远离大电流导体和外磁场。

③ 与被测设备的连接导线应用兆欧表专用测量线或选用绝缘强度高的两根单芯多股软线，两根导线切忌绞在一起，以免影响测量准确度。

④ 测量过程中，如果指针指向“0”位，表示被测设备短路，应立即停止转动手柄，避免表内线圈因发热而损坏。

⑤ 被测设备中如有半导体器件，应先将其插件板拆去。

⑥ 测量过程中人体不得触及设备的测量部分，以防触电。

⑦ 测量电容性设备的绝缘电阻时，测量完毕应对设备充分放电。

⑧ 测量具有大电容设备的绝缘电阻，读数后不能立即停止摇动兆欧表，以防止已充电的设备放电而损坏兆欧表。此时应在读数后一边降低手柄转速，一边拆去接地线。在兆欧表停止转动和被测物充分放电之前，不能用手触及被测设备的导电部分。

⑨ 测量设备的绝缘电阻时，应记录测量时的温度、湿度、被测设备的状况等，以便于分析测量结果。

⑩ 测量绝缘电阻的结果如超过规定值，应及时进行处理，否则可能发生人身和设备的安全事故。

第六节　钳工工艺

一、划线

划线是指在毛坯或工件上，用划线工具划出待加工部位的轮廓线或作为基准的点和线，这些点和线标明了工件某部分的形状、尺寸或特性，并确定了加工的尺寸界线，如图 1-6-1 所示。

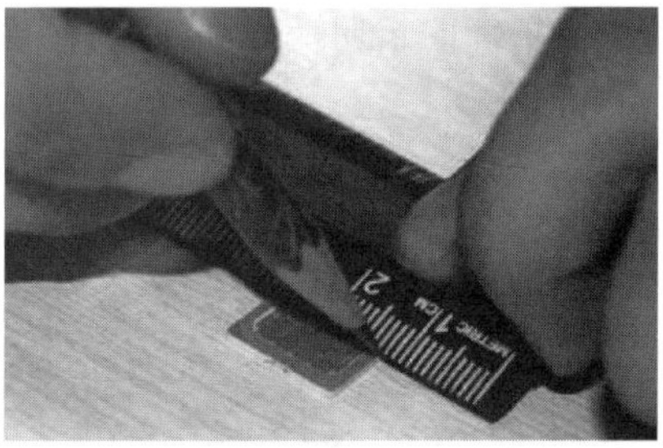

图 1-6-1　划线

(一) 划线的分类

划线分平面划线和立体划线两种。只需要在工件一个表面上划线后即能明确表示加工界线的，称为平面划线，如图 1-6-2 所示；需要在工件几个互成不同角度（通常是互相垂直）的表面上划线，才能明确表示加工界线的，称为立体划线，如图 1-6-3 所示。

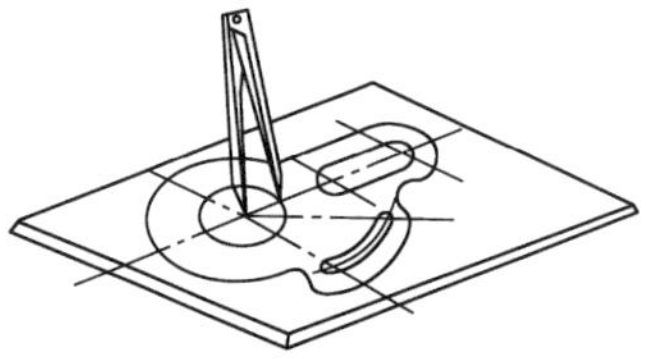

图 1-6-2　平面划线

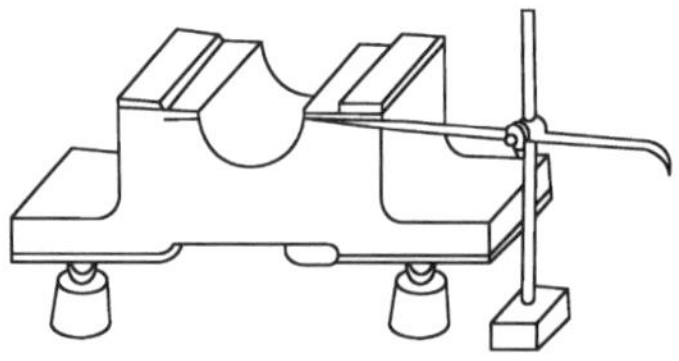

图 1-6-3　立体划线

（二）划线的作用

① 确定工件上各加工面的加工位置和加工余量。

② 可全面检查毛坯的形状和尺寸是否满足加工要求。

③ 当在坯料上出现某些缺陷的情况下，往往可通过划线时的“借料”方法，起到一定的补救作用。

④ 在板料上划线下料，可合理安排和节约使用材料。

（三）常用的划线工具及其使用方法

1. 划线平台

划线平台用来安放工件和划线工具，并在其工作面上完成划线过程，如图 1-6-4 所示。

图 1-6-4　划线平台

2. 划针

划针是直接在工件上划线的工具。在已加工面内划线时，用弹簧钢丝或高速钢制成的划针保证划出的线条宽度在 0.05～0.1 mm 范围内。在铸件、锻件等加工表面划线时，用尖端焊有硬质合金的划针，以便保持划针的长期锋利，此时划线宽度应在 0.1～0.15 mm 范围内，如图 1-6-5(a)所示。

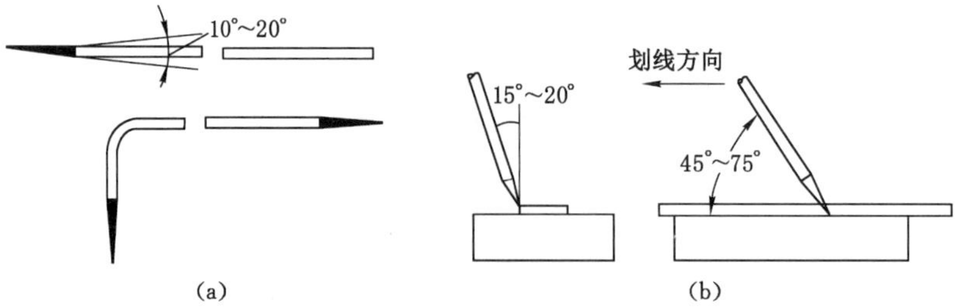

图 1-6-5　划针及其用法

用划针划线时，一手压紧导向工具，另一手使划针尖靠紧导向工具的边缘，并使划针上部向外倾斜约 15°～20°，同时向划针前进方向倾斜 45°～75°，如图 1-6-5(b)所示。划线时用力大小要均匀适宜，一根线条应一次划成。

3. 划规

划规是用来划圆和圆弧、等分线段以及量取尺寸的工具。常用的划规有普通划规、扇形划规、弹簧划规等，如图 1-6-6 所示。

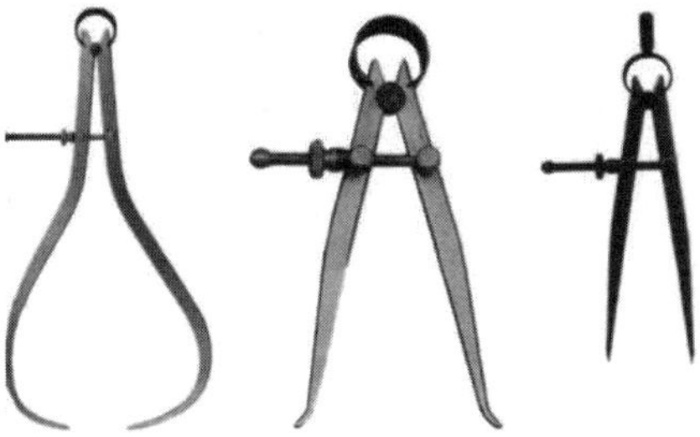

图 1-6-6　划规

使用时，划规两脚的长短要磨得稍有不同，而且两脚合拢时脚尖能靠紧，这样才可以划出尺寸较小的圆弧。划规的脚尖应保持尖锐，以保证划出的线条清晰。用划规作圆时，作为旋转中心的一脚应加以较大的压力，另一角则以较小的压力在工件表面划出圆或圆弧，以避免中心滑动。

4. 划线盘

划线盘是直接划线或找正工件位置的常用工具，如图 1-6-7 所示。

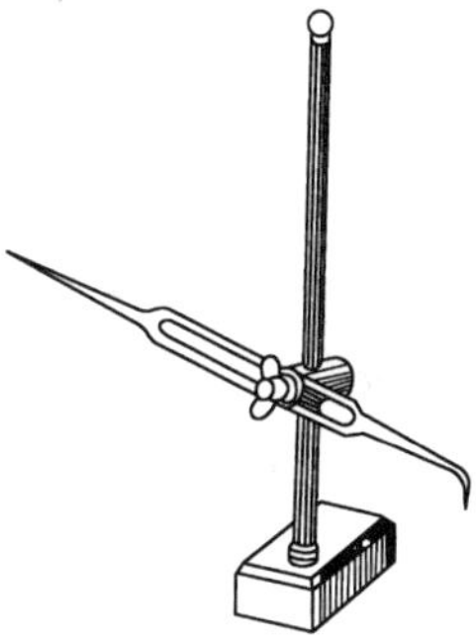

图 1-6-7　划线盘

使用时应注意：

① 划针的直头用于划线，弯头用于找正工件位置。

② 使用时，应使划针基本处于水平位置，划针伸出端应尽量短。

③ 划针的夹紧要可靠。用手拖动盘底划线时，应使盘底始终贴紧平台移动。划针移动时，其移动方向与划线表面之间成 75°左右，以使划针顺利运行。

5. 样冲

工件划线后，在搬运、装夹等过程中可能将线条擦掉，为保持划线标记，通常要用到样冲，如图 1-6-8(a)所示，在已划好的线上打上小而均布的冲眼。

使用时应注意：

① 冲眼时，将样冲斜着放在划线上，锤击前再竖直，以保证冲眼的位置准确，如图 1-6-8(b) 所示。

② 冲眼应打在线宽的正中间，且间距要均匀，如图 1-6-8(c)所示。冲眼间距由线的长短及曲直来确定。在曲面凸出的部分必须冲眼，在用划规划圆弧的地方，要在圆心上冲眼。

③ 冲眼的深浅要适当。

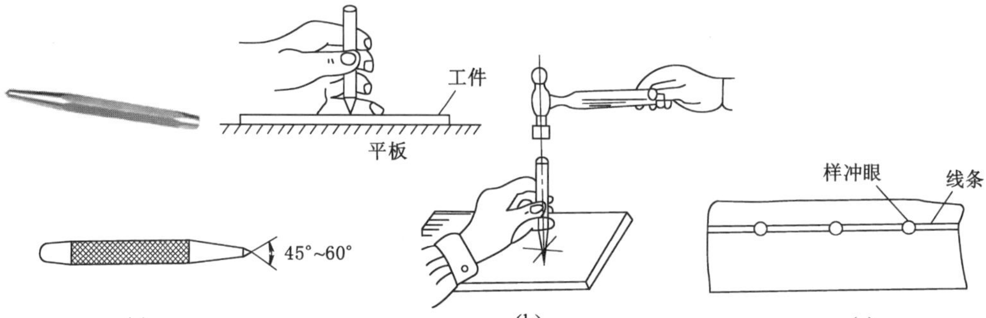

图 1-6-8　样冲及其使用方法

6. 支持工件的工具

(1) 垫铁

垫铁是用来支持、垫平和升高毛坯工件的工具。常用的有平垫铁[图 1-6-9(a)]、斜垫铁[图 1-6-9(b)]两种。斜垫铁能对工件的高低进行少量调节。

(2) V 形架

V 形架如图 1-6-10 所示，主要用来支承工件的圆柱面，使圆柱的轴线平行于平台工作面，便于找正或划线。V 形架两侧面互成 90°或 120°夹角。支承较长工件时，应使用成对的 V 形架，且成对的 V 形架必须成对加工。

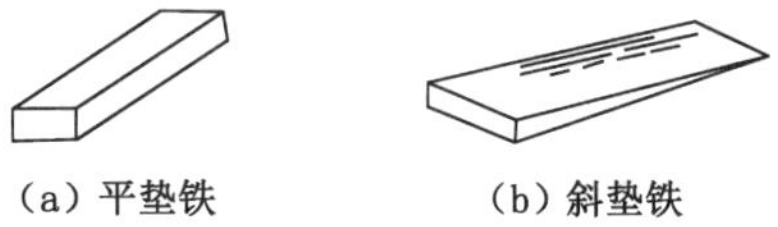

图 1-6-9　垫铁

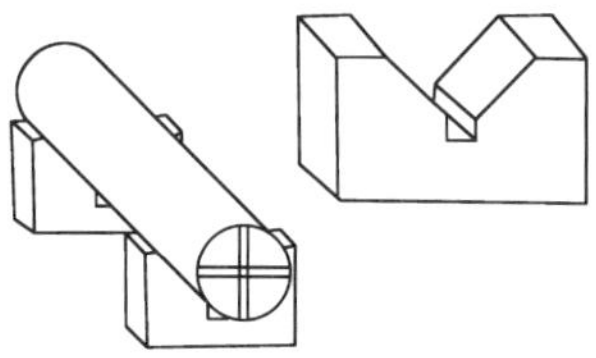

图 1-6-10　V 形架

(3) 角铁

角铁如图 1-6-11 所示，常与夹头、压板配合使用，以夹持工件进行划线。它有两个互相垂直的工作平面。其上的孔或槽是为搭压板时用螺钉连接而设。

(4) 方箱

带有方孔的立方体或长方体的方箱如图 1-6-12 所示，是由铸铁制成。较小或较薄的工件可被夹持在方箱孔中，翻转方箱就可一次划出全部互相垂直的线。为便于夹持不同形状的工件，可采用附有夹持装置、带 V 形槽的特殊方箱。

(5) 千斤顶

千斤顶如图 1-6-13 所示，是用来支持毛坯或不规则工件进行划线的工具，它可较方便地调整工件各处的高度。千斤顶的顶端一般做成带球顶的锥形，使支承既可靠又灵活。若要支承柱形工件或较重工件，可将顶部制成 V 形架。

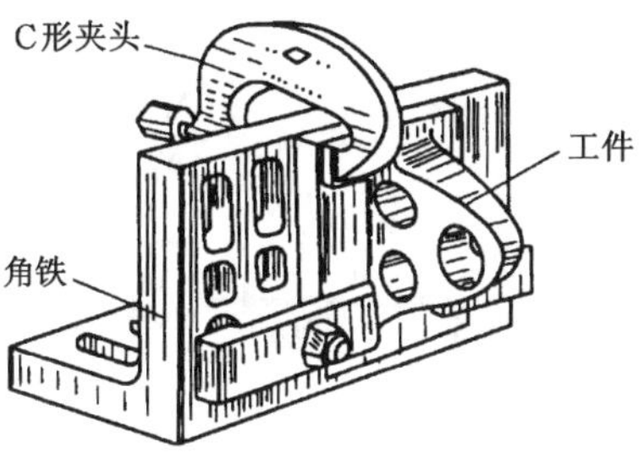

图 1-6-11　角铁

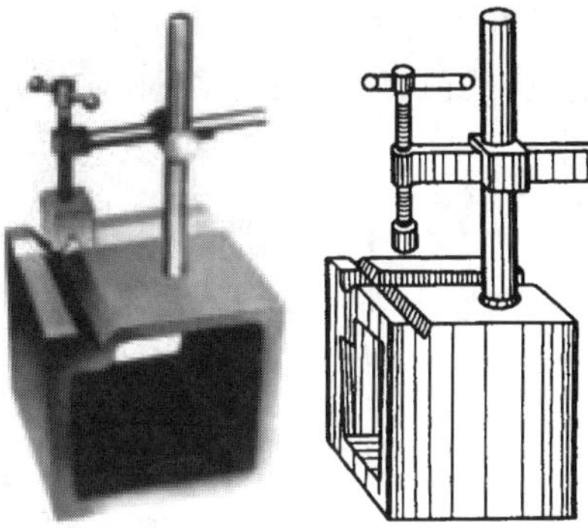

图 1-6-12　方箱

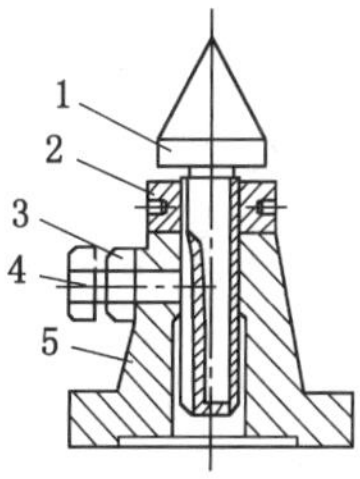

1—螺杆;2—螺母;3—锁紧螺母;4—螺钉;5—底座。

图 1-6-13　千斤顶

(四) 划基本线条的方法

1. 划平行线的方法(图 1-6-14)

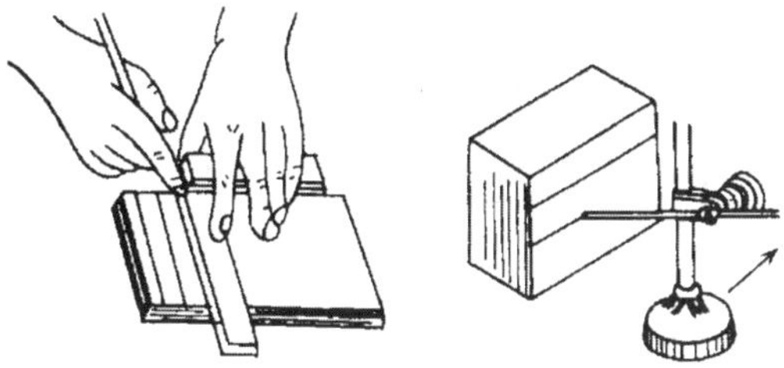

(a) 在平面上划平行线　　(b) 在立体上划平行线

图 1-6-14　划平行线

2. 划垂直线的方法(图 1-6-15)

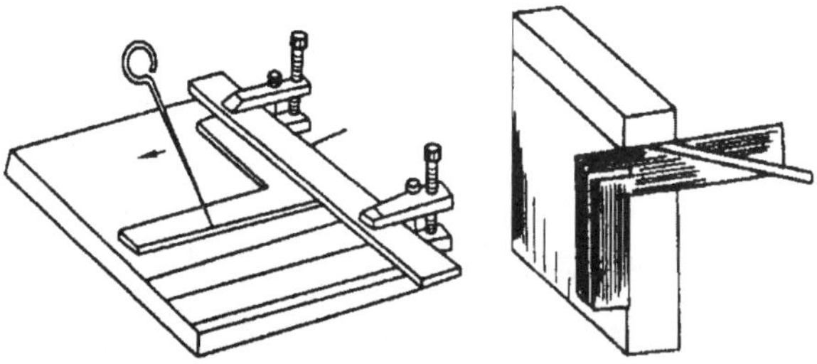

图 1-6-15　划垂直线

3. 划圆弧线的方法(图 1-6-16)

划圆弧线前要先划中心线，确定中心点，在中心点打样冲眼，然后用划规以一定的半径划圆弧。

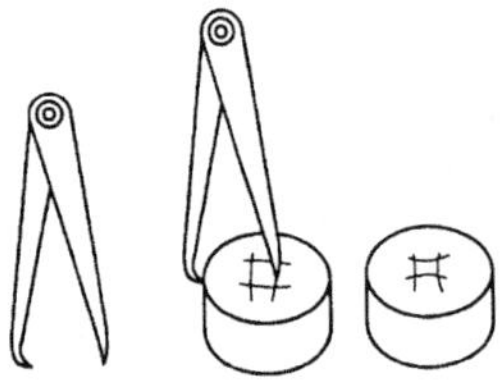

(a) 用单脚规求圆心

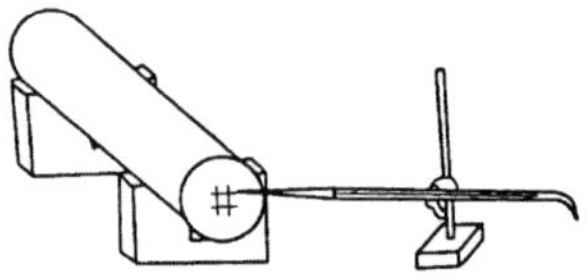

(b) 用划线盘求圆心

图 1-6-16　确定圆心的方法

(五) 划线基准的选择

划线基准就是划线时用来确定各点、线、面位置的依据。

根据零件的不同情况，选择平面划线基准常有下面三种类型：

① 以两个互相垂直的平面(或线)为基准，如图 1-6-17(a)所示。

② 以两条相互垂直的中心线为基准，如图 1-6-17(b)所示。

③ 以一个平面与一条中心线为基准，如图 1-6-17(c)所示。

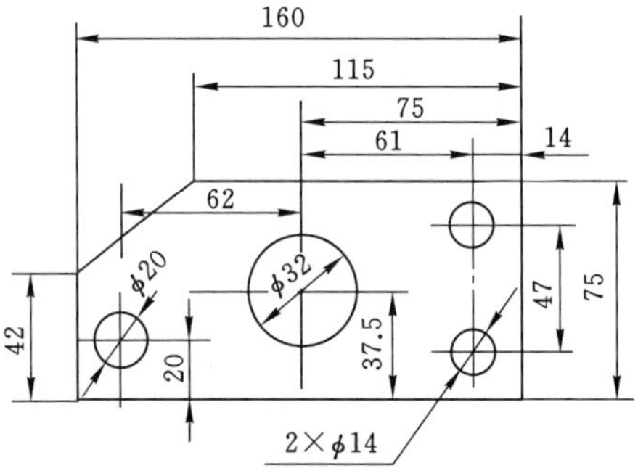

(a)

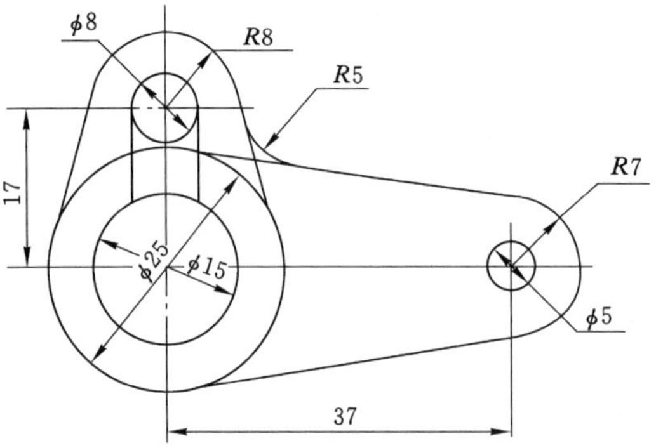

(b)

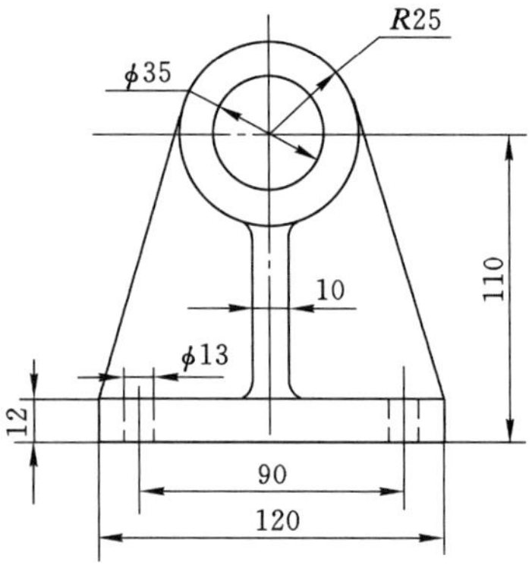

(c)

图 1-6-17　划线基准的选择

（六）划线的一般步骤

① 看清并分析图样与实物，确定划线基准，检查毛坯质量。

② 清理毛坯上的氧化皮、粘砂、飞边、油污，去除已加工工件上的毛刺等。

③ 在需要划线的表面涂上适当的涂料。一般铸锻件毛坯涂石灰水，钢和铸件的半成品涂蓝油、绿油或硫酸铜溶液，非铁金属工件涂蓝油或墨汁。

④ 确定孔的圆心时预先在孔中安装塞块。

⑤ 划线顺序：基准线→水平线→垂直线→斜线→圆→圆弧线。

⑥ 划毕经检验后，在所需位置打样冲眼。

二、锉削

用锉刀对工件表面进行切削，使其达到零件图所要求的形状、尺寸和表面粗糙度的加工方法称为锉削，如图 1-6-18 所示。

图 1-6-18　锉削

锉削加工简便，工作范围广，多用于錾削、锯削之后。可对工件上的平面、曲面、内外圆弧、沟槽以及其他复杂表面进行加工。使其最高加工精度可达 0.01 mm，表面粗糙度可达 $Ra0.8\ \mu m$。

（一）锉刀

锉刀是锉削的主要工具。

1. 锉刀的种类

按用途来分，锉刀可分为普通锉、特种锉和整形锉（什锦锉）三类。

普通锉：如图 1-6-19 所示，按其截面形状可分为平锉、方锉、圆锉、半圆锉及三角锉五种。

整形锉：主要用于精细加工及修整工件上难以机加工的细小部位，如图 1-6-20 所示。

特种锉：用于加工零件上特殊表面，如图 1-6-21 所示。

2. 锉刀的选用原则

① 根据工件形状和加工面的大小选择锉刀的形状和规格。

② 根据材料软硬、加工余量、精度和粗糙度的要求选择锉刀齿纹的粗细。

锉刀的合理选用，对保证加工质量、提高工作效率和延长锉刀寿命有很大的影响。

（二）挫削操作方法

1. 锉刀的握法

① 大锉刀的握法：如图 1-6-22(a)所示，右手心抵着锉刀木柄的端头，大拇指放在锉刀

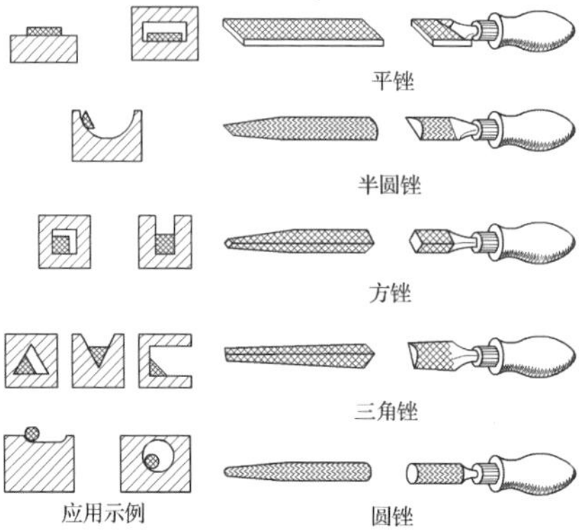

图 1-6-19　普通挫

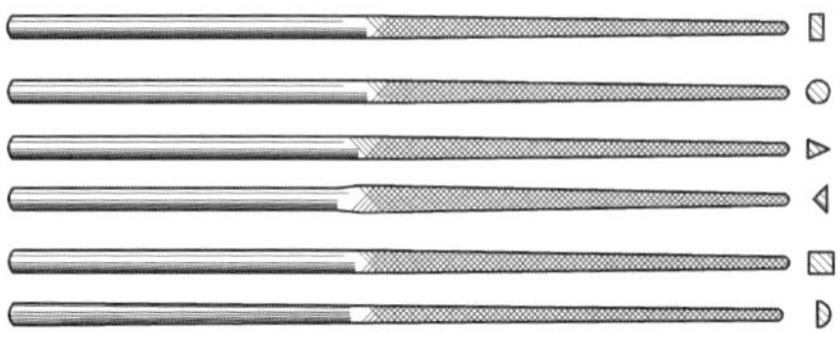

图 1-6-20　整形挫

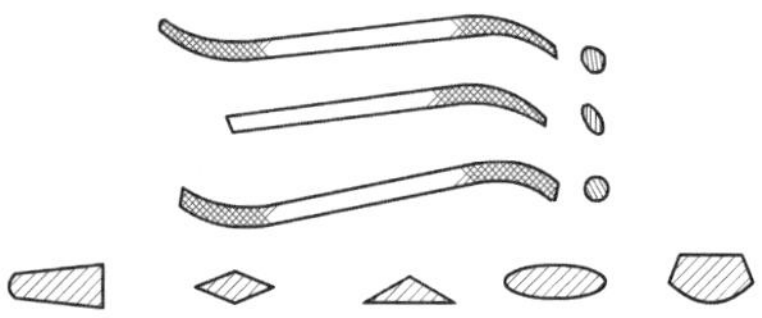

图 1-6-21　特种锉

木柄的上面，其余四指弯在下面，配合大拇指捏住锉刀木柄；左手则根据锉刀大小和用力的轻重，有多种姿势。

② 中锉刀的握法：如图 1-6-22(b)所示，右手握法与大锉刀握法相同，左手用大拇指和食指捏住锉刀前端。

③ 小锉刀的握法：如图 1-6-22(c)所示，右手食指伸直，拇指放在锉刀木柄上面，食指靠在锉刀的刀边，左手几个手指压在锉刀中部。

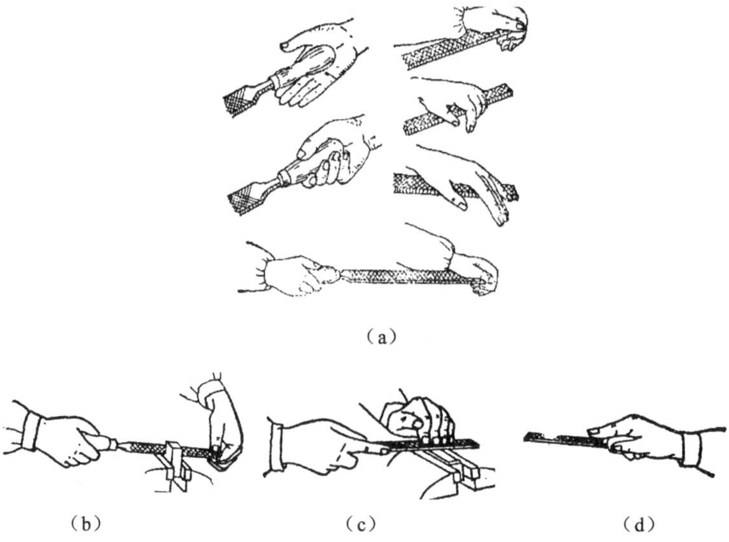

图 1-6-22　锉刀的握法

④ 整形挫握法：如图 1-6-22(d)所示，食指放在锉刀上面，拇指放在锉刀的左侧。

2. 挫削时的站立位置和姿势

锉削时站立位置和姿势与锯削基本相同，如图 1-6-23 所示。其动作要领是：锉削时，身体先于锉刀向前，随之与锉刀一起前行，重心前移至左脚，膝部弯曲，右腿伸直并前倾，当锉刀行程至 3/4 处时，身体停止前进，两臂继续将锉刀推到锉刀端部，同时将身体重心后移，将身体恢复原位，并顺势将锉刀收回。当锉刀收回接近结束时，身体又开始前倾，进行第二次挫削。

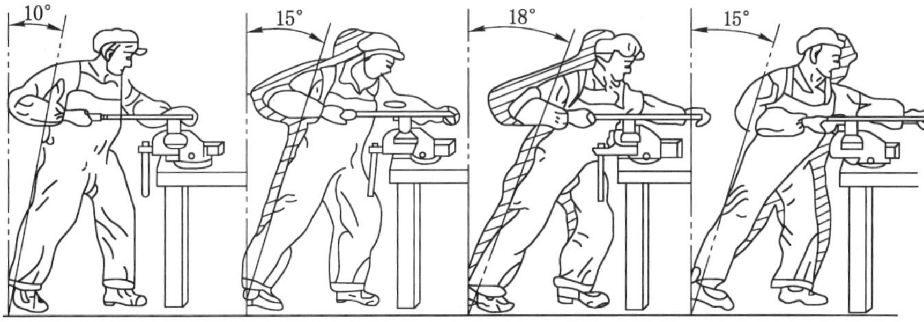

图 1-6-23　挫削时的站立位置和姿势

3. 挫削力

(1) 挫削力的分类

锉削力的正确运用是锉削的关键，锉削的力量有水平推力和垂直压力两种。

① 推力主要由右手控制，其大小必须大于切削阻力才能锉去切屑。

② 压力是由两手控制的，其作用是使锉齿深入金属表面。

(2) 保持挫削力平衡的方法

保持挫削力平衡的方法，如图 1-6-24 所示。

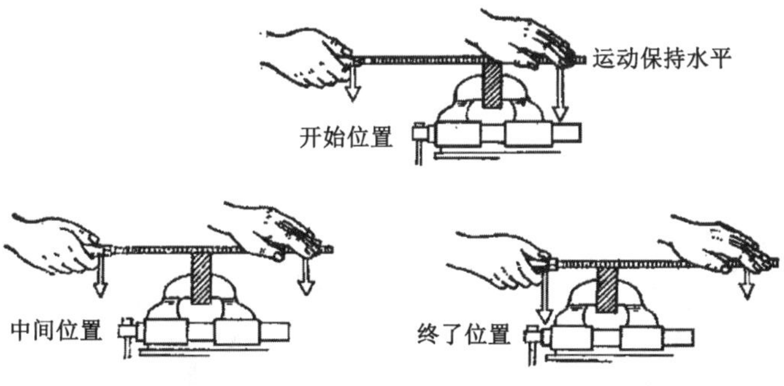

图 1-6-24　保持挫削力平衡的方法

两手压力大小也必须随着变化对工件中心的力矩相等，这是保证锉刀平直运动的关键。

随着锉推进，左手的压力应由大而逐渐减小，右手的压力则由小而逐渐增大，到中间时两力相等。

锉削时，对锉刀的总压力不能太大，因为锉齿存屑空间有限，压力太大只能使锉刀磨损加快。但压力也不能过小，过小则锉刀会打滑，达不到切削目的。一般是以在向前推进时手上有一种韧性感觉为适宜。

4. 挫削速度

锉削速度一般为每分钟 30～60 次。太快，操作者容易疲劳，且锉齿易磨钝；太慢，切削效率低。

（三）挫削加工方法

1. 平面挫削（图 1-6-25）

① 顺向锉法[图 1-6-25(a)]：锉刀沿着工件表面横向或纵向移动，锉削平面可得到正直的锉痕，比较整齐美观，适用于锉削小平面和最后修光工件。

② 交叉锉法[图 1-6-25(b)]：以交叉的两方向顺序对工件进行锉削。由于锉痕是交叉的，容易判断锉削表面的不平程度，因而也容易把表面锉平。交叉锉法去屑较快，适用于平面的粗锉。

③ 推锉法[图 1-6-25(c)]：两手对称地握住锉刀，用两手大拇指推锉刀进行锉削。这种方法适用于较窄表面且已经锉平、加工余量很小的情况下，来修正尺寸和减小表面粗糙度。

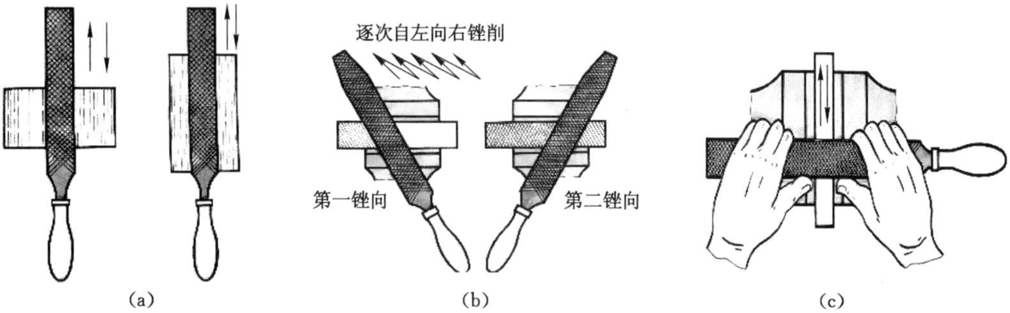

图 1-6-25　平面的挫削方法

2. 外圆弧面的锉削（图 1-6-26）

常用的外圆弧面锉削方法有两种：滚锉法和横锉法。

① 滚锉法：使锉刀顺着圆弧面锉削，此法用于精锉外圆弧面。

② 横锉法：使锉刀横着圆弧面锉削，此法用于粗锉外圆弧面或不能用滚锉法的情况下。

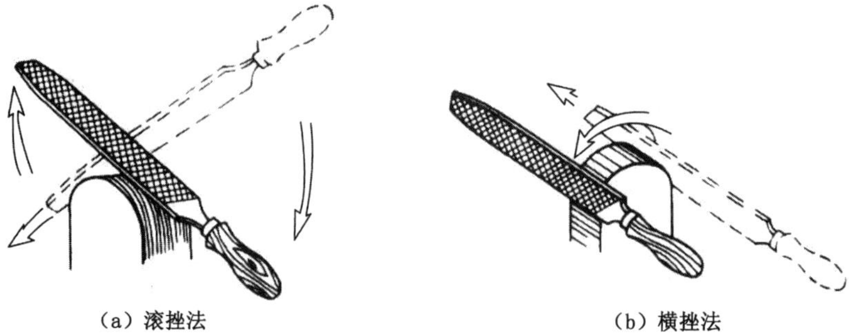

图 1-6-26　外圆弧面的挫削方法

3. 内圆弧面锉削（图 1-6-27）

锉刀要同时完成三个运动：锉刀的前推运动、锉刀的左右移动和锉刀自身的转动，否则锉不好内圆弧面。

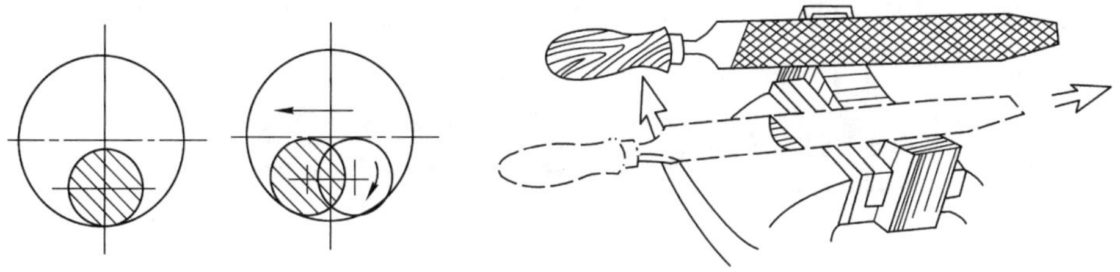

图 1-6-27　内圆弧面的挫削方法

4. 通孔的锉削(图 1-6-28)

根据通孔的形状、工件材料、加工余量、加工精度和表面粗糙度来选择所需的锉刀。

图 1-6-28　通孔的挫削方法

(四) 锉削质量检查

① 检查直线度:如图 1-6-29(a)所示,用钢尺和直角尺以透光法来检查。

② 检查垂直度:如图 1-6-29(b)所示,用直角尺以透光法来检查。应先选择基准面,然后对其他各面进行检查。

③ 检查尺寸:用游标卡尺在全长不同的位置上测量几次。

④ 检查表面粗糙度:一般用眼睛观察即可。如要求准确,可用表面粗糙度样板对照检查。

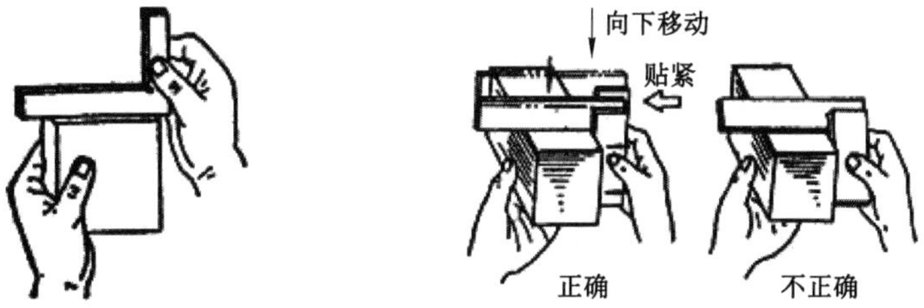

(a) 检查直线度　(b) 检查垂直度

图 1-6-29　锉削质量的检查方法

(五) 螺纹加工

1. 加工内螺纹

用丝锥在圆孔内表面加工内螺纹的方法称为攻螺纹。

(1) 丝锥

① 丝锥的结构。丝锥的构造如图 1-6-30 所示。丝锥的基本结构形状像一个螺钉,轴向有几条容屑槽,相应地开成几瓣刀刃(切削刃),由工作部分和柄部组成,其中工作部分由切

削部分与校准部分组成。切削部分常磨成圆形，以便使切削负荷分配在几个刀齿上，其作用是切去孔内螺纹牙间的金属。校准部分的作用是修光螺纹和引导丝锥。丝锥上有三四条容屑槽，便于容屑和排屑。柄部为方头，其作用是与铰杠相配合并传递扭矩。

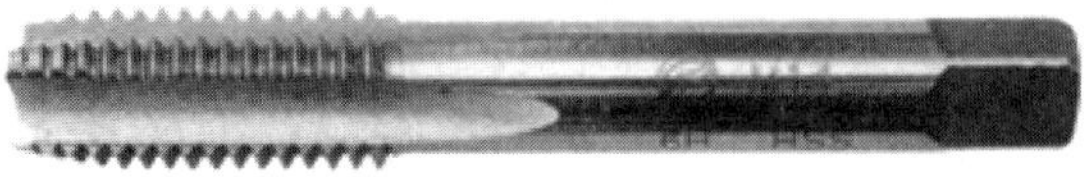

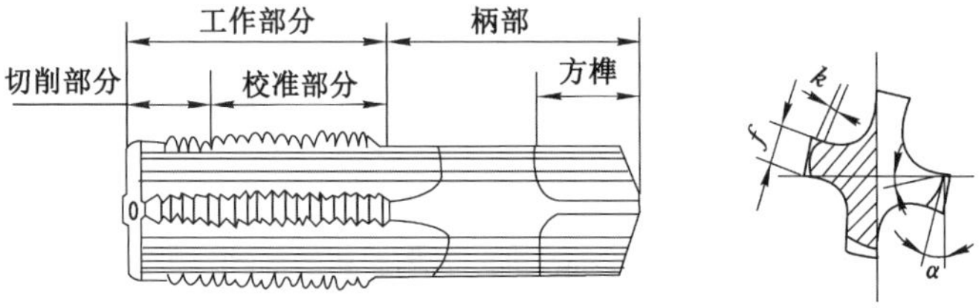

图 1-6-30　丝锥的构造

② 丝锥的类型。常用丝锥主要有手用丝锥、机用丝锥和管螺纹丝锥。

手用丝锥如图 1-6-31(a)所示，常用于单件小批量生产及各种修配工作中。机用丝锥如图 1-6-31(b)所示，是装夹在机床上使用的。它的柄部除铣有方榫外，还割有一条环槽。管螺纹丝锥用于攻管螺纹，有圆柱形、圆锥形两种。

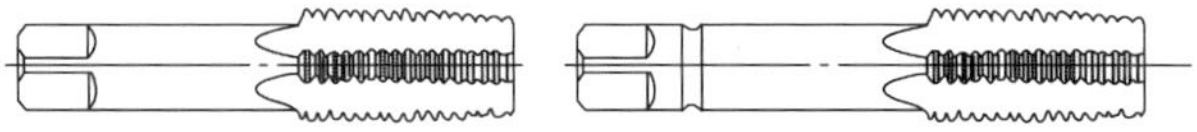

(a) 手用丝锥　　(b) 机用丝锥

图 1-6-31　丝锥

机用丝锥也有两支一组。攻通孔螺纹时，一般都用切削部分较长的头锥一次攻出。只有攻不通孔螺纹时才用末锥再攻一次，以增加螺纹的有效长度。

(2) 铰杠

铰杠是手工攻螺纹时，用来夹持丝锥柄部的方榫，带动丝锥旋转切削的工具。铰杠分普通铰杠(图 1-6-32)和丁字形铰杠(图 1-6-33)两类。每类铰杠又有固定铰杠和活络铰杠两种。丁字形铰杠用于攻制带有台阶工件侧边的螺纹孔或攻制机体内部的螺纹。可调节丁字形铰杠有一个四爪弹簧夹头，一般用于 M6 以下的丝锥。

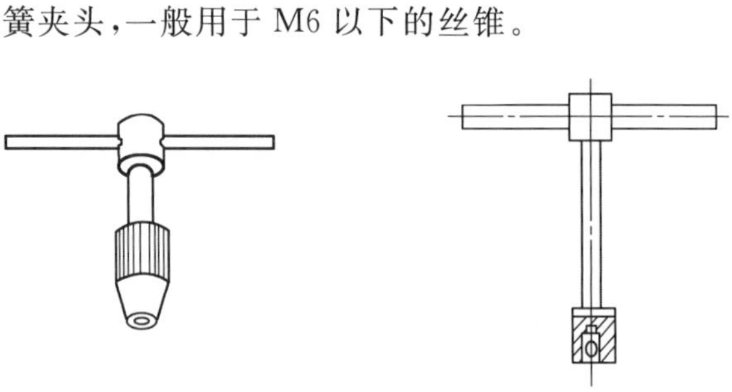

(a) 可调节丁字形铰杠　　(b) 固定丁字形铰杠

图 1-6-32　普通铰杠

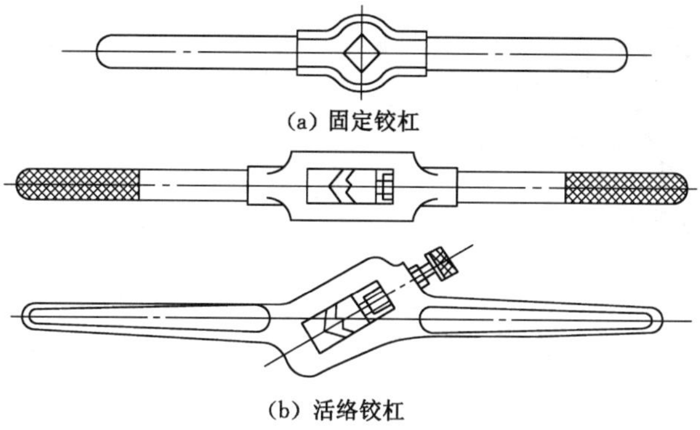

图 1-6-33　丁字形铰杠

(3) 攻螺纹的操作方法

攻螺纹前首先应确定螺纹底孔直径和掌握正确的操作。

① 螺纹底孔直径的确定：

在钢和塑性较大材料上攻制普通螺纹时，钻孔用钻头的直径 D_0 为：

$$D_0 = D - P$$

式中，D 为内螺纹大径，mm；P 为螺距，mm。

在铸铁和塑性较小的材料上攻制普通螺纹时，钻孔用钻头的直径 D_0 为：

$$D_0 = D - (1.05 \sim 1.1)P$$

【例 1-6-1】 在中碳钢和铸件的工件上，分别攻制 M14 的螺纹，求钻孔用的钻头直径分别是多少？

解 中碳钢属塑性较大材料，钻头的直径为：

$$D_0 = D - P = 14 - 2 = 12\ (\text{mm})$$

铸铁属塑性较小的材料，钻头的直径为：

$$D_0 = D - (1.05 \sim 1.1)P = 14 - 1.1 \times 2 = 11.8\ (\text{mm})$$

螺纹底孔的钻头直径也可在相关的表格中查得。

攻不通孔螺纹时，由于丝锥切削部分不能切出完整的螺纹牙形，为了保证螺孔的有效深度，所以钻孔深度一定要大于所需的螺孔深度。一般取：

$$\text{钻孔深度} = \text{所需螺孔深度} + 0.7D$$

式中，D 为螺纹大径，mm。

② 攻螺纹的操作要点：

a. 准备工作。攻螺纹前螺纹底孔口要倒角，使丝锥容易切入，并防止攻螺纹后孔口的螺纹崩裂。工件的装夹位置要正确，应尽量使螺孔中心线置于水平或垂直位置，其目的是攻螺纹时便于判断丝锥是否垂直于工件表面。

b. 用头锥起攻螺纹。起攻时应把丝锥放正，用右手掌按住铰杠中部沿丝锥中心线用力加压，此时左手配合做顺向旋进；或两手握住铰杠两端平衡施加压力，并将丝锥顺向旋进，保持丝锥中心与孔中心线重合，不能歪斜，如图 1-6-34 所示。当切削部分切入工件 1～2 圈时，用目测或角尺检查和校正丝锥的位置，如图 1-6-35 所示。

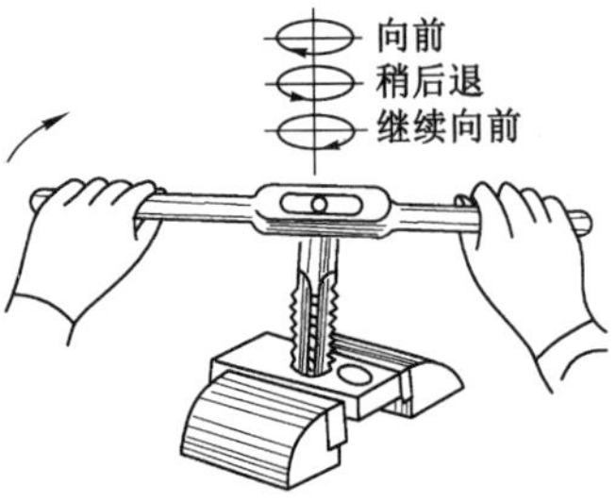

图 1-6-34　攻螺纹的方法

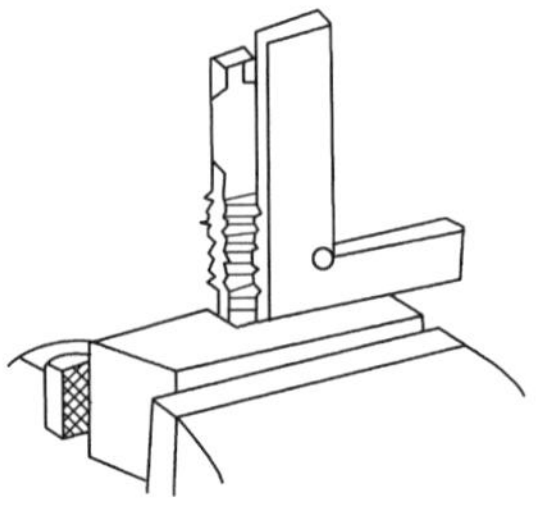

图 1-6-35　垂直度的检查

c. 用二锥攻螺纹。先用手将丝锥旋入已攻出的螺孔中，直到用手旋不动时，再用铰杠进行攻螺纹，这样可以避免损坏已攻出的螺纹和防止烂牙。

d. 攻不通孔螺纹。攻不通孔螺纹时，在丝锥上做好深度标记，经常退出丝锥，排除孔中的切屑。当将要攻到孔底时，更应及时排出孔底积屑，以免攻到孔底丝锥被轧住。

e. 攻通孔螺纹。丝锥校准部分不应全部攻出头，否则会扩大或损坏孔口最后几牙螺纹。

f. 退出丝锥。退出丝锥应先用铰杠带动螺纹平稳地反向转动，当能用手直接旋动丝锥时，应停止使用铰杠，以防铰杠带动丝锥退出时产生摇摆和振动，破坏螺纹表面粗糙度。

g. 攻不同材料工件上螺孔。在攻材料硬度较高的螺孔时，应头锥、二锥交替攻削，这样可减轻头锥切削部分的载荷，防止丝锥折断。攻塑性材料的螺孔时，要加切削液，以减少切削阻力和提高螺孔的表面质量，延长丝锥的使用寿命。

2. 加工外螺纹

用板牙在圆杆或管子上切削加工外螺纹的方法称为套螺纹。

(1) 套螺纹的工具

① 板牙。板牙是加工外螺纹的刀具，由合金工具钢 9SiCr 制成并经热处理淬硬。其外形像一个圆螺母，只是上面钻有几个排屑孔，并形成刀刃，如图 1-6-36 所示。

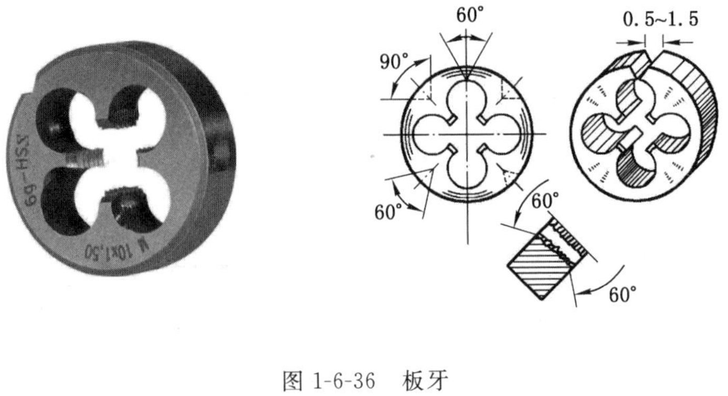

图 1-6-36　板牙

板牙由切削部分、定径部分、排屑孔（一般有三四个）组成。排屑孔的两端有 60°的锥度，起着主要的切削作用。定径部分起修光作用。板牙的外圆有 1 条深槽和 4 个锥坑，锥坑用于定位和紧固板牙，当板牙的定径部分磨损后，可用片状砂轮沿槽将板牙切割开，借助调紧螺钉将板牙直径缩小。

② 板牙铰杠。板牙铰杠是手工套螺纹时的辅助工具，如图 1-6-37 所示。

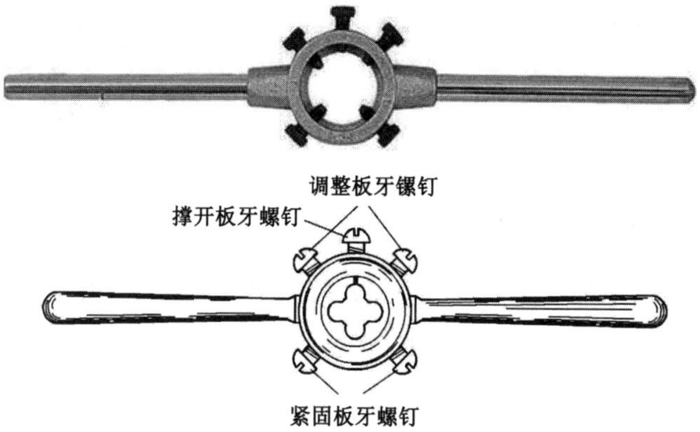

图 1-6-37　板牙铰杠

板牙铰杠的外圆旋有 4 个紧定螺钉和 1 个调松螺钉，使用时，紧定螺钉将板牙紧固在铰杠中，并传递套螺纹时的扭矩。当使用的圆板牙带有 V 形调整槽时，通过调节上面 2 个紧定螺钉和调整螺钉，可使板牙螺纹直径在一定范围内变动。

(2) 套螺纹的方法

① 套螺纹前圆杆直径的确定。与攻螺纹一样，用圆板牙在钢料上套螺纹时，材料同样受到挤压而变形，螺孔牙尖要被挤高一些，所以，圆杆直径应小于螺纹的大径(公称直径)。

圆杆直径可用下列公式计算：

$$d_0 = d - 0.13P$$

式中，d 为外螺纹的大径，mm；P 为螺距，mm。

【例 1-6-2】　在钢的圆杆上套 M16 螺纹，此时圆杆直径应为多少？

解　$P=2$ mm，圆杆直径 $d_0=16-0.13\times2\approx15.7$ (mm)。

为了便于板牙对准工件和切入工件，圆杆端部倒角为 15°～20°，如图 1-6-38 所示。锥体小端可以略小于螺纹小径，可避免出现锋口和卷边而影响螺母的拧入。

② 圆杆的装夹。圆杆应装夹在用硬木制成的 V 形钳口或原铜板制成的衬垫中，如图 1-6-39 所示，并尽量靠近钳口，主要是因为套螺纹时切削力矩很大，圆杆不易夹持牢固而出现偏斜和夹出痕迹。

(3) 套螺纹的操作

开始套螺纹时，应使板牙端面与圆杆垂直，右手握住板牙架中部适当加压并转动铰杠。当板牙切入圆杆 1～2 圈时，应目测检查和校正板牙的位置。当板牙切入圆杆 3～4 圈时，应停止施加压力，而仅平稳地转动铰杠，靠板牙螺纹自然旋进套螺纹。套螺纹时应保持板牙端面与圆杆轴线垂直，避免套出的螺纹两面有深浅，甚至烂牙。为了避免切屑过长，套螺纹过程中板牙应经常倒转。

(4) 切削液

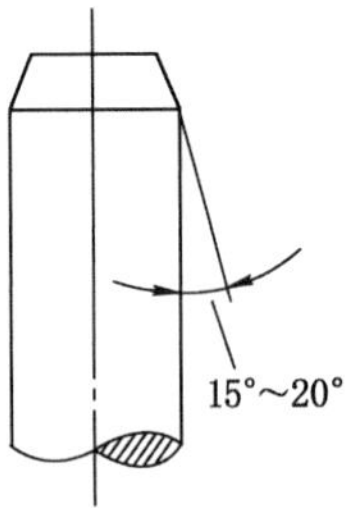

图 1-6-38　套螺纹时圆杆的倒角

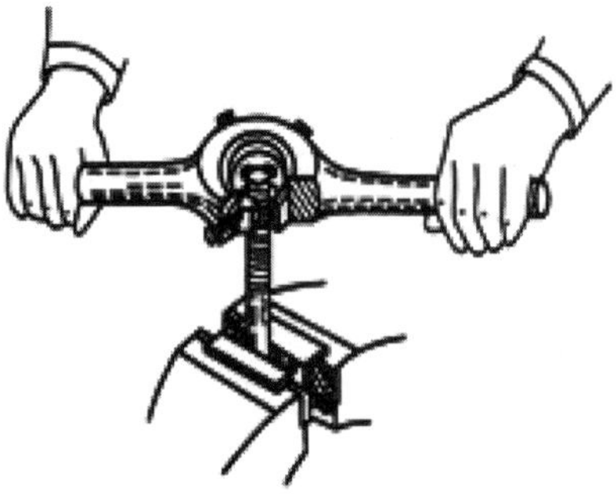

图 1-6-39　夹紧圆螺杆的方法

在钢件上套螺纹时要加切削液,以延长板牙的使用寿命,减小螺纹的表面粗糙度。一般使用加浓的乳化液或机油,要求较高时用菜油或二硫化钼。

第二章　防爆电气设备检查与维护

本章的内容适用于在大气条件下爆炸性气体或粉尘与空气的混合物，或可燃性粉尘层出现引起危险的场所，不适用于煤矿井下、异态混合物引起危险的场所和不需要大气中的氧气而燃烧的炸药粉尘。

防爆电气设备即使做到正确安装，也不能保证一直处于完好状态，因为运行条件和环境条件会对防爆电气设备产生许多不利的影响。

1. 运行条件恶劣

防爆电气设备在运行中受到强烈振动或冲击，能够影响电气设备的机械结构和强度，也能使电气连接产生松动；电动机频繁启动、反向制动、过载等运行条件会影响电动机的绕组温度和表面温度，影响设备的安全性和使用寿命。

2. 潮湿环境

防爆电气设备长期在潮湿环境下运行或储存，会对电气设备的绝缘产生影响，使电气设备容易产生绝缘电阻降低，发生电击穿或漏电，破坏增安型和无火花型设备的防爆安全性，也会对隔爆型或其他防爆类型电气设备的运行安全性产生不利影响。另外，潮湿的环境会使隔爆型设备的隔爆接合面产生锈蚀，对防爆安全产生不利影响。

3. 腐蚀环境

腐蚀性环境对防爆电气设备的影响很大，严重的腐蚀会使电气设备外壳和紧固件及隔爆接合面产生锈蚀，破坏隔爆型外壳的隔爆安全，也会使其他防爆类型的电气设备壳体的防护等级降低。另外，腐蚀性环境还会对电气设备的绝缘产生不利影响，还会腐蚀裸露的导线，使其接触不良、产生火花。

4. 环境温度

环境温度超过 40 ℃会影响电气设备的绕组温度和表面温度，因为通常防爆电气设备的允许环境温度范围是－20～＋40 ℃，环境温度超过 40 ℃会使电气设备的温度升高，影响防爆安全。另外，电气设备长期在高温条件下运行，会影响电气绝缘材料的寿命。如果电气设备具有塑料外壳，高温会加速塑料的老化，影响设备的运行安全和防爆安全。

5. 不合理使用

防爆电气设备的使用人员不懂其防爆原理、运行要求，操作时不符合安全操作规程，甚至野蛮操作，会对防爆电气设备造成损坏，影响其安全性能。

6. 其他不利条件的影响

阳光、雨、雪、灰尘、雷电等条件都会对防爆电气设备产生不利的影响。阳光照射能加快绝缘材料、塑料外壳的光老化；雨、雪、灰尘能使绝缘件的耐漏电性能降低，灰尘还会影响设备相对运动件（如轴承）之间的润滑，使其产生摩擦高温；雷电在电网上产生感应冲击电压，对电气设备的绝缘造成损害。防爆电气设备的安全检查是为了保证防爆电气设备的防爆安全性和运行安全性，所以应该对在用的防爆电气设备进行定期的和日常的检查与维护。

第一节　防爆电气设备的检查

一、术语和定义

检查是为了获取设备运行安全可靠的结论而采取的小拆卸或根据需要局部拆卸设备，并辅以一些测试措施而进行的仔细查验活动。

检查等级按检查工作的手段和内容分为：

① 目视检查(V)：用肉眼而不用检验设备或工具来识别明显缺损的检查，即日常运行检查，如螺丝是否丢失等。

② 一般检查(C)：包括目视检查以及使用接近设备（如活梯）和工具才能识别明显缺损的检查，如螺栓松动。

③ 详细检查(D)：包括一般检查以及只有打开外壳或采用工具和检测设备才能识别明显缺损的检查，如接线端子松动。

检查类型按照检查实施的时间划分为：

① 初始检查：对所有电气设备、系统和装置在投入运行前进行的检查，它一般与工程项目或设备的安装验收相结合进行。

② 定期检查：对所有电气设备、系统和装置进行的例行检查，可以进行相应的仔细检查或逐项检查。

③ 抽样检查：对部分电气设备、系统和装置进行的检查。

二、检查的基本要求

（一）文件

检查与维护时应提供下列最新的文件：

① 危险场所分类。

② 气体：设备类别（ⅡA、ⅡB和ⅡC）和温度组别要求。

③ 粉尘：设备类别（ⅢA、ⅢB和ⅢC）和最高表面温度要求。

④ 设备特性，如温度范围、防爆型式、外壳防护等级（IP代码）、防腐性能。

⑤ 能够使被维护的防爆设备符合其防爆型式的记录，如设备清单和设备位置、备件、合格证书和技术资料。

⑥ 以前检查记录的复印件。

（二）人员资格

对电气装置的检查与维护应由有经验的人员进行。这些人员应经过包括各种防爆型式、安装实践、检查维护、安装相关的国家法规、企业规章以及危险场所分类的一般原理等在内的业务培训。这些人员还应定期接受适当的继续教育或培训，并具备相关经验和经过培训的资质证书。

（三）检查

整套装置或设备在投入运行前应对它们进行初始检查。为保证电气装置处于良好状态，可在危险场所长期使用，应进行定期检查或由专业人员连续监督两种检查之一，并且必要时应进行维护。

防爆设备上的铭牌或标记缺失或难以辨认时，常用的替代方法是确定溯源至该设备的防爆合格证书。可用以下方法：附加包含唯一的标牌号的识别标签、序列号或与安装相关的档案。附加或固定标牌的方法不应降低设备的完整性。

用于管理防爆设备的设备档案和识别标记方法应能跟踪设备的更换或修理状态，更换或修理的设备相对于原始设备可有不同的认证标志和具体要求。

任何时候，如果危险场所的分类有了改变，要求的设备保护级别(EPL)发生了变化或电气设备位置发生了变化，则应进行检查，以保证适当的防爆型式和表面温度与已改变的条件相适应。

如果装置或设备在检查期间需要拆卸，在重新组装时，应采取措施确保防爆型式的完整性不受损坏，包括清除残留的粉尘和更换垫圈。

造成设备劣化的主要因素包括：易受腐蚀、暴露在化学药品或溶剂中，可能堆积粉尘或污物，可能进水，暴露在过高环境温度中，机械损坏，受到剧烈振动。其他原因包括：工作人员的培训和经验、未经批准的修改或调整、不适当的维护，如未按制造商的建议进行维护。

检查等级：分为目视检查、一般检查或详细检查。目视检查和一般检查可以在设备带电时进行，详细检查一般要求设备断电。

检查类型：初始检查是用来检查所选的防爆型式和其安装要求是否相适应。详细检查内容参见附录1～4。定期检查内容为附录1～4所列的相应目视检查或一般检查内容。定期的目视检查或一般检查可能会需要进一步的详细检查。

抽样检查可以是目视检查、一般检查或详细检查，所有样品的规格和结构应根据检查的目的确定。不宜期望通过抽样检查来发现一些随机性的故障，如连接件松动等，但宜通过抽样检查来监控环境条件、振动、设计的内在缺陷等产生的影响。

连续监督应按照要求采用附录1～4列出的相应目视检查或一般检查。当装置故障超出连续监督能力时，应进行定期检查。

所有初始检查、定期检查和抽样检查的结果都应记录和保存。

1. 定期检查

(1) 定期检查人员要求

① 具有场所分类/设备保护级别(EPL)的知识和足以从技术上判断现场实际情况的知识。

② 具有从技术角度理解危险场所用电气设备理论及实践要求的知识。

③ 理解与所安装的设备和装置相关的目视检查、一般检查和详细检查的要求。

(2) 固定式装置

准确地预测合适的定期检查时间间隔是一项复杂的工作。检查等级和定期检查时间间隔的确定应考虑设备型式、制造商的说明书、影响损坏程度的因素、场所分类或设备保护级别(EPL)的要求和以前的检查结果。当已经建立了类似设备、装置和环境的检查等级和时间间隔时，应利用这些经验确定检查方案。

定期检查的时间间隔一般不应超过3年。定期检查的时间间隔超过3年宜进行评定，并包含相关评定信息。一旦检查时间间隔固定，应对装置进行临时抽样检查，以便验证提出的时间间隔是否需要修改。同样，需要确定检查等级，并且可以再次使用抽样检查来验证提出的时间间隔是否需要修改。需要对检查结果进行规定的评审来调整检查的时间间隔和检查等级。

定期检查典型的检查程序如图 2-1-1 所示。

(3) 移动式设备

移动式电气设备(手提式、便携式和可移动式)特别易于受损或误用，因此定期检查的时间间隔可根据实际需要缩短。移动式电气设备至少每隔 12 个月进行一次一般检查。经常打开的外壳(如电池盖)应至少每隔 6 个月进行一次详细检查。此外，这类设备在使用前由使用者进行目视检查，以保证该设备无明显损坏。

定期检查可按附录 1～4 的检查表进行相应的目视检查或一般检查。

2. 连续监督

连续监督的目的是能够早期发现将出现的故障，并对其进行随后的修理。利用现有的装置，值班专业人员在正常工作期间(如安装、更换零部件、检查、维护、故障调整、清理、控制运行、开关操作、终端连接和断开、设定和调整、功能测试、计量等)利用他们的专业技能可以早期检测出故障和变化。连续监督应由企业的专业人员按要求进行，并做好相应的检查记录，发现异常现象应及时处理。

由专业人员连续监督并不排除初始检查和抽样检查的要求。专业人员应熟悉连续监督的方案及任何报告或分析功能的需要，包括适用于特定设备的连续监督方法。连续监督不适用于不能进行这类监督的电气设备(如移动式设备)。应确定连续监督的维护和检查频度，同时考虑与设备损坏有关的特定安放环境、使用和经验。

技术人员应对每台装置进行识别，并行使以下职权：

① 根据人员的能力、技术水平、工效和所掌握具体安装的经验来评定连续监督方案的有效性。

② 在考虑环境条件、维护频次、专业知识、作业流程和设备位置的情况下，决定实施连续监督设备的范围。

③ 确定检查次数、检查等级和报告内容，以便能合理地分析设备性能。

④ 保证专业人员熟悉：

a. 连续监督方案及需要的任何报告或分析功能；

b. 所参加的安装工程；

c. 在其职责范围内的防爆电气设备的清单。

⑤ 安排验证：

a. 是否遵守连续监督程序；

b. 是否给专业人员足够的时间进行检查；

c. 专业人员是否接受过适当的培训和进修；

d. 文件编制是否正确完整；

e. 专业人员是否能够有效地获得足够的技术支持；

f. 电气安装的状态是否已知。

承担装置和设备连续监督任务的专业人员应考虑安装条件及可能发生的任何变化。在专业人员已经注意到环境条件改变的地方(如溶剂浸入或振动增加)，受这些改变影响的防

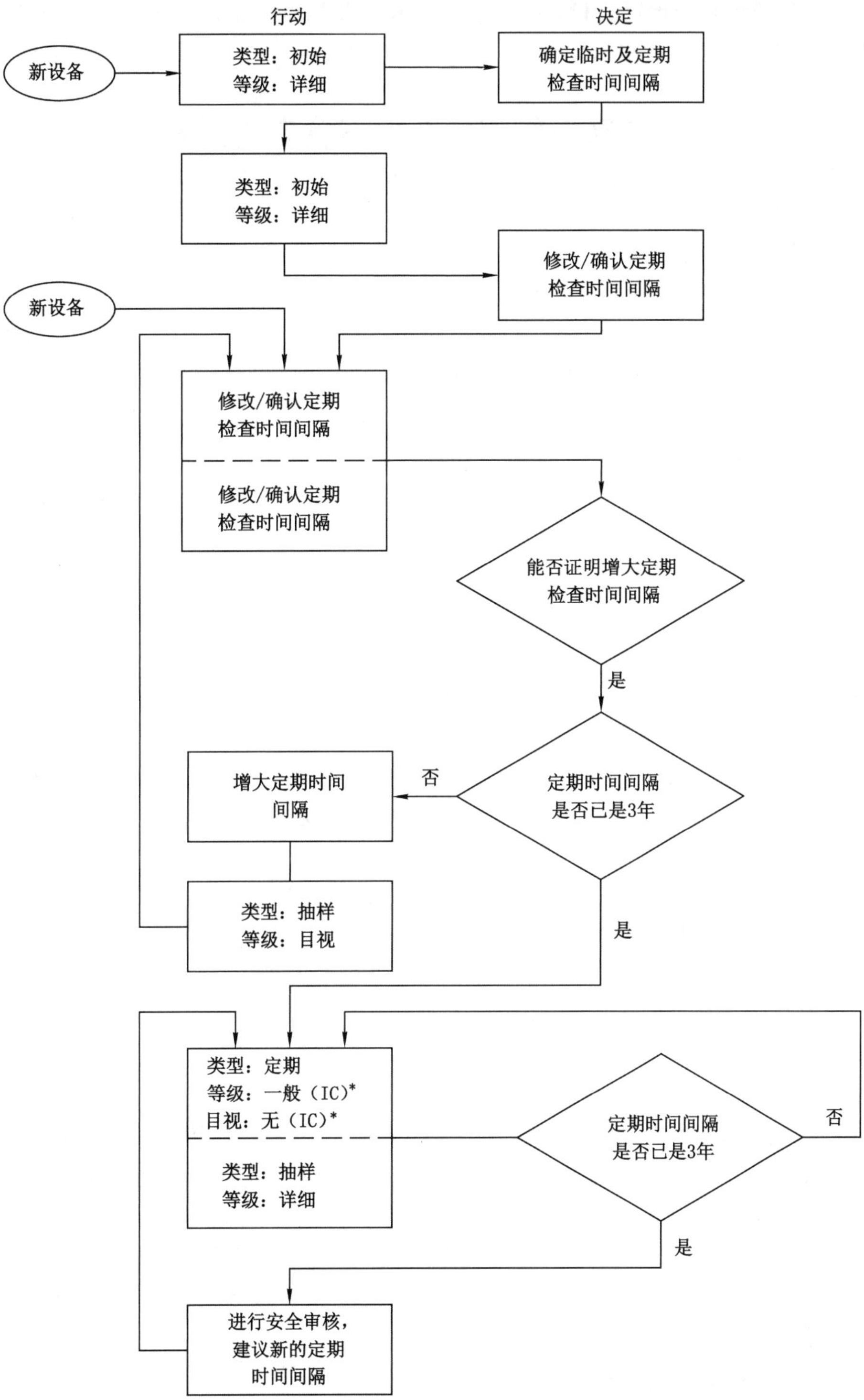

(IC)*—正常运行时有点燃能力，即正常运行时电气设备内部元件产生有点燃能力的电弧、火花或表面温度。

图 2-1-1　定期检查典型的检查程序

爆设备的器件应更频繁地进行检查。不容易受到变化影响的防爆设备器件，专业人员可以减少检查频次。

第二节 爆炸性粉尘环境安全检查

根据《危险场所电气防爆安全规范》（AQ 3009—2007）的要求，对粉尘场所进行防爆安全检查时应注意以下事项。

一、粉尘场所防爆安全检查范围

① 易发生粉尘爆炸事故的生产经营单位，包括粮食加工、饲料加工、纺织、硫黄厂、轻工、金属加工、化工、粮库、发电、冶金等生产经营单位。

② 常见粉尘爆炸作业场所和设备，包括厂房、仓库、密闭空间等作业场所和除尘设备、混合机、输送机、筛选机等设备。

③ 常见爆炸粉尘，包括煤粉、面粉、化纤品、玉米粉、饲料粉、铝粉、锌粉、镁粉、硫黄粉、棉织品、麻织品、塑料粉、树脂及化工有机粉等。

二、粉尘场所防爆安全检查重点内容

① 生产经营单位法人是否清楚本单位有无粉尘爆炸危险场所并采取了有效防止爆炸控制的措施。

② 生产经营单位是否结合自身粉尘爆炸危险场所的特点，制定了本单位粉尘防爆安全检查表，并按安全检查表认真进行粉尘防爆检查。

③ 生产经营单位是否认真做好安全生产和粉尘防爆教育，普及粉尘防爆知识和安全法规，使职工了解本单位粉尘爆炸危险场所的危险程度和防爆措施。

④ 粉尘爆炸危险场所是否严禁烟火，所用电气设备是否符合安全规定要求。

⑤ 在粉尘爆炸危险场所进行明火作业时，是否有下列规定：

a. 有安全负责人批准的作业证。

b. 明火作业开始前，应彻底清除明火作业场所的可燃粉尘。

c. 进行明火作业期间，严禁有粉尘进入明火作业场所。

⑥ 粉尘爆炸危险场所是否采取了防止电弧和电火花点火及防止摩擦碰撞火花引燃、静电引燃等的安全措施；生产设备、设施是否采取了安全措施。

⑦ 粉尘爆炸危险场所是否采取了分段与隔离措施，减小初始爆炸引起的破坏。

⑧ 不能完全防止粉尘泄漏的特殊地点（如粉料进出工艺设备处），是否采取了有效的除尘措施，是否制定了维护管理制度，除尘设施是否保持正常使用运行。

⑨ 是否经常对车间地面和设备进行清扫，清扫方法是否符合安全要求。

⑩ 生产经营单位是否编制了防止粉尘爆炸事故应急救援预案及配备了相应器材，是否组织了应急演练。

三、粉尘防爆场所安全检查表

对粉尘防爆场所进行安全检查时，检查内容及检查依据参照附录 5，并且要对给出的检查结果进行必要的说明。

第三节 防爆电气设备的维护要求

一、补救措施和设备更换

所有设备应按要求注明一般条件,必要时应采取一些适当的补救措施。应注意保持设备防爆型式的完整性,更换零部件应按照有关安全文件的要求进行。

安全文件中如果规定有些零部件的更换对设备安全性能将产生不利影响,则未经有关部门同意不应进行更换,且应注意:

① 避免与制造商降低静电影响的措施发生冲突。

② 更换照明装置的光源时,应采用正确的光源额定值和型号,否则可能造成温度过高。

③ 透明件的刻蚀、涂漆或遮挡,或者照明装置安装不正确,均能导致温度过高。

④ 增安型灯具寿命期内定期更换光源宜予以关注,因为这可能影响灯具的温度组别。

二、软电缆的维护

软电缆、挠性管及其终端连接容易损坏,应按规定的时间间隔进行检查,出现损坏或缺损时应更换。

三、拆除

如果在维护时必须将电气设备等从装置上拆除,应将裸露的导线做如下处理:

① 正确端接到适当外壳内的端子上。

② 与所有供电电源断开,并使其绝缘。

③ 与所有供电电源断开并接地。

如果电气设备被永久地拆除,与之相关的所有供电电源的导线均应被断开、拆除或者正确端接到适当外壳内的端子上。

四、紧固件和工具

在需要特殊螺栓、其他紧固件或专用工具的地方,应备有这些物品。

五、环境条件

危险场所中的电气设备可能会受到使用环境条件的不利影响,必须考虑一些主要因素,如腐蚀、环境温度、紫外线辐射、水的进入、粉尘或沙粒的堆积、机械和化学作用。位于海边或海上的设备,受到盐(海)水、淋雨、高压冲刷、飞沙、强风条件的影响,宜采取额外的预防措施对其周边环境进行防护。

金属腐蚀或化学品(特别是溶剂)对塑料或弹性部件的作用可影响设备的防爆型式和防护等级。如果外壳或部件严重腐蚀,该部件应更换。塑料外壳可能会出现影响外壳整体性能的表面裂纹。设备的金属外壳,必要时应采用适当的保护涂层进行处理作为防腐措施。这类处理的频次和方法根据环境条件而定。

应验证所设计的电气设备能否承受可能遇到的最高和最低环境温度。如果防爆电气设备的标志未能标明环境温度范围,则设备宜用于$-20\sim+40$ ℃范围内;如果指明温度范围,设备宜用于该范围。

装置的所有部件应保持清洁,并无可能引起温度上升的粉尘和类似有害物的堆积。应注意确保维持电气设备的气候防护性能。损坏了的衬垫应更换。抗凝露器件如呼吸元件、排水元件或加热元件,均应进行检查以保证正确运行。如果受到振动,应特别注意设备螺栓和电缆引入装置的紧固性。在清洁非金属外壳的电气设备时，应注意避免产生静电。

六、维护时设备的隔离

1. 除本安电路之外的装置

① 内部有非本质安全型带电部件且安装在危险场所的电气设备，当未与所有输入（存在中性点对地电压的）和输出连线包括中性导线隔离时，设备不得开盖。这里“隔离”的意思是指拔掉熔断器和熔丝或断开隔离器开关，直到有足够的时间使表面温度或储存的电能降至不能引起点燃时，才能打开外壳。

② 如果必须打开盖子，则需要在安全操作规程指导下，在非危险场所进行。

③ 对前两项的要求只有在 2 区或 22 区内才可放松。如果经安全评定，证明满足下列条件，在采取非危险场所安全措施后，可以进行操作：

a. 在带电设备上进行的操作不会产生点燃火花。

b. 电路具有防止产生火花的结构。

c. 危险场所内的电气设备和关联电路不含有可能引起点燃的热表面。

如果能符合这些条件，那么在采取非危险场所安全措施后，可进行计划的操作。

安全评定的结果应记录在文件中，其中含有以下信息：

a. 在带电设备上计划操作的形式。

b. 评定结果，包括评定时所做的试验结果。

c. 评定中要求与带电设备维护有关的任何条件。

设备的评定人员应：

a. 熟悉所有有关标准、实施法规的要求和现行的说明材料。

b. 获取进行评定时所需的各种材料。

c. 必要时，使用与国家检验机构类似的检测设备和试验程序。

2. 本质安全型装置

符合下列条件可对带电设备进行维护。

(1) 危险场所中的维护工作

任何维护工作应仅限于下列情况：

① 断开、拆卸或更换一些电气设备的元件和电缆。

② 调整电气设备或系统校准所需的控制装置。

③ 拆卸或更换插接元件或组件。

④ 使用有关文件中规定的检测仪器。在有关文件中没有规定检测仪器时，只能采用检测时不会影响电路本安性能的仪器。

⑤ 有关文件允许的其他维护行为。

履行上述这些职能的人员，应保证在完成这些工作后，本安系统或配套的本安电气设备符合有关文件的要求。

(2) 非危险场所中的维护工作

非危险场所中的关联电气设备和部分本安电路的维护，当这类电气设备或电路部分仍然是与危险场所中安装的本安系统部分保持连接时，应仅限于第一条中规定的内容。

在断开危险场所的电路之前，不应拆卸安全栅的接地连接，为便于检测接地电阻，设有双重接地装置可以拆卸单个接地时除外。

仅仅在电气设备或电路部分与危险场所中的电路断开后，才可以对非危险场所中的关联设备或本安电路部分进行其他维护工作。应注意保证在危险场所中接地和等电位连接处于良好状态。

如果电气设备防爆合格证编号后加有符号“X”，则表明该设备的安全使用须符合特定的使用条件。应研究防爆合格证和使用说明书等文件，以确定具体使用条件。

应注意确保移动式（携带式、移动式和手提式）电气设备仅使用于与其防爆型式、设备类别和表面温度相适应的场所。普通工业用移动式电气设备、焊接设备等不适用于危险场所。

在电缆引入装置紧密性的一般检查时可用手进行，而无须拆掉气候防护带或保护罩。只有当因引入装置的完整性不能通过一般检查确认时，详细检查才可以拆卸电缆引入装置。

七、可燃性粉尘环境防爆电气设备的维护要求

对于需要打开设备进行维护的电气设备应处于无尘场所，否则，应采取适当措施以防粉尘进入外壳。

在拆除密封件、接合面部件时，如果不进行更换则不得损坏。

重新组装时，应提供并遵守制造厂的密封建议。

可燃性粉尘环境用电气设备应按计划表检查和维护。检查和维护周期将取决于环境条件、使用的设备数量和制造厂的建议。

第三章　防爆电气设备的修理、检修、修复和改造

第一节　通 用 要 求

本章涉及的修理、检修、修复和改造内容为所有防爆电气设备通用。在设备含有多种防爆型式的情况下，应参考相应的条款。

一、术语和定义

修理：使发生故障的电气设备恢复到完全可使用状态并符合有关标准要求的活动。

检修：把已经使用或储存一段时间，但不一定发生故障的电气设备恢复到完全可使用状态的活动。

维护：维持安装的电气设备处于完全可使用状态的常规活动。

修复：是修理的一种，对已经损坏的待修零部件去除或增加材料，根据有关标准使零部件恢复到完全可使用的状态。

改造：对电气设备结构、材料、形状或功能的改变。

改动：对防爆合格证中规定的有替代结构的产品的改变。

检验：设备修理后，由修理单位的检验部门评定其性能并颁发修理合格证的检查和试验工作。

二、用户细则

提供防爆合格证和其他相关文件（参见本节第四项）宜作为原购货合同的一部分。相关文件和修理、检修、改动或改造记录一起宜由用户保存，并且允许修理单位参阅。通常，文件和记录在设备使用寿命期间保存在用户的证书档案中。在任何可能的情况下告知修理单位所修产品的故障或特性和特定的使用信息是在维护用户的利益。用户说明书中规定的以及对不同标准补充的特殊要求，如提高的防护等级、特殊环境条件等宜引起修理单位的注意。

已修理的设备按照 GB/T 3836.15—2017 进行重新安装。在重新试运行前，检查电缆或导管引入系统，以保证它们完好无损并且符合设备相应防爆型式的要求。对修理单位进行查证，以证明其能够符合本部分的相关规定。

三、修理单位细则

对修理单位的法规性要求：修理单位，可以是制造商、用户或第三方修理公司，应了解国家法律法规对修理或检修工作的相关具体要求。

修理单位应运用符合国家标准规定的质量管理体系。防爆设备检修包含特殊技术，质量管理体系宜包括程序文件，以确保在一致的、最新的质量目标内从事检修工作。详细信息见 GB/T 19001—2016。

修理单位应指定管理机构内有资质的负责人承担管理责任和管理工作，确保设备修理/

检修后符合与用户商定的检定状态。负责人应具有相应的防爆标准及本部分操作的知识。

负责人对防爆设备专用防爆型式的修理、检修和修复工序负责，应至少具备下列条件并应限制此类人员参与指定管辖权范围中的修理、检修和修复，并且在没有专家的指导下不能从事防爆设备的改造：

① 对相应的电气和机械工程总的了解程度在同行水平或高于同行。

② 有防爆原理和防爆技术应用的实践经验。

③ 理解且具有阅读和评定工程制图的能力。

④ 熟悉测量已知数值的测量功能，包括实际测量技能。

⑤ 具备作业知识并理解防爆领域相关标准。

⑥ 具备质量保证的基础知识，包括测量和仪器校准的可溯源性原理。

修理单位应具有足够的修理和检修设备、相应的必备设备、经过培训的具有要求资质和授权的技工和针对具体的防爆型式开展工作的管理机构。

修理人员应具备下列条件才能进行修理作业：

① 了解防爆型式的基本原理和防爆标志所代表的含义。

② 理解影响防爆型式的设备设计图。

③ 了解本部分规定的相关检查和试验。

④ 能识别制造商允许的替换部件和组件。

⑤ 熟悉本部分提及的从事修理的专用技术。

修理单位应对待修设备的状况进行评定，与用户一起商定设备修理后预期检定状态和要做的修理工作范围。内容宜包括是否省略了文件提及的且用户可能有理由认为是合理的试验。评定工作应做记录并且应指出相应设备标准和本部分的相关条款，写在给用户的工作记录中。评定工作应(在有关技工的协助下)由负责人完成。负责人掌握证明其资格的防爆技术，评定工作只有负责人才能进行。修理工作的程序和体系应涵盖在修理单位以外进行的现场修理/检修。

修理人员应注意了解并遵守与设备修理有关的防爆标准和防爆合格证的要求，包括适用于被修设备的特殊使用条件。直接参与设备修理或检修的人员应为有资质的人员或在有资质人员监督下的人员。

负责人和修理人员的资质应经查证，每隔一段时间进行实际技能测评，以充分证明其具备下列条件：

① 具备工作范围要求的必要技能。

② 超出特定的工作范围时能够发挥作用。

③ 有相关知识和理解巩固的能力。

应定期进行适当的培训和评定，相隔的时间取决于工艺方法或技能使用的频次以及标准或规程的变更，时间间隔通常不宜超过 3 年。

四、文件

修理单位应设法从制造商或用户获取设备修理或检修必要的信息和数据资料，包括以前进行的修理、检修或改造的资料。修理单位还应具备相关的防爆标准，并依据这些标准从事修理工作。根据 GB/T 3836.1—2021 的规定，要求制造商在产品使用说明书中明确修理的要求。

(1) 修理所需资料应包括但不限于下列各项：

① 技术条件；

② 图纸；

③ 防爆型式；

④ 运行条件，如环境、供电(是否使用变频器)、润滑脂、工作制等；

⑤ 拆装说明书；

⑥ 如有规定，防爆合格证限制的条件(特殊使用条件)；

⑦ 标志，包括防爆标志；

⑧ 建议的设备安装、运行、维护、修理、检修的方法；

⑨ 备件目录；

⑩ 以前产品修理历史的摘要，包括用户细则中列举的信息。

以上资料可以调整。修理单位应保存修理设备时要求遵守的相关防爆标准的复印件。

修理工作结束后，提交用户的工作记录至少包含下列内容(见用户细则)，用于用户存档备查：

① 故障检查情况；

② 修理和检修情况说明；

③ 更换、修复部件目录；

④ 所有进行检查和试验的结果(必要时，详细情况对以后进行修理的单位非常有用)；

⑤ 和应符合的判据结果不一致的对比；

⑥ 用户合同或订单的复印件；

⑦ 修理合格标志。

修理/检修工作记录的保存时间应与用户协商，应管理好保存的资料，以确保正确检索。

(2) 对于没有文件中规定的修理，修理记录应包括下列内容：

① 对于不符合设备原制造的特定防爆型式，修理是按照制造商的使用说明书或防爆标准的适当要求的说明；

② 修理不完全符合认证文件的证据的说明；

③ 修理或检修中使用的未确认或未考虑的具体条件的说明。

(3) 标志内容应包括下列内容：

修理和检修后的设备，应在设备主体部分的明显位置设置标志。标志牌应清晰、耐久，并且能耐受所有相关的环境条件。

① 有关符号；

② 标准代号，见 GB/T 3836.13—2021；

③ 修理单位名称或注册商标或修理合格证；

④ 修理证书编号；

⑤ 修理/检修日期。

标志永久固定在修理过的设备上。再次修理后应将前一次修理/检修的标志牌和标志牌上的所有标志记录去掉。如果前一次修理的标志牌已经去掉，并且设有三角形符号，则后来的标志牌符号也宜是三角形，但修理单位将整台设备恢复到完全符合防爆合格证文件时除外。如果修理或检修后的设备不再符合防爆合格证文件和防爆标准的规定，应经用户同意去掉设备上原来的防爆铭牌和防爆标志。

(4) 标志符号应包括下列内容：

① 符合防爆合格证文件或制造商的技术要求

只有当按照本部分要求进行修理或修复，并且修理单位提供足够的证据证明完全符合防爆合格证文件或制造商的技术要求时，方可使用该标志。符合防爆合格证文件或制造商的技术要求的标志符号如图 3-1-1 所示。

② 符合防爆标准但不符合防爆合格证文件

在下列情况之一时使用该标志：

a. 设备在修理或修复期间有变动，设备仍然符合本部分和设备制造时依据的防爆标准规定的限制条件，但是修理单位不能提供足够的证据证明完全符合防爆合格证文件要求。

b. 不知道设备制造所依据的标准，但是符合本部分和相关防爆标准最新版本的要求，且修理单位不能提供足够的证据证明完全符合防爆合格证文件要求。

c. 设备返厂前，修理单位已经对修理后的设备进行评定，验证符合相应的安全水平，评定工作由有资质评定防爆设备的人员进行。

在这些情况下，宜保留原防爆合格证标志牌，符合防爆标准但不符合防爆合格证文件要求的标志符号，如图 3-1-2 所示。

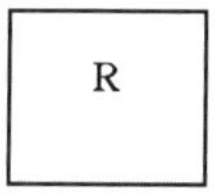

图 3-1-1 符合防爆合格证文件或制造商的技术要求的标志符号

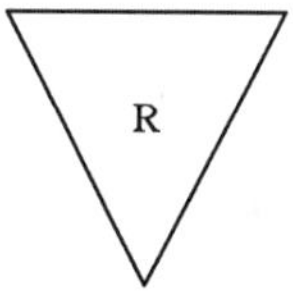

图 3-1-2 符合防爆标准但不符合防爆合格证文件要求的标志符号

③ 其他情况

对修理或修复后不符合前两条规定的设备，宜去掉原制造商的防爆合格证标志牌，或者修改标志牌，明确提示该设备不再符合防爆合格证文件要求，直至得到有关修理或检修的补充防爆合格证。如果设备在获得补充防爆合格证之前返回物主，文件中规定的记录宜提醒该设备不在可使用状态，并且不允许用于爆炸性环境可能出现的场所。

由修理单位保存的记录有：

a. 相关技术标准的新旧版本复印件。

b. 工作质量标准证明包括：修理单位的质量管理体系，测试仪表校准，人员资质和培训记录，采购控制程序，用户申诉处理，内部和外部审核文件，管理评审，工艺控制程序，制造商图纸明细。

c. 工作记录包括：取得防爆合格证文件的步骤，符合相关标准的机械检查记录，缺陷的鉴别，修理前后的电气试验记录(包括使用仪器的可追溯性以及合格/失效的判据)，更换元件的防爆合格证，被修部件的修复程序，对负责人采取的决定的评定记录，在组装期间和组装后的机械检查记录，修理单位的工作记录，由修理单位制造的更换部件记录。

被修部件的修复记录至少应有下列内容：

a. 部件识别；

b. 修复单位名称；

c. 修复的具体理由；

d. 所考虑的各种选择，如焊接、金属喷涂；

e. 技术参数，如黏结强度；

f. 选择修复工艺的理由；

g. 所使用的消耗品和存储方法；

h. 基础材料；

i. 制造商的产品使用说明书考虑的修复工艺；

j. 所使用的程序；

k. 操作人员的身份和资质；

l. 所使用的检查程序，如超声波、着色渗透、X 射线；

m. 自动系统的维修和校准情况；

n. 尺寸大小与防爆合格证或原部件不一样的详细资料；

o. 拆除和更换材料的修复图纸；

p. 修复日期。

这些记录应至少保存 10 年或按用户约定保存。

五、备件

一般应从制造商购买新部件，修理单位应保证使用的备件与被修理的防爆电气设备相适应。与设备属性有关的备件由制造商、设备标准或相关防爆合格证文件规定。如果部件不能由原制造商供应，有可用的完整的部件技术条件且修理单位的质量目标允许，那么修理单位可制造更换部件，但这些更换的记录应保存并提供给用户。

1. 紧固件

如果更换螺栓，应使用相同的型号、相同直径、相同螺距和长度的螺栓，其抗拉强度与原设备规定的相同。螺栓头、螺钉头和螺母下面的衬垫、平垫或锁销不应更换，原防爆合格证文件中或防爆型式专用标准中有规定时除外。

2. 密封件

设备技术规范和防爆合格证文件要求的密封件只应用备件清单上规定的特殊零件更换。在设备上安装的显示受第三方干预的装置（如保护密封件），与防爆合格证文件中的要求不同，不属于本条款的范围。

六、电气设备修理后的标志

设备上应设置鉴别修理或检修以及修理单位的标志。

标志可以加在单设的标志牌上。在下列情况下，有必要修改或去掉原标志牌，或增设标志牌：

① 如果电气设备在修理或检修中被改动，仍然符合本部分和防爆标准，但未必符合防爆合格证文件的规定，则保留原防爆合格证标志牌，并且应将修理标志“R”写在一个倒置三角形内。

② 如果设备修理、检修或改动后，被改动的设备已不再符合标准和防爆合格证的规定，应将防爆合格证的标志和“Ex”标志去掉，已取得补充防爆合格证的情况除外。

③ 如果对以前取得过防爆合格证的设备，不知道设备制造所依据的标准，应采用本部

分和相关防爆标准最新版的规定。设备返厂前，修理单位应对修理后的设备进行评定，以验证是否符合相应的安全水平，评定工作由有资质评定防爆设备的人员进行。

七、修复

当修理过程包括修复时，除了施行修理规定外，还要求符合本内容的规定。但是下列零部件不允许修复，因此不在本部分规定的范围之内：

① 由玻璃、塑料或其他尺寸不稳定的材料制成的零件；

② 紧固件；

③ 制造商说明不能进行修复的零件，如浇封组件。

修复工作应由经过培训并熟悉该工艺的人员采用最佳工艺操作规程进行。如果采用专用工序，则宜遵从该工序技术负责人的指导。修复应按照修理单位保存的记录的规定形成文件。要求操作人员掌握一定的修复技术，如焊接、金属喷涂，在被允许使用该技术前应进行实际技能测验，并且每 3 年应进行一次；如果操作人员在 6 个月时间内没有使用该技术，应对其重新进行测验；如果修复工作不是由用户进行，应向用户提供记录的副本；如果修理单位签订合同，将设备修复分包给其他单位，这种修复责任应由修理单位承担。

下列要点可用于防爆设备的修复工艺。

应最大限度地减少金属切除量，以刚好去掉要求修理的损坏部分为准，且镀层厚度符合所使用技术规定的最低值。工业规则认为，如果去掉的金属厚度，对金属喷涂不大于 2%，对焊接不大于 20%，则不会对元件强度造成明显不利的影响。在材料厚度要去掉很多的情况下，只有咨询制造商后方可进行，如果找不到制造商，要通过计算进行。并非所有的方法对各种防爆型式都合适。

修理单位应确保，在设备修复完成后使设备达到完全可使用状态且符合相应防爆标准要求。修理单位应记录上述符合性，并保存在工作档案中。

1. 金属喷涂法

当被修复零件喷涂前的磨损或损坏程度加上部件修复所必需的机加工造成对强度的总影响不超过安全限制时，应采用此种工艺。当计算强度时不应计入为增加刚度而喷镀的金属层。当然，在金属喷涂作业之前的机加工可能引起应力上升，应力上升会更进一步削弱元件机械强度。当线速度超过 90 m/s 时，不建议采用金属喷涂法。

2. 电镀法

只要被修零件仍有足够的机械强度，就可采用此种工艺。镀铬和镀镍程序分别在 GB/T 11379—2008 和 GB/T 12332—2008 中有具体的规定。

3. 镶套法

当被修复零件喷涂前的磨损或损坏程度加上部件修复所必需的机加工造成对强度的总影响不超过安全限制时，应采用此种工艺。计算强度时不宜计入增加套管的刚度。

4. 硬钎焊和熔焊法

如果采用的钎焊工艺能保证焊料与母体适当渗透和熔接，又经时效处理后能防止变形、消除应力，且无气孔，应采用此种工艺方法。宜考虑硬钎焊和熔焊会使元件温度升高并导致疲劳裂缝的可能延伸。

5. 金属压合法

对于有相当厚度的铸件，可采用镍合金填塞缝隙后压合密实的技术进行冷修复。

6. 紧固件的螺孔

紧固件螺孔中的螺纹，若损坏超出容许的程度，根据不同的防爆型式采用下列方法进行修复：

① 加大钻孔尺寸，重新攻丝；

② 加大钻孔尺寸，重新攻丝，并且安装经过相应拉力试验的专用丝堵，制造商为这种丝堵规定了拉力试验；

③ 加大钻孔尺寸，堵死螺孔，重新钻孔并攻丝；

④ 堵死螺孔，在其他位置重新钻孔并攻丝，堵塞应可靠固定；

⑤ 焊死螺孔，重新钻孔并攻丝。

7. 重新机加工方法

磨损或损坏的表面在下列条件下才允许重新机加工：

① 不削弱零件的机械强度；

② 保持外壳的整体性；

③ 达到要求的表面粗糙度。

当修理过程包括改动时，除了适用修理单位的修理规定外，以下内容的规定也适用。不应对设备进行改动，防爆合格证文件中允许的除外。如果修理单位没有防爆合格证文件，建议的改动由制造商以书面的形式确认为防爆合格证允许。

如果建议的改造将导致设备不符合防爆合格证文件要求，应以书面形式通知用户，并且给用户文字说明。如果进行改造，设备不经评定不再适合用于爆炸危险环境。如果只进行修理而没有附加评定，应去掉防爆合格证标牌，或者明确该设备不再符合原防爆合格证。此外，给用户的报告应清楚地说明改造的设计特性，且未经评定设备不再适合用于爆炸危险场所。“评定”可包括被改造设备的第三方检验机构，但并不是所有情况都适用。不适用时，评定可由用户认可的有资质的人员进行。当防爆合格证标牌去掉后，在咨询用户的情况下宜尽量保持产品的可追溯性。对电气设备进行改动或改造时，应制定改动或改造技术文件和图纸，并送防爆检验机构审查，必要时，防爆检验机构应对改动或改造的设备进行重新检验。

如果防爆安全能够保证，或采取其他适当的措施直到设备完全恢复正常为止，应允许进行临时修理，使设备在短期内继续运行。某些临时修理程序可能不允许，对临时修理的设备应尽快实施完全满足标准的修理。

八、旋转电机的修理

1. 拆除损坏的绕组

剥离绕组前，可采用溶剂软化绕组浸漆。当采用加热法拆除绕组时，注意不要破坏矽钢片间的绝缘层。当采用加热法拆除“e”型设备和温度组别为 T6、T5 或 T4 组设备的绕组时要特别小心。如果需要，对铁芯和矽钢片间的绝缘层宜考虑制造商的建议。对铁芯严禁使用明火，因为这样会损害矽钢片间的绝缘层。

需要特别小心由矽钢片间的绝缘层老化引起的铁芯损耗增加的情况，损耗增加可能明显影响增安型“e”的参数（t_E 时间等），或造成温度组别超过规定。修理单位应确保所有的修复方法能在设备修复完成后使设备达到完全可使用状态，并且符合相应防爆标准要求。

2. 附加要求

在重绕或修理的旋转电机返回用户之前,修理单位应确保风扇罩通风孔不被堵塞或损坏,影响冷空气进入电机。使用时,风扇间隙符合设备标准要求。如果风扇或风扇罩损坏需要更换,应从制造商处购买。如果不能从制造商处购买,它们应与原部件的规格相同,并至少具有相同质量。应考虑设备制造标准以及电机所处的化学环境的要求,避免产生摩擦火花和静电。

3. 润滑脂和防腐剂

如果要求使用特殊润滑脂,第三方修理单位宜得到用户的确认,它们可以用于被修理的电机上。注意正确选择和使用润滑脂及防腐剂,要求如下:

① 不出现在非绝缘的电器部件上;

② 润滑脂或防腐剂的闪点超过它们施加的设备的温度组别;

③ 设备使用的环境;

④ 其使用无助于火焰传播或不对防爆型式产生不利影响。

4. 变频器

在给防爆电机增设变频器时需要特别小心,确保只有在防爆合格证或旋转电机制造商的文件中规定的变频器和旋转电机拟定组合的情况下方可进行。第三方修理单位宜特别小心,确定任何被要求组合的变频器都有这样的规定。

第二节 隔爆型"d"修理和检修的要求

本节介绍隔爆型"d"的修理、检修、修复、改动和改造的补充要求,它与第一节"通用要求"以及可能涉及的其他内容一起应用。当对隔爆外壳电气设备 Ex"d"进行修理或检修时,参考原来的设备制造标准(见 GB/T 3836.2—2021)。

一、修理和检修

1. 外壳

修理用零部件一般应向制造商购买。应特别注意修理或检修后隔爆外壳的正确安装,确保隔爆接合面符合标准和防爆合格证文件的要求,如果隔爆接合面上未设衬垫,制造商的文件也未说明接合面的保护(除了防护等级),则应用符合 GB/T 3836.15—2017 规定的润滑脂、非凝结性密封复合物或在外部使用非硬化的带子或其他保护方法加以保护。

应对部件的腐蚀或破损进行评定,以确保外壳上原有的开孔或间隙不超过表面粗糙度和隔爆接合面间隙限值。隔爆接合面中不计入隔爆面路径的密封垫的替换件,应与原件的材料、尺寸相同。材料的任何改变应征得制造商、用户或防爆检验机构同意。在外壳上钻孔属于改造,改造应经防爆检验机构同意。改变表面粗糙度、涂漆等宜考虑可对外壳表面温度产生影响,进而影响到温度组别。

当修理涉及外壳结构或修理后外壳的完整性不确定时,应进行过压试验。试验应采用防爆合格证文件中规定的 1.5 倍的参考压力至少保持 10 s。如果没有规定参考压力,Ⅰ类设备的试验压力为 1 000 kPa,ⅡA 和ⅡB 类设备为 1 500 kPa,ⅡC 设备为 2 000 kPa。合格及不合格的判据应包括对结构上出现的损坏的评定。过压试验后,测量隔爆接合面表面,确认不出现永久性损坏。对于螺纹隔爆接合面,当螺纹牙形不能验证时,应进行过压试验。当过压试验在电机上或水冷式外壳上进行时，应将水套在大气中进行干燥处理。

2. 电缆和导管引入装置

隔爆外壳的引入装置，修理或检修后应符合设备标准和防爆合格证文件的详细规定。

3. 接线端子

重装的接线端子，应注意保持接线端子的电气间隙和爬电距离。更换的接线端子、绝缘套管或部件宜向制造商购买，或应符合设备标准和防爆合格证文件的有关规定。

4. 绝缘

应使用与原绝缘等级相同或更高的绝缘材料。例如，修理时可用 F 级（155 ℃）绝缘材料代替 B 级（130 ℃）绝缘材料对绕组进行绝缘处理（见 GB/T 11021—2014）。在这一例子中电机允许的温升按 B 级（130 ℃）考核。如果电机的输出功率提高，要求对电机重新进行防爆合格证检验。

5. 内部导线连接

对该种防爆型式没有特殊要求，但内部导线连接的修理不应低于原设计标准。

6. 绕组

原来的绕组数据应优先从制造商获得。如果不可能（即原始数据不能从制造商得到），则可采用仿制重绕工艺，其中不仅包括确定绕组连接、导线尺寸、匝数、匝间距、凸缘，还包括确定原来铁芯的电阻。重绕线圈所用材料的绝缘等级应符合相应的绝缘系统。如绝缘等级高于原来绕组绝缘等级，未经制造商同意，不应提高绕组的额定值，以免对设备的温度组别产生不利影响。

对于旋转电机转子的修理，损坏了的铜条转子，应采用新转子更换或使用同等技术条件的材料修理。如果更换鼠笼转子中的导条，要注意保证这些导条在槽内配合紧密。损坏了的铸铝鼠笼转子，应采用与原来部件同等特性的新转子绕组。同等特性包括材料和短路环、辅助通风的尺寸特性。

绕组经过全部或局部修理的设备组装后，进行下列试验：

① 应在室温下测量每一绕组的电阻并验证。更换绕组的电阻与原来电阻的差别不宜超过 5%。如果是三相绕组，每相的相电阻或线电阻应平衡，不平衡度（即最高和最低数值之间的差值）应小于平均值的 5%。如果修理后的绕组绝缘与原来的绕组绝缘差别（无论是制造商的数据、未损坏绕组测量所得，还是从损坏的绕组计算所得）超过 5%，可要求附加热试验，以确认继续符合规定的绝缘等级和温度组别。绕组绝缘出现不平衡时，宜由有资质的人员进行验证特殊电机适合预定的使用。

② 应测量绕组对地间、绕组间、绕组对附件间和附件对地间的绝缘电阻。建议的最小试验电压为直流 500 V。允许的最小绝缘电阻值随额定电压、温度、设备类型和局部或完全重绕等因素而变化。电机绕组完全重绕之后，在额定电压不超过 690 V 的情况下，温度为 20 ℃的绝缘电阻宜不小于 20 MΩ。

③ 按照有关设备标准要求，高压试验应在绕组对地间、绕组间以及绕组和附在绕组上的附件之间进行。

④ 变压器或类似设备应在额定电源电压下通电，并且应测量初级电流、次级电压和电流。测量值应和从制造商得到的数据相比较。可能情况下，对于三相系统，各相间应保持平衡。

⑤ 高压（如交流 1 000 V/直流 1 500 V 及以上）和其他特殊设备，可以增加试验项目。

该试验应执行修理合同规定。旋转电机的试验电压和增加试验指南相关国标,或可以从制造商获得对特殊条件的建议。

除了上述试验外,旋转电机应尽可能进行下列试验:

① 电机应以额定转速在额定电压下运转,检查轴承温度、噪声或振动和空载电流,如有不适当的轴承温度升高、噪声或振动,应分析其原因并校正。不平衡度应小于平均值的5%。如果额定转速是一个范围,那么试验宜在该范围适用的最高转速下进行。

② 鼠笼电机的定子绕组应在适当降压堵转时通电,以达到75%和125%之间的额定电流,并且检查各相是否平衡(该试验在某些方面可代替满载试验,还可以使用该试验确认定子绕组及其连接的完整性,该试验也能显示转子是否损坏)。不平衡度应小于平均值的5%。当该试验实际操作不可行时,宜采用其他验证方法。

③ 高压和非鼠笼转子电机可能需要变更或增加试验项目。该试验应执行修理合同规定。旋转电机试验电压和增加试验的指南参见相关国标,或可以从制造商获得对特殊条件的建议。

如果嵌入的温度传感器用于监测绕组温度,则采用与原来传感器相同特性的传感器更换,并且在浸漆和固化处理前将其埋入绕组内。

检查温度传感器,如果损坏,作为检修时的更换部件;如果需要更换,应选用按照GB/T 3836.1—2021准备文件中规定的传感器,并且应按照该文件规定的方式安装。检修过程中更换损坏的嵌入式温度传感器,作为防爆合格证文件要求的部件,需要重绕。如果找不到上述文件,或找不到同等的温度传感器,宜对更换的可行性进行评定,并由负责人形成文件。

7. 附件

对于附加在旋转电机上的同样也取得防爆合格证的隔爆制动器,如果需要修理,则制动器连同电机一起返回制造商。该规定是出于对制动器封闭结构限制的考虑。但是,只要修理单位从制造商处得到必要的图纸和资料参照防爆型式专用标准,这种修理允许由修理单位而非必须由制造商进行。

8. 其他部件

不允许对透明件重新胶粘或修理,只允许用制造商规定的配件替换。不允许用溶剂擦洗塑料透明件或其他部件,但可以使用家用洗涤剂。

一般情况下,浇封件(如开关装置)不视为适合修理的部件。

应使用制造商规定的灯泡类型更换,其最大功率不能超过灯具允许的数值。应保持反光镜的位置或保持灯泡和观察窗之间的距离。

可以用制造商规定的灯座更换,也可以使用经过有资质的人员检验的符合设备防爆型式专用标准的灯座更换。

镇流器应采用规定的扼流圈和电容器替换,也可以使用经过有资质的人员检验的符合设备防爆型式专用标准的部件更换。

呼吸装置的维护应保持外壳符合文件规定的防爆性能。如果不能找到这样的文件,呼吸装置应只允许用防爆合格证文件中规定的部件更换。如果呼吸装置具有“Ex”元件证书,只能用经适当验证并标有尺寸的部件更换。

二、修复

上一节中修复技术的详细规定适用于隔爆型电气设备“d”,但受下列条款限制。

1. 部件

被修复零部件为隔爆外壳的一部分，修复后应承受适当的过压试验。不应使用金属压合法。损坏的部件不是隔爆外壳不可分割的一部分，如固定式接线头，可以用钎焊或金属压合法修理，但应注意保证不削弱设备的完整性和稳定性。检查以确认被修的缝隙没有延伸至隔爆外壳尤为重要。

用焊接技术进行修复或修理，其效果可以另外再用不同基质的材料如铝或钢来整合。如果存在不确定性，则修理单位应在采用该技术之前事先咨询制造商。没有冶金专家的同意，不允许对铸铁隔爆型外壳进行焊接。如果使用锥形螺栓或半圆头螺栓，环绕螺孔的表面应现场加工，以保证螺栓头的轴线与表面垂直，制造商另有规定时除外。

2. 隔爆接合面

对隔爆接合面损坏或腐蚀的修复，应尽可能咨询制造商，只有对接合面的间隙和法兰尺寸影响不超过防爆合格证文件规定时，才可以进行机械加工。如果没有防爆合格证文件，应参考表 3-2-1 的规定。

表 3-2-1　被修复部件的最大间隙的确定

<table>
<tr><th>引用</th><th colspan="3">条件</th><th>最大间隙</th></tr>
<tr><td>1</td><td colspan="3">在防爆合格证文件中可得到尺寸</td><td>使用该文件规定的值</td></tr>
<tr><td>2</td><td colspan="3">原标准[①]规定，试验间隙为标准中的规定值</td><td>使用所用标准规定的值</td></tr>
<tr><td>3a</td><td rowspan="2">如果试验间隙小于标准规定值，则原标准或防爆检验机构规定标志符号“X”</td><td colspan="2">防爆合格证带符号“X”</td><td>使用防爆合格证“使用条件”中规定的值</td></tr>
<tr><td>3b</td><td colspan="2">防爆合格证不带符号“X”</td><td>使用所用标准规定的值</td></tr>
<tr><td>4</td><td colspan="3">准确确定相关尺寸：
① 在“新”条件下测量设备；
② 从相同的未损坏设备上得到；
③ 从设备未损坏的部件上得到；
④ 从设备部分损坏的部件上得到</td><td>使用测定的值</td></tr>
<tr><td>5</td><td colspan="3">准确确定原有尺寸的其他方法</td><td>使用通过这种方法确定的值</td></tr>
<tr><td>6a</td><td rowspan="3">其他条件[②③④]</td><td colspan="2">带滚动轴承的旋转电机转轴圆筒形接合面</td><td>使用 GB/T 3836.2—2021 中规定值的 80%</td></tr>
<tr><td>6b</td><td rowspan="2">其他接合面</td><td>GB/T 3836.2—2021 中相应值的 40%小于可靠加工间隙</td><td>使用最小可靠加工间隙</td></tr>
<tr><td>6c</td><td>GB/T 3836.2—2021 中相应值的 40%大于可靠加工间隙</td><td>使用 GB/T 3836.2—2021 中规定值的 40%</td></tr>
</table>

注：① “原标准”是指设备取得防爆合格证时所符合的标准版本。

② 降低间隙(80%或 40%)仅适用于进行修复的损坏部分。

③ 如果降低间隙违反最小径向间隙“k”或最大径向间隙“m”的要求，则要求的间隙应是满足“k”和“m”要求的最小值。

④ 用于ⅡC 环境中的设备，损坏的间隙不能修复。

（1）平面接合面

对平面接合面进行焊接、电镀和重新机加工，在适当的限度内是可行的。允许使用黏结强度大于 40 MPa 的金属喷涂法。

（2）止口/圆筒接合面

当对外圆进行机械加工时，需要同时对内圆增添金属和机械加工（反之亦然），以保证隔爆面尺寸符合设备标准和必要时防爆合格证文件的规定。如果只有局部损坏，可以通过增添金属和重新机加工，使之恢复到原尺寸。允许通过电镀、镶套和焊接增添金属，但不宜采用黏结强度小于 40 MPa 的金属喷涂法。

（3）螺纹隔爆接合面

① 电缆和导管引入装置：不建议对损坏的外螺纹部件修复，需用新部件更换。损坏的内螺纹可以使用 MMA、MIG 和 TIG 焊接工艺修复。

② 螺纹盖：螺纹盖及相关外壳的螺纹部分可以使用 MMA、MIG 和 TIG 焊接工艺修复。

注意不能增加额外的有效火焰通路，套应可靠固定。轴和轴承室包括隔爆接合面，可以采用电镀、金属喷涂、镶套工艺或焊接技术（但 MMA 除外）来修复。修复后机加工的火焰通路长度应符合设备标准或防爆合格证文件的规定。如果没有防爆合格证文件，应参考以下内容的规定，焊接技术在适当的限度内是可行的。

众所周知有这样的情况，调整设备的间隙，当调整到制造商规定的最大值时通过了 Ex“d”火焰传播试验，但是，当调整到 Ex“d”标准允许的更大间隙值时，试验不合格。由于这种设备在防爆合格证上没有标志“X”，因此无法知道设备修理后是否能完全达到标准允许的数值，或是否需要修理达到制造商规定的间隙。因此，在没有图纸显示制造商规定间隙的情况下，修理单位应使用表 3-2-1 给出的指南。

滑动轴承表面可以采用电镀、金属喷涂法或焊接法（但 MMA 除外）进行修复。如果采用轻微刮削转子和定子的方法就能消除偏心和表面损伤，那么转子和定子之间增加的空气间隙不应导致改变压力重叠特性，或不应导致超过电机温度组别而产生较高的外部表面温度。如果不能确定可能存在的不利后果，则修理单位应在采用该工艺之前事先咨询制造商。经过刮削或已损坏的定子铁芯应通过“铁损试验”，以防止出现对温度组别产生不利影响或损坏定子绕组的过热点。“铁损试验”应在特斯拉试验条件下进行，并记录试验结果。

三、改动和改造

没有防爆合格证文件依据或未经制造商/防爆检验机构同意，不得对隔爆外壳的部件进行影响防爆性能的改造。

对于电缆或导管引入装置，没有防爆合格证文件依据或未经制造商/防爆检验机构同意，不得增设辅助引入装置。如果外部导线通过插接装置连接或在接线盒内连接，即外部导线和电缆在主体外壳内连接，不应将间接引入改为直接引入。

对含隔爆接合面的接线端子组件，如在间接引入接线盒和主体外壳之间带绝缘套管的接线端子，不应进行改造。对不含隔爆接合面的连接件组件，根据数量、载流量、爬电距离和电气间隙以及质量，可以用适当设计和制造的替换物来替换。

若电机绕组按另一种电压重新绕制，应咨询制造商。对此，应保证磁负荷、电流密度及损耗等不增加，保持相应的新的爬电距离和电气间隙，并且新电压应在防爆合格证文件的限值范围内。铭牌应改标新的参数，如重绕旋转电机的绕组改变转速，应事先咨询制造商，以避免电机的电气性能和热性能明显改变，导致其温度超过规定的温度组别。

在需要增加附件的情况下，如增加防潮加热器或温度传感器，应咨询制造商以确定计划增加的可行性和计划增加的工艺。

第三节　本质安全型“i”修理和检修的要求

本节介绍本质安全型“i”的修理、检修、修复、改动和改造的补充要求。当对本质安全型电气设备 Ex“i”进行修理或检修时应参考原来的设备制造标准。本质安全型设备可以是三个保护等级 Exia、Exib 和 Exic 之一，但无论设备安装在哪种危险场所(即 0 区、1 区或 2 区)，本修理和检修要求均适用。此外，本质安全系统的安全性取决于构成设备的所有部件和互相连接的导线。系统的这些部件，安装在非危险场所和安装在危险场所均同样重要。由于电路设计和元件的特殊要求起决定作用，没有防爆合格证文件不宜进行与本质安全型“i”有关的修理。如果安全元件在防爆合格证文件中没有得到明确规定，则电气修理会影响本质安全。当腐蚀和缺乏清洁会使本质安全失效时，可以要求增加保护涂层。

一、修理和检修

只有在本质安全设备和关联设备由外壳决定的情况下才要求它们设置外壳。修理和检修工作不应降低由外壳提供的防护等级。

电缆引入装置用于保持外壳的防护等级，电缆引入装置修理后不应降低外壳的防护等级。

当修理接线端子盒时，其替换件应与原接线端子盒相同。如与原接线端子盒不相同，替换件应满足爬电距离(根据 CTI 测试方法)的要求和标准中针对设备最高电压规定的电气间隙要求，以及标准规定的防止无意中交叉连接的间距要求。本质安全设备内部和外部相关地方原有的和冗余的接地连接件/等电位连接，在修理结束时应得到全部复原。对本质安全来说，接地是非常重要的因素，本质安全防爆合格证文件中可能要求双重接地或三重接地。

当必须采用焊接技术进行修理时，应保证不降低防爆合格证文件规定的要求，如果被视为是修理的项目，应考虑的事项包括：

① 焊接技术与文件的兼容性；

② 焊接材料与文件的兼容性；

③ 爬电距离和电气间隙的保持和验证；

④ 焊接工艺；

⑤ 清洁并修复热特性和其他特性的涂层。

焊接结束后，焊点周围的焊渣应清除。

当腐蚀和缺乏清洁会使本质安全失效时，可以要求增加保护涂层。只要不影响电路板上的其他材料，焊接期间损坏的保护层应采用原来的涂层修理，或采用与原来同等热特性的涂层修理。涂层的基本要求和规定的使用方法见 GB/T 3836.4—2021。

本质安全型设备的熔断器的更换应与原来的特性相同或防爆合格证文件中规定的其他型号。只有在熔断器容易接近的地方才允许更换。

在关联设备的电源侧如果替换的熔断器与原来的不同，则应满足下列要求：

① 额定值相同；

② 断路容量相同或更高；

③ 结构形式相同；

④ 外形尺寸相同。

如果不可能，对所选熔丝在本安型效能的评定应由负责人来进行。在浇封型电池组或浇封型电池盒（或类似物）中不适合更换熔断器。

继电器：损坏后替换件应与原继电器特性相同或与防爆合格证文件中规定的相同。

并联二极管安全栅和电隔离器：这些装置损坏后不应被修理，应进行更换，替换件的安全等级和 U_m 值应与原件相同或更大，其他全部参数均应得到适当的验证。应特别注意，无论安全栅的结构怎样，均应符合本质安全电路和非本质安全电路之间 50 mm 间距的规定。在本质安全系统中，用在本质安全系统文件中指明的替换件替换并联二极管安全栅或电隔离器可影响系统的安全，宜让对本质安全系统负有安全责任的有资质的人员进行。

印制电路板上的元器件：在电导轨迹之间的临界距离（爬电距离）不应降低。如果更换元件，替换件应插入板上适当的位置。如果修理期间绝缘漆受到损坏，则应使用制造商规定的绝缘漆并用认可的方法涂覆，涂层可以是环保的绝缘涂层或保护涂层。在单独的元件之间也会有临界的爬电距离和电气间隙。

光电耦合器：只有防爆合格证文件中规定的相同型号的原件才允许作为替换件。不同部件编号的元件可显著改变隔离、受冲击时的性能和其他本质安全系统的基本性能。

电阻器、晶体管、齐纳二极管：这些元件损坏后，可以用购买的相同替换件更换。但是，如果不能从制造商或防爆合格证持有者处购买元件，那么替换件应由有资质的人员按照防爆型式专用标准进行检验。

电池：只有设备制造商产品使用说明书中或防爆合格证文件中规定的电池型号才可作为替换件，使用不同型号的电池（如同一制造商或其他制造商的“等效”型号电池）有可能使本质安全失效。同类型的不同电池，甚至同一制造商不同型号的电池可出现短路电流，受短路电流的影响可出现电解质泄漏或爆裂，或产生过高温度。整体浇封的电池组件，则应整体更换。从制造商或防爆合格证持有者处购买的浇封电池包作为替换件被视为改造，没有附加认证不应进行。

导线：内部布线的导线之间的距离及其隔离非常关键，因此，如导线位置发生变化应重新恢复到原始位置；如果导线绝缘、屏蔽、外套或导线的双层绝缘或固定的结构损坏，则应选用合适导线替换并按相同结构重新固定；如果设备是整机认证，改变布线被视为改造，没有附加认证不应进行。

变压器：损坏后替换件应与原来的特性相同或与防爆合格证文件中规定的相同。埋入式（浇封式）热脱扣装置不允许修理或更换。

浇封部件：如带有内部限流电阻器或熔丝齐纳二极管组件的电池，不允许修理，替换件应是原设备制造商的原设计组件。

电气设备的非电气部件：如配件或观察窗等，它们不影响电路、电气间隙和爬电距离，也不影响本安防爆性能，则替换件可用相同型号的新部件。某些部件可以有影响本质安全的抗静电、抗冲击、耐热和耐易燃性要求，如果这些部件需要更换，其材料应符合防爆合格证文件的规定。

在完成修理或检修后，本质安全电路与金属外壳之间的绝缘介电强度应承受交流 500 V(50 Hz 或 60 Hz)电压施加在接线端子和外壳之间历时 1 min 的耐压试验。若外壳为绝缘材料或电路一端为安全起见与外壳用电镀方式连接或外壳没有返回修理，可不进行耐压试验。变压器和光电耦合器电隔离元件的试验应按照相关设备标准进行。

二、修复和改造

凡与本质安全性能有关的元器件不应进行修复。

在本质安全系统中的任何改变被视为对本质安全系统文件规定的影响系统安全的改造，宜由对本质安全系统负有安全责任的有资质人员进行，并且可要求附加认证。参与设备改造的人不能进行评定工作。

第四节　正压外壳型“p”修理和检修的要求

本节介绍正压外壳型“p”的修理、检修、修复和改造的补充要求，它应与可能涉及的其他章节一起应用。当对正压外壳型电气设备“p”进行修理或检修时应参考原来的设备制造标准(见 GB/T 3836.5—2021)。

一、修理和检修

外壳的修理，一般应从制造商购买新部件，但损坏的部件也可以修理，或用其他部件更换，而新部件与原部件相比较应：

① 至少有相同的强度；

② 不会使保护气体的泄漏量增加；

③ 不会妨碍保护气体流入或通过电气设备外壳；

④ 不会因形状或配合有差别而使爆炸性气体进入外壳内部；

⑤ 不会在外壳内部构成气体滞流的死角；

⑥ 不降低外壳或外壳内元件的散热速度，以致超过其温度组别。

衬垫或其他密封零件的替换件应用相同材料制造，但是如果符合使用目的且与使用环境相适应，则可以使用不同的衬垫材料。无论是在修理单位，还是在现场“正压型”的密封，均要求检验。

电缆和导管引入装置应保持原来的防护等级，并且不应增加正压气体泄漏。

接线端子应保证爬电距离和电气间隙与原来的相同。

在修理过程中所用的绝缘更换件至少应达到原来的质量和等级(见 GB/T 11021—2014)。

重新更换设备内部导线连接时，其电气性能、热性能或机械性能都不得低于原来的水平，其标准应不低于原设计标准。

对于绕组、其他辅助装置和附件的修理，参考隔爆型相关规定。

二、修复

第一节中修复技术的详细说明适用于正压外壳型电气设备“p”，但受下列条款限制。

如果用钎焊或金属压合法修理损坏不严重的外壳、接线盒和盖子，应注意保证设备的整体性不被明显削弱而降低防爆型式，特别是要保证能够承受冲击试验，并保持其相应的过压。

对损坏的或腐蚀的接合面进行机械加工，不应削弱零件的机械强度和工作性能，也不得降低防护等级。止口接合面通常采用紧密公差配合，为保持接合面的配合，当对外圆进行机械加工时，需要同时对内圆增添金属和机械加工（反之亦然），以保持接合面的配合特性。如果只有局部损坏，可以通过增添金属和重新机加工，使之恢复到原尺寸，允许通过电镀、镶套和焊接增添金属，但不宜采用黏结强度小于 40 MPa 的金属喷涂法。

修复轴和轴承室，应采用金属喷涂或镶套技术。由于工艺的局限采用焊接技术是可行的。

滑动轴承表面可以采用电镀、金属喷涂法或焊接法（但 MMA 除外）进行修复。

如果采用轻微刮削转子和定子的方法就能消除偏心和表面损伤，那么转子和定子之间增加的空气间隙不应导致改变压力重叠特性，或不应导致超过电机温度组别而产生较高的外部表面温度。如果不能确定可能存在的不利后果，则修理单位应在采用该工艺之前事先咨询制造商。

经过刮削或已损坏的定子铁芯应通过“铁损试验”，以防止出现对温度组别产生不利影响或损坏定子绕组的过热点。“铁损试验”应在特斯拉试验条件下进行，并记录试验结果。

三、改动和改造

内部不含可燃性气体释放源的外壳可以改造，但任何经过改造的部件应符合修理和检修规定的条件。内部具有可燃性气体释放源的外壳，如分析仪器、色谱仪等，应与制造商协商改造。不应改造监测过压和吹扫用气体流动速度部位的结构，也不得改变计时器的预定时间或其他监测装置。

经改造的电缆和导管引入装置，要保持规定的防爆型式和防护等级。

应使用最佳工艺方案改造接线端子。如电机绕组按不同于原电压等级的另一电压等级重绕，应与制造商协商之后进行。例如，磁负荷、电流密度和损耗没增加，经检查有相应的新的爬电距离和电气间隙，且新电压在防爆合格证文件的限值范围内。铭牌改标新的参数。如重绕旋转电机的绕组改变转速，应事先咨询制造商，以避免电机的电气性能和热性能的明显改变，导致其温度超过了规定的温度组别以及降低正压系统的效能。

第五节　其他类型设备的修理和检修要求

一、增安型“e”修理和检修的要求

本部分介绍增安型“e”修理、检修、修复和改造的补充要求，当对 Ex“n”型电气设备进行修理或检修时应参考原来的设备制造标准（见 GB/T 3836.3—2021）。

1. 修理和检修

对损坏的外壳部件一般应采用制造商的新部件更换，但也可以进行修理或用其他符合防爆合格证标牌上规定的防护等级和温度组别的部件更换。

特定的 IP 代码是增安型“e”的组成部分，衬垫和密封件的性能对保持 IP 防护等级和已经承受的特殊条件和试验至关重要，宜仅用相同材料和相同结构的衬垫和密封件更换。

为了满足环境条件的要求，设备可能已采用比设备标准要求更高的防护等级，在这种情况下，修理时不得降低其防护等级。

应特别注意，所有外壳部件的冲击试验要求和进出风孔的防护等级应符合设备标准的规定。

在静止部件和旋转部件之间，应按设备标准的规定保持适当的间隙。适当的间隙意思是制造商经鉴定的图纸所要求的间隙，在没有图纸的情况下，最小间隙应符合 GB/T 3836.3—2021 的规定。

注意外表面的涂层、涂漆等对外壳温度组别的影响，只能使用制造商规定的或等效的涂层。

电缆或导管引入装置的防护等级应按照 GB/T 4208—2017 的要求不应低于 IP54，且至少与设备原来设计的 IP 值相同。

根据所使用的材料和结构设计的接线端子、爬电距离和电气间隙以及接线端子绝缘的相对泄痕指数通常在防爆合格证文件中规定。

备用件应从制造商购买，或者征求其对合格替换件的建议。如果终端是松散的线头，则端部接法包括绝缘处理都应符合防爆合格证文件的规定。

绕组绝缘系统的详细内容(包括浸渍剂的类型)，通常在防爆合格证文件中规定，如果防爆合格证文件无规定，应从制造商获得详细资料。

重新更换设备内部导线连接时，其电气性能、热性能和机械性能都不得低于原来的水平。更换的导体截面积不应小于原安装尺寸。规定的连接导线方法见相关标准。

增安型电气设备的电气结构会直接影响防爆安全性能，修理单位应具有必要的资料和设备。

(1) 额定电压在 1 000 V 及以下的电机

① 对 t_E大于或等于 7 s 的电机允许复制绕组，但是标志的 t_E应降低至原值的 75%，按照 GB/T 3836.3—2021 重新检验认证时除外。宜告知电机用户电机 t_E已降低，以便用户进一步确认电机适合使用的条件。

② 允许不降低 t_E而按照制造商的数据重新绕制绕组。

③ 如果完整的绕组数据找不到，降低的 t_E不能接受，重新检验认证又不可行，那么定子绕组只应由制造商提供的更换。

变频器供电电机不使用 t_E的概念，但对其保护要么是通过嵌入式温度传感器，要么是通过变频器固有的设计。

(2) 额定电压超过 1 000 V 的电机

除非绝缘系统事先经过 GB/T 3638.3—2021 规定的定子绕组试验，电机绕组应经受 GB/T 3638.3—2021 规定的定子绕组试验。

不按 GB/T 3836.3—2021 要求评定的设备或更早一些的设备无须满足高压电机的补充要求。对于这些电机来说，如果再恢复到原来的条件，它们很有可能仅符合原来对它们进行评定的标准要求。

除了上述试验外，旋转电机应尽可能进行下列试验：

① 电机应以额定转速在额定电压下运转，检查轴承温度、噪声或振动和空载电流，如有不适当的轴承温度升高、噪声或振动，应分析其原因并校正。不平衡度应小于平均值的 5%。如果额定转速是一个范围，那么试验宜在该范围适用的最高转速下进行。

② 鼠笼电机的定子绕组应在额定电压下通电，检查转子堵转电流 I_A和 I_A/I_N在±10%公差范围内。如果因为设备试验需要降低电压，应按照普通工程规则计算堵转电流和电流

比。电流的不平衡度小于平均值的5%为合格。试验用于确认定子绕组的完整性及其连接和转子出现的损坏。鼠笼电机的定子绕组应在适当降压堵转时通电以达到75%～125%之间的额定电流，并且检查各相是否平衡。该试验在某些方面可代替满载试验，还可以使用该试验确认定子绕组及其连接的完整性，该试验也能显示转子是否损坏。不平衡度应小于平均值的5%。当该试验实际操作不可行时，宜采用其他验证方法。

③ 高压(如交流1 000 V/直流1 500 V及以上)和非鼠笼电机可能需要变更或增加试验项目。该试验应执行修理合同规定。旋转电机试验电压和增加试验的指南参见相关国标，或可以从制造商获得对特殊条件的建议。

如果嵌入的温度传感器用于监测绕组温度，建议采用与原来传感器相同特性的传感器更换，并且在浸漆和固化处理前将其埋入绕组内。

建议检查温度传感器，如果损坏，作为检修时的更换部件。如果需要更换，应选用按照GB/T 3836.1—2021准备文件中规定的传感器，并且应按照该文件规定的方式安装。检修过程中更换损坏的嵌入式温度传感器，作为防爆合格证文件要求的部件，需要重绕。如果找不到上述文件，或找不到同等的温度传感器，宜对更换的可行性进行评定，并由负责人形成文件。

不应对透明件进行修理，只允许用制造商提供的配件替换。不允许用溶剂擦洗塑料透明件或其他部件，但可以使用家用清洁剂。

一般情况下，浇封件(如照明设备的开关装置)不宜修理或修复。

应使用制造商规定的灯泡类型更换，其最大功率不应超过灯具允许的数值。对单插头荧光灯管，当单插头插入灯座构成隔爆结构时，应对准插入防止变形，以免影响防爆性能。

只能使用制造商规定的灯座更换。灯座导线为工厂制作(挤压连接等)的导线不能更换，除非修理单位按同一标准配制导线。增安型“e”照明设备的灯座常是专用的型式，可以是用于管式荧光灯管的单插脚式，也可以是用于其他型式的螺旋式。

呼吸装置的维护应保持外壳符合文件规定的防爆性能。如果不能找到这样的文件，呼吸装置应只允许用防爆合格证文件中规定的部件更换。如果呼吸装置具有Ex元件证书，只能用经适当验证并标有尺寸的部件更换。

2. 修复、改动和改造

修复、改动和改造要求与正压外壳型“p”的修复、改动和改造要求相同。

二、“n”型设备修理和检修的要求

本部分介绍“n”型设备的修理、检修、修复和改造的补充要求，当对Ex“n”型电气设备进行修理或检修时应参考原来的设备制造标准(见GB/T 3836.8—2021)。

1. 修理

对损坏的外壳部件一般应采用制造商的新部件更换，但也可以进行修理或用其他符合防爆合格证标牌上规定的防护等级和温度组别的部件更换。

特定的IP代码是“n”型的组成部分，衬垫和密封件的性能对保持IP防护等级和已经承受的特殊条件与试验至关重要，宜仅用相同材料和相同结构的衬垫和密封件更换。为了满足环境条件的要求，设备可能已采用比设备标准要求更高的防护等级，在这种情况下，修理时不得降低其防护等级。应特别注意，所有外壳部件的冲击试验要求符合设备标准的规定。在静止部件和旋转部件之间，应按设备标准的规定保持适当的间隙。限制呼吸外壳取决于其防爆型式的衬垫和其他密封方法，密封措施的情况可对防爆型式产生不利影响。注意外表面的涂层、涂漆等对外壳温度组别的影响。

电缆和导管引入装置的防护等级应按照 GB/T 4208—2017 的要求不应低于 IP54。

当修理接线端子箱时，应注意保持电气间隙和爬电距离符合设备标准的规定，如果原来是用非金属螺钉固定，则只能用相同材料的螺钉替换。如果终端是松散的线头，则端部接法包括绝缘都应符合防爆合格证文件的规定。

可以使用与原绝缘等级相同或更高的绝缘材料，如可以用 F 级绝缘材料代替 E 级绝缘材料（见 GB/T 11021—2014）。

重新更换设备内部导线连接时，导线连接上的绝缘的电气性能、热性能和机械性能均不应低于原来的水平。更换的导体截面积不应小于原安装尺寸。

“n”型设备的电气结构会直接影响防爆安全性能，修理单位应具有必要的资料和设备。整个绕组应恢复到原来的条件，在较大设备上更换局部绕组可行时除外。

（1）额定电压在 1 000 V 及以下的电机

① 采用仿制重绕工艺，其中不仅包括确定绕组连接、导线尺寸、匝数、匝间距、凸缘，还包括确定原来铁芯的电阻。

② 按照制造商的数据修理。

③ 定子绕组由制造商提供的更换。

（2）额定电压超过 1 000 V 的电机

保证电机绕组应承受 GB/T 3836.8—2021 规定的定子绕组试验，绝缘系统事先经过 GB/T 3836.8—2021 规定的定子绕组试验时除外。

不按 GB/T 3836.8—2021 要求评定的设备或更早一些的设备无须满足高压电机的补充要求。对于这些电机来说，如果再恢复到原来的条件，它们很有可能仅符合原来对它们进行评定的标准要求。

一般情况下，封闭式断路器不允许修理。

2. 修复、改动和改造

修复、改动和改造要求与正压外壳型“p”的修复、改动和改造要求相同。

三、外壳保护型“tD”修理和检修的要求

本部分介绍外壳保护型“tD”（Ⅲ“t”或 DIP）的修理、检修、修复和改造的补充要求，它应与可能涉及的其他章节一起应用。当对外壳保护型电气设备 Ex“tD”进行修理或检修时应参考原来的设备制造标准。在规定的无粉尘或有覆盖粉尘条件下，在规定的最高环境温度（通常 40 ℃）试验时，电气设备外表面的任何部分所达到的最高温度按照温度 T 值标志在设备上。在区域符号前面加前缀“A”的 A 型设备是在无粉尘的条件下进行型式试验；在区域符号前面加前缀“B”的 B 型设备是在覆盖粉尘的条件下进行型式试验。

1. 修理和检修

损坏的外壳部件一般应采用制造商的新部件更换，但也可以进行修理或用其他符合防爆合格证标牌上规定的防护等级和实际表面温度的部件更换。特定的 IP 代码是“tD”（Ⅲ“t”或 DIP）型的组成部分，衬垫和密封件的性能对保持 IP 防护等级和已经承受的特殊条件和试验至关重要，宜仅用相同材料和相同结构的衬垫和密封件更换。

目测检查（如是否有粉尘或水进入，如外壳密封件损坏或老化）应优先采用设备制造商提供的原厂配件或采用同等质量密封垫更换。应特别注意保证设备用材料的保持方法、外围的连续性、硬度计硬度、覆盖率等。如果有超过规定温度的迹象或者有疑问,应按照设备相关防爆型式标准的规定进行实际测量。必要时,主要部件(如绕组、铁芯、冷却系统)应采用制造商的备件更换或听取制造商的建议。为了满足环境条件的要求,设备可能已采用比设备标准要求更高的防护等级,在这种情况下,修理时不得降低其防护等级。

应特别注意,所有外壳部件的冲击试验要求应符合设备标准的规定。在静止部件和旋转部件之间,应按设备标准的规定保持适当的间隙。应注意外表面的涂层、涂漆等对外壳温度组别的影响。宜使用制造商规定的涂层或等效物。除了尺寸符合要求外,备件还应符合GB/T 3836.1—2021规定的静电放电性能。

电缆和导管引入装置的防护等级应按照GB/T 4208—2017的要求在适用时不得低于IP5X或IP6X。

当修理接线端子箱时,应注意保持电气间隙和爬电距离符合设备标准的规定,如果原来是用非金属螺钉固定,则只能用相同材料的螺钉替换。如果终端是松散的线头,则端部接法包括绝缘都应符合防爆合格证文件的规定。

当使用比原等级高的绝缘等级时,在未经制造商认可的情况下不得提高设备的定额。

对于内部导线连接,更换的导体截面积不应小于原安装尺寸。

当进行重绕时,应确定原绕组数据,并且新绕组应与原绕组一致。如绝缘等级高于原来绕组绝缘等级,未经制造商同意,不得提高绕组的额定值,以免对设备的温度组别产生不利影响。原来的绕组数据宜优先从制造商获得。如果不可能,则可仿制重绕,其中不仅包括确定绕组连接、导线尺寸、匝数、匝间距、凸缘,还包括确定原来铁芯的电阻。不建议更换局部绕组,但对大型电气设备,在制造商或检验机构的指导下可以例外。

2. 修复、改动和改造

修复、改动和改造要求与正压外壳型“p”的修复、改动和改造要求相同。

四、对正压保护型“pD”修理和检修的补充要求

按照标准要求取得“pD”防爆合格证的外壳,对在其内部使用设备所符合的标准一般不做规定。因此,设备可以有改动,包括防爆合格证无效的设备。但是,通常对电气性能和额定温度有限制,也就是说,如果对内部设备进行变动,要考虑到电气性能和额定温度的限制。与正压外壳型“p”相反,正压保护型“pD”不允许吹扫,在通电之前需对外壳内部进行清洁。

设备修理、修复和改造要求与正压型“p”的修理、修复和改造要求相同。

第四章 防爆电气设备的选型与安装

第一节 爆炸危险场所设备的选型

一、爆炸性危险环境中的电气整体防爆系统

在现场爆炸危险环境中的电气设备和线路存在诸多不防爆环节，如有的主机防爆，附件不防爆；有的设备防爆，仪表不防爆；有的同类设备一部分防爆，而另一部分不防爆；有的防爆设备型号不全，系统配置不符合要求，备件不配套及施工存在问题；等等。这些都是不满足“电气整体防爆”要求的现象。因此，在爆炸性危险环境中安装和使用的防爆电气设备，不仅与防爆电气设备的制造质量有关，还应从工程设计、安装使用、检查与维护等各环节进行安全工作的全面要求，达到系统电气的整体防爆目的。

二、爆炸性环境防爆电气设备的选型

爆炸性环境用防爆电气设备应根据爆炸危险区域的分区、可燃性物质和可燃性粉尘的分级、可燃性物质的引燃温度及可燃性粉尘云、可燃性粉尘层的最低引燃温度等条件进行选择。

1. 防爆电气设备选型基本原则

安全可靠性原则：设备的类、级、组别应与使用的爆炸性环境相适应。

经济性原则：设备选型不必高选，对于同等级别的产品应考虑价格、寿命、可靠性、运行费用耗能、备件的可获得性等因素。

环境适应性原则：考虑环境温度、湿度、大气压、外壳防护等级以及抗腐蚀性能等。

可维护性原则：在同等条件下，应选结构简单、重量轻的产品，必要时还应考虑系统运行要求。

0 区场所只选用 Ga 保护级别的产品，1 区场所不宜选用壳体内经常会形成点燃源的设备和高压设备，1 区场所不宜用温升不稳定的设备，必要时应选 Exd/Exp 设备。

2. 资料要求

为了选择适用于爆炸危险场所的电气设备，需要下列资料：

① 危险场所分类，适用时包括设备保护级别的要求。

② 适用时，与电气设备类别和进一步分类相关的气体、蒸气或粉尘分级。

③ 有关的气体或蒸气的温度组别或引燃温度。

④ 可燃性粉尘云的最小引燃温度、可燃性粉尘层的最小引燃温度以及可燃性粉尘云的最小点燃能量。

⑤ 外部影响和环境温度。

建议将设备保护级别(EPL)的要求记录在场所分类图上，即使对后果不进行危险评定，

该项要求也适用。

3. 区域

危险场所划分为不同的区域,分区不考虑潜在的爆炸后果。根据场所分类文件中对区域的标示,应遵循表 4-1-1 中 EPL 和区域的关系。

表 4-1-1 区域标示与适用的设备保护级别(EPL)

区域	设备保护级别(EPL)
0	Ga
1	Ga 或 Gb
2	Ga、Gb 或 Gc
20	Da
21	Da 或 Db
22	Da、Db 或 Dc

粉尘危险场所防爆型式选择见表 4-1-2。

表 4-1-2 粉尘危险场所防爆型式选择

粉尘类型	20 区	21 区	22 区
非导电性粉尘	tD A20 tD B20 iaD maD	tD A20 或 tD A21 tD B20 或 tD B21 iaD 或 ibD maD 或 mbD pD	tD A20;tD A21 或 tD A22 tD B20;tD B21 或 tD B22 iaD 或 ibD maD 或 mbD pD
导电性粉尘	tD A20 tD B20 iaD maD	tD A20 或 tD A21 tD B20 或 tD B21 iaD 或 ibD maD 或 mbD pD	tD A20;tD A21 或 tD A22 tD B22 tD B20 或 tD B21 iaD 或 ibD maD 或 mbD pD
可燃性飞絮	tD A20 tD B20 iaD maD	tD A20 或 tD A21 tD B20 或 tD B21 iaD 或 ibD maD 或 mbD pD	tD A20;tD A21 或 tD A22 tD B22 tD B20 或 tD B21 iaD 或 ibD maD 或 mbD pD

4. 根据 EPL 进行设备选型

现有的防爆型式与 EPL 之间的对应关系见表 4-1-3。

表 4-1-3　防爆型式与 EPL 之间的关系

EPL	防爆型式	标志	依据标准
Ga	本质安全型	“ia”	GB/T 3836.4—2021
	浇封型	“ma”	GB/T 3836.9—2021
	分别符合 EPL“Gb”要求的两种独立的防爆型式		GB/T 3836.20—2010
	光辐射设备和传输系统的保护		GB/T 3836.22—2017
Gb	隔爆外壳	“d”	GB/T 3836.2—2021
	增安型	“e”	GB/T 3836.3—2021
	本质安全型	“ib”	GB/T 3836.4—2021
	浇封型	“mb”	GB/T 3836.9—2021
	油浸型	“o”	GB/T 3836.6—2017
	正压外壳型	“p”，“px”或“py”	GB/T 3836.5—2021
	充砂型	“q”	GB/T 3836.7—2017
	现场总线本质安全概念(FISCO)		GB/T 3836.4—2021
	光辐射设备和传输系统的保护		GB/T 3836.22—2017
Gc	本质安全型	“ic”	GB/T 3836.4—2021
	增安型	“e”	GB/T 3836.3—2021
	浇封型	“mc”	GB/T 3836.9—2021
	无火花型	“n”或“nA”	GB/T 3836.8—2021
	限制呼吸型	“nR”	GB/T 3836.8—2021
	限能型	“nL”	GB/T 3836.8—2021
	火花设备型	“nC”	GB/T 3836.8—2021
	正压外壳	“pz”	GB/T 3836.5—2021
	现场总线不点燃概念(FNICO)		GB/T 3836.4—2021
	光辐射设备和传输系统的保护		GB/T 3836.22—2017
Da	本质安全型	“iD”	GB/T 3836.4—2021
	浇封型	“mD”	GB/T 3836.9—2021
	外壳保护型	“tD”	GB/T 3836.31—2021
Db	本质安全型	“iD”	GB/T 3836.4—2021
	浇封型	“mD”	GB/T 3836.9—2021
	外壳防护型	“tD”	GB/T 3836.31—2021
	正压外壳型	“pD”	GB/T 3836.5—2021
Dc	本质安全型	“iD”	GB/T 3836.4—2021
	浇封型	“mD”	GB/T 3836.9—2021
	外壳防护型	“tD”	GB/T 3836.31—2021
	正压外壳型	“pD”	GB/T 3836.5—2021

根据我国的实际情况，允许形成 EPL“Gb”级的“c”型设备仅限于：

① 在正常运行中不产生火花、电弧或危险温度的接线盒和接线箱，包括接线部分为“e”型，其他部分为“d”或“mb”型的电气产品。

② 配置有合适热保护装置（见 GB/T 3836.3—2021）的“e”型低压异步电动机（启动频繁和环境条件恶劣者除外）。

③ “e”型荧光灯。

5. 根据设备类别选型

选用的防爆设备的类别和级别，不应低于该爆炸性气体环境内爆炸性气体混合物的类别和级别。气体/蒸气或粉尘分级与设备类别的关系应符合表 4-1-4 的规定。

表 4-1-4 气体/蒸气或粉尘分级与设备类别之间的关系

场所气体/蒸气或粉尘分类	允许的设备类别
ⅡA	Ⅱ、ⅡA、ⅡB或ⅡC
ⅡB	Ⅱ、ⅡB或ⅡC
ⅡC	Ⅱ或ⅡC
ⅢA	ⅢA、ⅢB或ⅢC
ⅢB	ⅢB或ⅢC
ⅢC	ⅢC

注：粉尘场所用设备ⅢA、ⅢB和ⅢC的规定见 GB/T 3836.1—2021。

当存在有两种以上易燃性物质形成的爆炸性混合物时，应按照混合后的爆炸性混合物的类别和级别选用防爆设备，无据可查又不可能进行试验时，可按危险程度较高的级别选用防爆设备。对于标有适用于特定的气体或蒸气环境的防爆设备，没有经过鉴定，将不允许使用于其他的气体环境内。

Ⅱ类设备的温度级别、最高表面温度和引燃温度之间的关系应符合表 4-1-5 的规定。设备结构应满足设备在规定的运行条件下不降低防爆性能的要求。

表 4-1-5 气体/蒸气的引燃温度与设备温度组别之间的关系

场所分类要求的温度组别	气体/蒸气的引燃温度/℃	允许的设备温度组别
T1	>450	T1～T6
T2	>300	T2～T6
T3	>200	T3～T6
T4	>135	T4～T6
T5	>100	T5～T6
T6	>85	T6

当电气设备标志适用于特定气体/蒸气时，没有经过全面评定、证明能够与其他气体/蒸气一起使用时，不能与其他气体或蒸气一起使用。

6. 根据气体/蒸气或粉尘的引燃温度以及环境温度选型

选择电气设备时，其最高表面温度不应超过可能出现的任何气体/蒸气或粉尘的引燃温度。如果电气设备的标志中没有标示环境温度范围，则设备设计的使用温度范围为－20～＋40 ℃；如果电气设备的标志中标示了环境温度范围，则设备应设计在该温度范围内使用；如果环境温度超出温度范围，或者有其他因素影响环境温度，如工艺温度或受太阳辐射影响，应考虑对设备的影响并记录采取的措施。电气设备上标志的温度组别符号的意义见表 4-1-5。

7. 防爆电气设备上的特殊符号标记

应注意防爆电气设备上的特殊符号标记，防爆合格证编号之后缀有符号“U”，表明此设备为部件合格证，不能在现场直接使用，应与主设备一起整体取得证书；防爆合格证编号之后缀有符号“X”，表明此设备需要特殊的使用条件。

第二节　爆炸危险场所电气线路和防爆电气设备的安装

一、爆炸性气体环境电气线路的安装

爆炸性气体环境电气线路的安装方式可分为电缆布线方式和导管布线方式。

1. 布线安装通用要求

电气线路应敷设在爆炸危险性较小的区域或距离释放源较远的位置，避开易受机械损伤、振动、腐蚀、粉尘积聚以及有危险温度的场所。当不能避开时，应采取预防措施。

危险和非危险场所之间墙壁上穿过电缆和导管的开孔应充分密封，如用砂密封或用砂浆密封。

在危险场所中使用的电缆不能有中间接头。当不能避免时，除适合于机械的、电的环境情况外，连接采用防爆接线箱。

2. 电缆布线系统

(1) 0 区电缆系统

0 区只允许使用“ia”类本质安全型的电缆系统，而且必须加设浪涌电流保护装置和防雷措施。

(2) 1 区、2 区电缆系统

危险场所用软电缆应选用下列电缆：

① 普通橡胶护套软电缆；

② 普通氯丁护套软电缆；

③ 加厚橡胶护套软电缆；

④ 与加厚橡胶护套软电缆绝缘耐压相当的塑料护套软电缆；

⑤ 加厚氯丁护套软电缆。

固定式设备用电缆采用热塑护套电缆、热固护套电缆、合成橡胶护套电缆或矿物绝缘金属护套电缆。固定布线电缆的阻燃性能应符合 IEC 标准要求，除非电缆埋在地下、充砂导管内或采取其他防止火焰传播措施。

手提式和可移动式设备用电缆应使用含有加厚的氯丁橡胶或其他与之等效的合成橡胶

护套电缆、含有加厚的坚韧橡胶护套的电缆或含有同等坚固结构护套的电缆，导管横截面积最小为 1.0 mm^2。

(3) 电缆穿过不同区域应采取的隔离措施

① 两区域交接电缆沟内应采取分段充砂、填阻火堵料或加防火隔墙等措施。

② 电缆通过与相邻区域共有的隔墙、楼板、地坪及易受机械损伤处，均应加以保护；留下的孔洞应严密堵塞。

③ 0 区电缆在区域界面(隔墙、楼板、地坪)有保护管的，须在保护管两端用阻火堵料严密堵塞，填塞深度不得小于管子内径，且不得小于 40 mm。

3. 导管布线系统

(1) 爆炸性危险场所导管布线允许使用的导管

① 配线导管应采用低压流体输送用镀锌焊接钢管。

② 与隔爆外壳相关的导管应按以下选型：

a. 螺纹钢管、无缝钢管；

b. 挠性金属导管或复合材料结构，如金属导管具有塑料或合成橡胶套。

导管与导管、导管与导管附件及导管与电气设备间须用螺纹连接，电气管路之间不得采用倒扣连接，导管与电气设备间的连接应满足相应的防爆型式要求。

钢管连接螺纹加工应光滑、完整、无锈蚀，在螺纹上应涂电力复合脂或导电防锈脂。不得在螺纹上缠麻或绝缘胶带及涂其他油漆。

(2) 导管系统中使用隔离密封件的情况

① 钢管通过不同危险区域相邻的隔墙时，应在隔墙的任何一侧装设横向式隔离密封件。

② 钢管通过楼板或地坪引入其他区域时，均应在楼板或地坪的上方装设纵向式隔离密封件。

③ 在正常运行时，所有有点燃源外壳的 450 mm 范围内。

④ 含有分接头、接头、电缆头或终端的外壳，与直径为 50 mm 以上导管连接的地方，导管所有螺纹连接处应严密拧紧。

⑤ 易积聚冷凝水的管路，应在其垂直段的下方装设排水式隔离密封件，排水口应置于下方。隔离密封件应采用填料填塞，填料凝固后应不透水、不收缩、没有裂纹，如密封胶、密封泥、环氧树脂、密封纤维等。隔离密封件作为防爆电气设备外壳的一部分则整个部件应经防爆认证并符合相应的防爆型式。隔离密封件中填料厚度应至少等于导管直径，最少不小于 16 mm。

导管内含有多根电线或电缆时，电线或电缆总截面积不超过导管截面积的 40%。

导线在隔离密封盒内不得有接头。

导管通过墙、楼板、地坪时隔离密封件与墙面、楼板、地坪的距离不应超过 300 mm，并应将孔洞严密堵塞。

(3) 导管系统中应设置与电气设备防爆型式相当的防爆挠性连接管的地点

① 电动机的进线口。

② 导管与电气设备连接有困难处。

③ 导管通过建筑物的伸缩缝、沉降缝处。

为了满足外壳防护等级要求，导管和外壳间应有密封措施（如密封垫圈或螺纹密封剂）以及导管与导线间密封措施（如密封附件）。

4. 接地

电气设备的金属外壳、金属构架、金属配线管及其配件、电缆保护管、电缆的金属护套等非带电的裸露金属部分均应接地。

爆炸危险场所除 2 区内照明灯具以外所有的电气设备，应采用专用接地线；宜采用多股软绞线，其铜芯截面积不得小于 4 mm^2。金属管线、电缆的金属外壳等，可作为辅助接地线。中性点不接地系统，接地电阻值不大于 10 Ω；中性点接地系统，接地电阻值不大于 4 Ω。

在爆炸气体环境 2 区内的照明灯具，可利用有可靠电气连接的金属管线系统作为接地线，但不得利用输送易燃物质的管。接地干线应在爆炸危险区域不同方向不少于两处与接地体连接。

进入爆炸危险场所的电源，如果使用 TN 型电源系统，应为危险场所中的 TN-S 型（具有单独的中性线 N 和保护线 PE），即在危险场所中，中性线与保护线不应连在一起或合并成一根导线，从 TN-C 型到 TN-S 型转换的任何部位，保护线应在非危险场所与等电位连接系统相连。需要注意的是，危险场所内中性线和 PE 保护线间的漏电监视应给予考虑。

如果在 1 区使用 TT 型电源系统（中性线与地隔离或经阻抗接地），应提供一绝缘监视装置指示第一次接地故障。

局部等电位连接通常称为附加等电位连接，局部等电位连接也是必要的。

铠装电缆引入电气设备时，其接地芯线应与设备内接地螺栓连接，其钢带或金属护套应与设备外接地螺栓连接。

在电气安装的设计和运行中，应考虑静电、雷电、电磁辐射等所造成的影响。

二、爆炸性气体环境防爆电气设备的安装

1. 安装前检查

防爆电气设备的类型、级别、组别、环境条件以及特殊标志等，应符合设计的规定；防爆电气设备的铭牌、防爆标志、警告牌应正确、清晰，外壳和透光部分应无裂纹、损伤；防爆电气设备的紧固螺栓应有防松措施，无松动和锈蚀。

防爆电气设备接线盒内部接线紧固后，裸露带电部分之间及金属外壳之间的电气间隙和爬电距离应满足相应标准的要求。

电气设备多余的电缆引入口应用适合于相关防爆型式的堵塞元件进行堵封。除本质安全设备外，堵塞元件应使用专用工具才能拆卸。

电气设备的电缆和导管连接应符合有关防爆型式的要求。

密封圈和压紧元件之间应有一个金属垫圈，压紧元件应满足产品说明书的要求，并应保证使密封圈压紧电缆或导线。

电缆外护套外径与密封圈内径的配合应适宜并满足产品说明书的要求，密封圈不应有老化现象。

防爆合格证书编号后缀有“U”符号的产品为 Ex 防爆元件，不得单独使用，它们应与设备组装在一起取得设备防爆合格证后方可安装使用。

电气设备防爆合格证书编号带有后缀“X”符号时，应注意其安全使用的特定条件。

2. 灯具的安装应符合的要求

① 灯具的种类、型号和功率，应符合设计和产品技术条件的要求。

② 螺旋式灯泡应旋紧，接触良好，不得松动。

③ 灯具外罩应齐全，螺栓应紧固。

3. 隔爆型“d”的附加要求

安装设备时，应注意防止隔爆接合面与固体障碍物之间的距离小于表 4-2-1 规定的数值，试验证明隔离可以更小的情况除外。

表 4-2-1　按照气体/蒸气分组的隔爆外壳接合面与障碍物间最小间距

气体分类	最小距离/mm
ⅡA	10
ⅡB	30
ⅡC	40

隔爆型电气设备隔爆面应有防腐措施，安装时应防止损伤隔爆面。

适用的接合面保护措施：可使用非凝结性润滑脂或防腐剂。通常使用硅润滑脂比较合适，但在气体检测器上应慎用，特别应强调在选择材料时要保证其非凝固性，否则会影响接合面间的紧密性。

隔爆接合面的紧固螺栓不得任意更换，弹簧垫圈应齐全。

电缆和导管引入系统须满足有关的设备标准要求，并保证隔爆外壳的整体防爆性能。电缆引入系统应符合 IEC 60079-14 的要求。导管与隔爆外壳至少啮合 5 扣。

电气设备的电缆或导线引入口需用钢管连接时，宜用一个过渡压紧元件，达到先压紧密封圈后才可连接钢管，钢管连接有困难可增加活接头。

如果外壳专门设计用于导管连接而改用电缆连接，可用一个带有绝缘套管和接线盒的隔爆型转接器，通过导管与外壳连接，导管长度不超过 150 mm。电缆再连接到接线盒(如隔爆型或增安型)中，而且应符合接线盒相应防爆型式的要求。

4. 增安型“e”的补充要求

外壳内有裸露带电件的外壳防护等级应不低于 IP54，仅含有绝缘带电件的应不低于 IP44。

电缆引入装置与电缆相适应，使电缆与增安型设备有效连接。应能够保持防爆型式“e”并与密封元件一起使端子盒外壳达到 IP54。

接线盒内接线时应保证其规定的电气间隙和爬电距离，如果多根导体连接在一个接线端子上时，应注意保证每根都夹牢。

5. 本质安全型“i”的附加要求

在符合 EPL“Gb”要求的装置中，本质安全设备以及关联设备的本质安全部件应符合 IEC 60079-11，至少为“ib”类。

在符合 EPL“Gc”要求的装置中，本质安全设备以及关联设备的本质安全部件应符合 IEC 60079-11，至少为“ic”类。

本质安全电路用电缆的绝缘应能承受导体对地、导体对屏蔽和屏蔽对地至少为交流500 V的试验电压。

对所有使用的电缆应标识电缆的电气参数(CC和LC)或(CC和LC/RC)或接受其制造厂规定的最不利情况下的数值(CC表示电缆分布电容;LC表示电缆分布电感;RC表示电缆分布电阻)。

带本质安全电路的安装应使其本质安全性不受外界电磁场的干扰,如由附近上方供电线路或单芯电缆大电流的影响。这可以通过如屏蔽、绞合电缆或与电磁场保持足够距离来实现。

电缆无论在危险区域还是在非危险区域,均应满足以下要求:

① 本质安全电路电缆与非本质安全电路电缆隔离。

② 本质安全电路电缆在布置时防止受机械损伤危险。

③ 本质安全或非本质安全电路电缆火铠装、金属护套或屏蔽。

本质安全电路导线与非本质安全电路导线不应为同一电缆。绑扎在同一束本质安全电路导线和非本质安全电路导线间应该用绝缘层或接地金属进行隔离。

有本质安全电路导线的电缆应明确标示。如果护套或表层用颜色标志,该颜色应为淡蓝色,该标志的电缆不应用于其他目的。如果本质安全或非本质安全电路电缆已有铠装、金属护套或屏蔽,不需要再做标志。

本质安全型电气设备的安装应满足IEC 60079-14中的要求。

6. 正压外壳型“p”的补充要求

正压型防爆设备的特殊要求有以下几项:

① 通风系统必须用非燃性材料制成,其结构应坚固,连接应严密,并不得有产生气体滞留的死角。

② 设备应与通风系统联锁,运行前必须先通风,并应在通风量大于设备及其通风系统管道容积的5倍时才能接通设备的主电源。

③ 在运行中,进入设备及其通风系统内的气体,不应含有易燃物质或其他有害物质。

④ 在设备及其通风系统运行中,对于px或py型设备,其风压不应低于50 Pa;对于pz型设备,其风压不应低于25 Pa。当风压低于上述值时,应自动断开设备的主电源或发出信号。

⑤ 通风过程排出的气体,不宜排入爆炸危险环境;当采取有效地防止火花和炽热颗粒从设备及其通风系统吹出的措施时,可排入2区空间。

⑥ 对于闭路通风的正压型设备及其通风系统,应供给清洁气体。

⑦ 设备外壳及通风系统的小门或盖子应采取联锁装置或加警告标志等安全措施。

⑧ 设备必须有一个或几个与通风系统相连的进、排气口,排气口在换气后须关闭。

不应安装仅有Ex原件外壳证书(带有符号“U”)的正压型外壳,整套设备应有设备防爆合格证。除进行整体评定之外,应检查整套装置是否满足设备文件的要求和本部分的要求。所需的保护类型x、y或z由场所的EPL要求以及外壳内是否含有能引燃的点燃源确定,保护类型的确定参见表4-2-2。

表 4-2-2　保护类型的确定(外壳内没有可燃性物质释放源)

EPL	外壳内含有点燃能力的设备	外壳内不含有点燃能力的设备
Gb	px 型	py 型
Gc	py 或 pz 型	无正压要求

注:GB/T 3836.5—2021 要求 py 型设备仅包括防爆型式为 d、e、i、m、nA、nC、o 或 q 的设备。

没有防爆合格证的正压外壳上安装有防爆合格证的正压型控制系统时,不能认为防爆合格证也适用于正压外壳或其内部部件。

7. 管道

所有管道及其连接的部件应能承受以下压力:

① 正压设备制造商规定的正常运行时最大压力的 1.5 倍。

② 正压设备制造商规定的正压源(如风机)在关闭所有排气口时所能达到的最大压力。

上述两种情况均应至少为 200 Pa。

管道和连接部分采用的材料应不受保护气体和使用环境中可燃性气体或蒸气的不利影响。保护气体入口的位置应设在非危险区,罐装保护气体除外。管道位置宜尽可能设置在非危险区。如果管道通过危险区域且保护气体压力小于环境压力时,管道应不会泄漏。

保护气体管道出口宜设在非危险区,否则应考虑按表 4-2-3 安装能阻止火花和颗粒的装置(该装置用于防止能引燃的火花或颗粒吹出)。

表 4-2-3　阻挡火花和颗粒的装置

管道出口区域的 EPL 要求	设备	
	A	B
Gb	要求*	要求*
Gc	要求	不要求

注:1. A:正常运行时可能产生能引燃火花或颗粒的设备;B:正常运行时不产生能引燃火花或颗粒的设备。

2. *:如果在正压实效时内部设备的温度有点燃危险,应安装合适的保护装置,防止周围物质很快进入正压外壳内。

用于供应保护气体的供压设备,如风机或压缩机,宜安装在非危险区。如果驱动电机或其控制设备位于供气管道内,或者不可避免要安装在危险区域内,则这些供电设备应有相应的防爆措施。

8. 正压故障时采取的措施

正压控制系统有时配有补偿装置或"维护开关",在失去正压时,如外壳门被打开时,允许正压外壳内部件仍然带电。

只有对具体位置进行了评定,确保在使用阶段不存在潜在爆炸性气体或蒸气("不含气"情况),这类装置才能用于危险场所。如果在这些条件下运行时探测到有可燃性气体,正压外壳内部件宜立刻断电,并且重新换气后方可再次运行。如果手动补偿时在该区域探测到可燃性气体,则重新恢复正压后只需要对外壳重新进行吹扫即可。

(1) 无内部释放源的设备

如果装置含有无内部释放源的设备,在保护气体出现正压故障时,应满足表 4-2-4 的要求。

表 4-2-4　当保护气体出现正压故障时对无内部释放源设备采取的措施

EPL 要求	外壳内安装有无正压时不适应 EPL“Gc”的设备	外壳内安装有无正压时适应 EPL“Gc”的设备
Gb	报警并断电[a]	报警[b]
Gc	报警[b]	不采取措施

注：1. 宜尽快在任何情况下的 24 h 内恢复正压。在正压故障的这段时间内，应采取措施防止可燃性气体进入外壳内。如果正压型电气设备在出现正压故障时自动断电，即使在要求 EPL“Gb”级的区域，也可无须另加安全报警装置。如果电源不自动断开，如在要求 EPL“Gc”级的区域，如果操作人员立即采取措施恢复正压或断开设备，建议至少要有报警。

2. 符合外部场所 EPL 要求的正压外壳内的设备，在正压故障时不需要断电。但是，宜注意确保正压外壳内的设备中不会积聚可燃性物质，因为可燃性物质可能泄漏到正压外壳中，而正压外壳中可能有产生点燃能力的火花。

3. a：如果自动断电会引起更大的危险，宜采取其他预防措施，如加倍供应保护气体；b：如果报警，宜立即采取措施，如恢复整个系统供气。

通过静压保护的正压外壳，如果失压，宜移动到非危险区域再充气；如果使用静态正压，在压力损失时，压力监测设备应锁定，并且仅应在压力恢复后方可复位。

（2）有内部释放源的设备

有内部释放源的设备应按照制造商说明书的要求进行安装。应特别注意，内置系统需要的安全装置，如样品限流量计、压力调节器或管路阻火器，设备上并没有配置，这些宜由用户配置。

如果正压外壳内有内部系统，并且允许工艺介质或气体进入外壳，宜考虑正压气体泄漏到工艺系统的可能性及其影响。例如，如果内置系统中的低压工艺气体压力低于正压空气的压力，内置系统的泄漏通道会使空气进入工艺气体，并对工艺产生潜在的不利影响或危险。如果保护气体发生故障，应报警并采取有效措施来维持系统的安全性。

在压力或流量出现故障时宜由用户决定采取的措施，并且至少要考虑下列情况：

① 制造商的建议。

② 内置系统的释放特性，如“无”“有限制”“无限制”。

③ 内部释放的成分，如液体或气体及其可燃性限值。

④ 出现压力、流量故障时可燃性物质的供应是否自动切断。

⑤ 外壳内设备的特性，如易引燃，适合要求 EPL“Gb”级或“Gc”级的场所，及其邻近释放源的距离。

⑥ 外部 EPL 要求，如“Gb”级或“Gc”级。

⑦ 使用的保护气体的类型，如空气或惰性气体。对后一种情况，在压力损失后外壳宜重新换气，以恢复高浓度的惰性气体（或低浓度的氛气）来提供充分的保护。

⑧ 设备突然自动停机的影响。

（3）供压设备

如风机和压缩机保护气体入口，应安装在非危险区。如果驱动电机或其控制装置在供气管道内，或不可避免装在危险区域内，这些供压设备应有相应的防爆措施。

没有内部释放源设备的安装，在出现保护气体故障时，应满足规定的措施要求。有内部释放源的设备安装应按照制造厂说明书进行，万一出现保护气体故障，应发警报并采取纠正措施保证系统的安全。

（4）冲洗

制造厂规定的正压外壳最短冲洗时间应增加制造厂规定的管道单位体积最小附加冲洗时间乘以管道容积所得的时间。

在2区,如果外壳和其管道内部的环境远远低于爆炸下限(如爆炸下限的25%),则可以不进行冲洗。此外,可以利用气体探测器检查内部的气体是否是可以燃烧的。用作冲洗、正压及连续稀释的气体应为非可燃性、无毒性气体,并且不含湿、油、粉尘、纤维、化学剂、可燃物或其他杂质的,这些因素可能对设备整体性和运行产生危险或不利影响。通常使用空气,有时用惰性气体。保护气体氧气含量不应比空气中含量高。

如果使用空气作为保护气体,气源应在非危险区,并且选择位置上应能降低空气被混杂危险,应考虑附近建筑物由于风向、风速变化可能产生的影响。

保护气体入口处温度通常不应超过40 ℃,特殊情况可使用更高或更低温度的气体,但应在正压外壳上做出标志。

防止出现可燃性气体或蒸气通过扩散侵入布线系统或保护气体通过布线系统泄漏,布线系统应密封起来。

9. 对使用在2区设备的补充要求

外壳内有裸露带电件和外壳内仅为绝缘带电件的最低防护等级分别规定为IP54和IP44。

如果使用场所提供足够防止异物进入而影响安全性能的防护,外壳内有裸露带电件和外壳内仅为绝缘带电件的防护等级分别为IP4X和IP2X。如果硬物和水的进入不影响设备的安全性能时,可以不满足上述要求,如应变仪、热电阻测温仪、热电偶、限能设备。

对限能设备和电路的各个设备最大内部电容与电缆电容之和不应超过允许的最大电容(相邻的两个电缆芯线等效视为一个集中电容),各个设备最大内部电感与电缆电感之和不应超过允许的最大电感(将最大隔离的两根电缆芯线视为一个等效的集中电感),这些值要在"n"型设备上或文件中标示出来。

电缆和导管布线系统应按规定进行安装,并满足以下对电缆引入装置和接线端子的补充要求:

① 电缆的连接应通过与电缆相适应的电缆引入装置进行。

② 为了保证接线腔体的防护等级,需使用在电缆引入装置和电缆间有合适密封元件的电缆引入装置,如使用密封垫圈或螺纹密封胶。

注意,螺纹电缆引入装置与电缆引接板或外壳的接合为6 mm厚及以上时,可以不在电缆引入装置和引接板或外壳间增加密封措施,但电缆引入装置的中心轴线需与引接板或外壳表面相垂直。

③ 限制呼吸外壳的密封应能保证外壳的限制呼吸性能。

④ 不使用的电缆引入开口应堵塞,以保证外壳的防护等级。

此外,一些端子(如槽形端子)可允许多根导线引入。如果多根导线同时引入一个端子时,应确保每根导线都可靠夹紧。除非制造厂文件有规定,不同截面导体不能连接在同一根端子上,但事先使用单个压紧情况除外。在接线板上相邻端子间如果有短路危险,每个导体的绝缘应连贯至端子金属近旁。

注意,如果使用单螺母鞍形夹子来固定一个导线,导线应绕螺钉成U形,但设备制造厂允许不使用U形夹紧情况除外。

第五章 常用防爆电气设备维修实例

第一节 防爆控制按钮

一、LA53 系列防爆控制按钮

1. 用途与适用范围

LA53 系列防爆控制按钮(以下简称按钮)适用于爆炸性气体环境(1 区和 2 区)、ⅡC 类 T6 组及以下的爆炸危险场所,在交流 50 Hz、额定电压 380 V 或直流额定电压 220 V、额定电流 5 A 电路中,作远距离控制电磁电器之用。带电流表的按钮还可对电路运行情况进行监控。LA53 系列防爆控制按钮如图 5-1-1 所示。

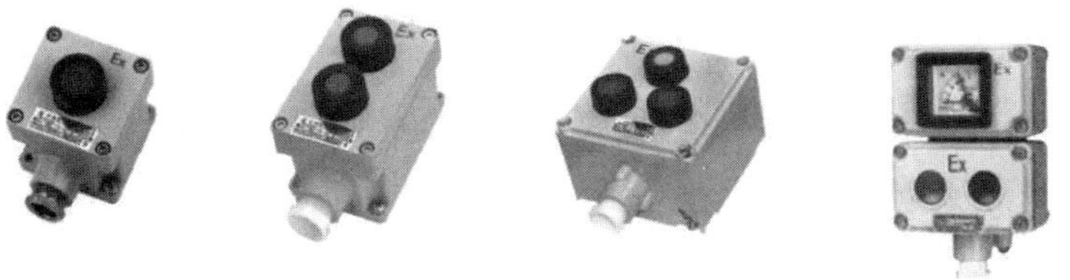

LA53-1　　LA53-2　　LA53-3　　LA53-2A

图 5-1-1　LA53 系列防爆控制按钮

2. 主要结构及特点

按钮外壳采用 ZL102 铸铝合金压铸制成增安型外壳,壳内装有隔爆型控制按钮、增安型电流表,采用密封垫密封,进线装置采用密封圈压紧密封,外壳的防护能力可达到 IP54 的要求。LA53 系列防爆控制按钮内部结构如图 5-1-2 所示。

图 5-1-2　LA53 系列防爆控制按钮内部结构图

3. 技术参数及外形安装尺寸

LA53 系列防爆控制按钮技术参数见表 5-1-1,外形安装尺寸如图 5-1-3 所示。

表 5-1-1　LA53 系列防爆控制按钮技术参数

额定工作电压/V	额定工作电流/A	防爆标志	电缆外径/mm	进线口螺纹 G	防护等级
380/220	5	Exde ⅡC T6 Gb Extd A21	ϕ10～ϕ14	¾	IP53

型号	按钮数	触头数量	电流表	指示灯
LA53-1	1	1NC+1NO		
LA53-2	2	2NC+1NO		
LA53-2A			有	
LA53-2D				有
LA53-3	3	3NC+3NO		
LA53-3A			有	
LA53-3D				有

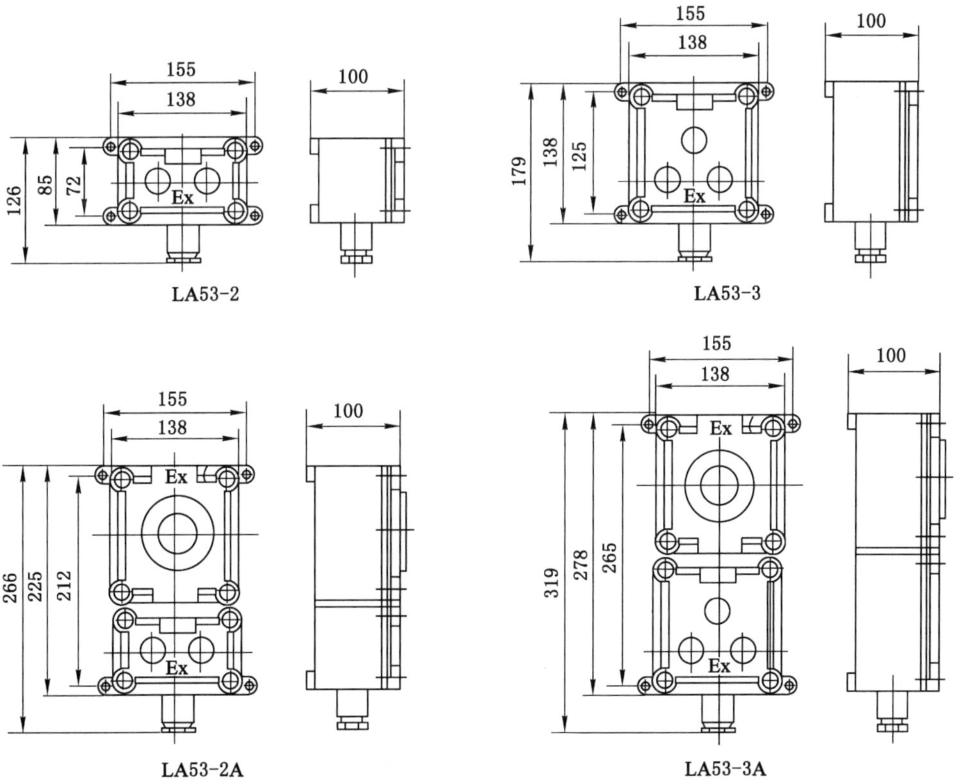

图 5-1-3　LA53 系列防爆控制按钮外形安装尺寸图

LA53 系列防爆控制按钮的型号含义：

L A 53-□□ □□/□ □

- L：主令电器
- A：按钮
- 53：设计序号
- 第一个□：按钮数
- 第二个□：A：带电流表；B：带信号灯
- 第三个□：指示灯数量
- □/□：电流表量程（仅用于带电流表的按钮）
- 最后一个□：WF：户外防轻腐蚀；WF1：户外防中腐蚀（不要求不注）；WF2：户外防强腐蚀

4. 安装使用与维修

① 安装接线时，需将电缆通过引入装置接到按钮及电流表的接线端子上，拧紧压紧螺母，使电缆密封。

② 按钮应定期检查，发现不正常现象或零件损坏应及时维修或更换。

③ 维修时先断开前级电源后，才能开盖维修。维修后将盖合好，各部分螺栓（钉）紧固后才能使用。

二、LA5821 系列防爆控制按钮

1. 用途与适用范围

LA5821 系列防爆控制按钮（以下简称按钮）可在 1 区、2 区，ⅡA、ⅡB、ⅡC 类 T1～T6 组爆炸性气体环境或蒸气环境及 20 区、21 区、22 区可燃性粉尘环境，周围有强腐蚀性气体的环境中，用于交流 50 Hz、电压 380 V（直流 220 V）的电路中对启动器、继电器和其他电气线路实行控制。LA5821 系列防爆控制按钮如图 5-1-4 所示。

图 5-1-4　LA5821 系列防爆控制按钮

2. 主要结构及特点

LA5821 系列防爆控制按钮外壳由 ABS 塑料制成，外形美观，内装隔爆按钮元件，外壳采用耐弧和阻燃材料制成。壳盖与壳体间有凹凸体及密封胶条组成的密封结构。按钮的金属零件采用耐腐蚀材料制造，且为塑料外壳，可满足防强腐蚀的要求。壳体有三种规格，可根据需要安装控制按钮元件 1～3 个。可采用钢管布线或电缆布线，通过引入装置的密封圈

在壳体内与元件相接。

LA5821 系列防爆控制按钮的型号含义：

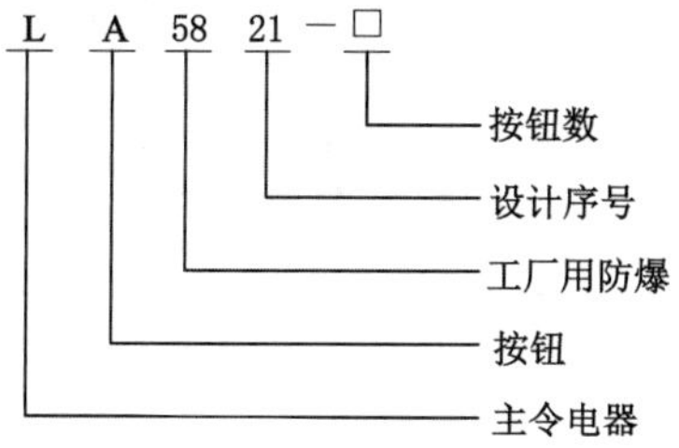

3．技术参数及外形安装尺寸

LA5821 系列防爆控制按钮技术参数见表 5-1-2，安装图如图 5-1-5 所示，安装尺寸见表 5-1-3。

表 5-1-2　LA5821 系列防爆控制按钮技术参数一览表

防爆标志	防护等级	防腐等级		电缆外径	进线口螺纹 G
Exed ⅡB T6 Gb Exed ⅡC T6 Gb	IP66	WF2		ϕ10～ϕ14	¾
型号	按钮数	电压/V	电流/A	触头对数	质量/kg
LA5821-1	1	DC 220 AC 380	5	一组：一常开一常闭	0.3
LA5821-2	2			二组：一常开一常闭	0.45
LA5821-3	3			三组：一常开一常闭	0.6

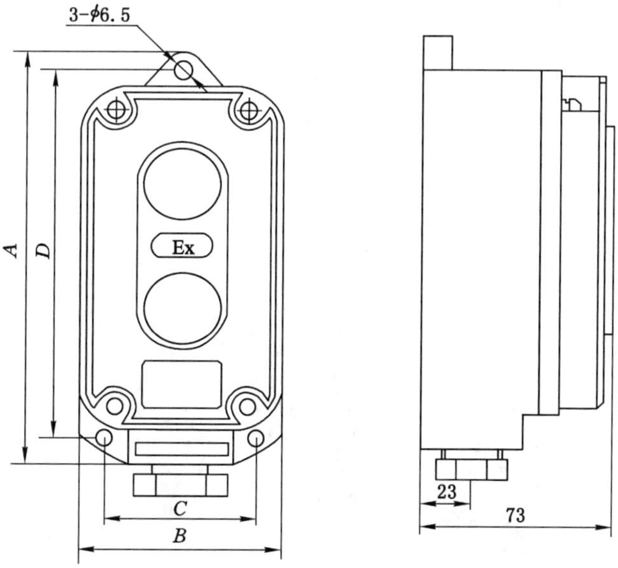

图 5-1-5　LA5821 系列防爆控制按钮安装图

表 5-1-3　LA5821 系列防爆控制按钮技术参数一览表　　单位：mm

型号	A	B	C	D
LA5821-1	120	71	56	95
LA5821-2	172	71	56	142
LA5821-3	217	71	56	189

4. 安装使用与维修

① 按钮安装前应检查铭牌上所列基本技术数据是否符合实际使用条件。

② 用相当于直径 ϕ10～ϕ14 mm 电缆引入线，以橡胶密封圈、垫圈和压紧螺母将所引入电缆压紧，使之密封，并防止拔脱。

③ 使用前应检查接线是否正确，外壳上各紧固螺钉(螺栓)是否旋紧。

④ 维修时请勿用湿布擦拭外表面且严禁带电开盖，并应保护好橡胶密封衬垫防止损坏。

⑤ 维修中，若发现引入装置的密封圈及密封衬垫有老化现象，应及时更换，以确保防爆性能。

三、ZXF8030 系列防爆控制按钮

1. 用途与适用范围

ZXF8030 系列防爆按钮适用于 1 区、2 区的ⅡA、ⅡB、ⅡC 类 T1～T6 组爆炸性气体环境；适用于石油采炼、储存、化工、医药、军工及军事设施等危险性环境；用于电气控制系统中，作为指令发送及状态监视之用；方案多样，可根据用户提供的电气系统图进行生产。

2. 主要结构及特点

ZXF8030 系列防爆控制按钮如图 5-1-6 所示。外壳采用玻璃纤维增强不饱和聚酯树脂压制而成，具有耐腐蚀、抗静电、耐冲击及热稳定性好等优良性能。隔爆型控制开关具有结构紧凑、可靠性好、体积小、通断能力强、寿命长等特点，并有多种功能供用户选配。按钮采用超声波封装工艺，保证了可靠的结合强度，按钮的功能可以两单元自由结合，防爆指示灯采用特殊设计，交流 220～380 V 通用。外露紧固件均采用不锈钢，为防掉式设计，维修方便。壳体和盖的接合面采用迷宫式结构，具有较好的防水、防尘能力。

图 5-1-6　ZXF8030 系列防爆控制按钮

ZXF8030 系列防爆控制按钮的型号含义：

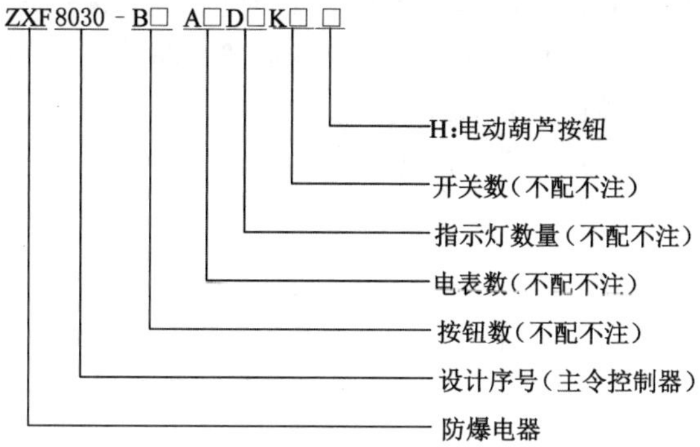

3. 技术参数

ZXF8030 系列防爆控制按钮技术参数见表 5-1-4。

表 5-1-4　ZXF8030 系列防爆控制按钮技术参数一览表

产品型号	额定工作电压/V	额定工作电流/A	电缆外径/mm	进线口螺纹 G″	防爆标志	防护等级	质量/kg
ZXF8030-10A	380 220	10	ϕ10～ϕ14	¾	Exed ⅡC T6 Gb	IP55	0.7
ZXF8030-10B							
ZXF8030-10C							
ZXF8030-10D							

4. 安装使用与维修

① 运行前检查所有隔爆接合面紧固螺栓是否拧紧，没有弹簧垫圈的及时配置，防止自行松脱。

② 检修时，必须先断开前级电源，等壳内电气元件均不带电时方可开盖检修。

第二节　防爆开关

一、SW-10 系列防爆照明开关

1. 用途与适用范围

SW-10 系列防爆照明开关适用于爆炸性气体混合危险场所 1 区、2 区的ⅡA、ⅡB、ⅡC 类爆炸性气体环境，温度组别 T1～T6，户内、户外均可用，SW-10 系列防爆照明开关如图 5-2-1所示。

图 5-2-1　SW-10 系列防爆照明开关

2. 主要结构及特点

外壳采用 ZL102 铝合金压铸成型，表面高压静电喷塑，不锈钢外露紧固件，增安型外壳，内部元件采用隔爆型开关，外壳接合部位有橡胶密封圈密封，防护等级可达 IP55，产品具有防水、防尘等特点，电缆或钢管布线均可。

SW-10 系列防爆照明开关的型号含义：

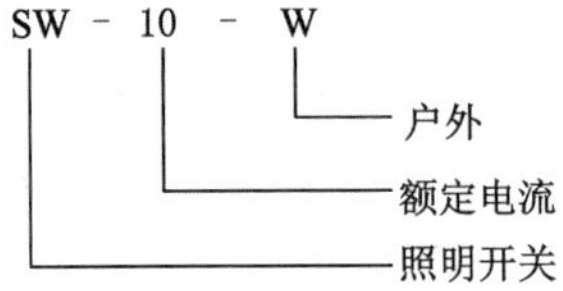

3. 技术参数及外形安装尺寸

SW-10 系列防爆照明开关技术参数见表 5-2-1，外形安装尺寸如图 5-2-2 所示。

表 5-2-1　SW-10 系列防爆照明开关技术参数

额定电压	额定电流	防爆标志	防护等级	防腐等级	进线口规格 G″	电缆规格/mm
AC 220/380 50 Hz	10 A	Exde ⅡB T6 Gb	IP55	WF2	3/4	$\phi 10 \sim \phi 14$

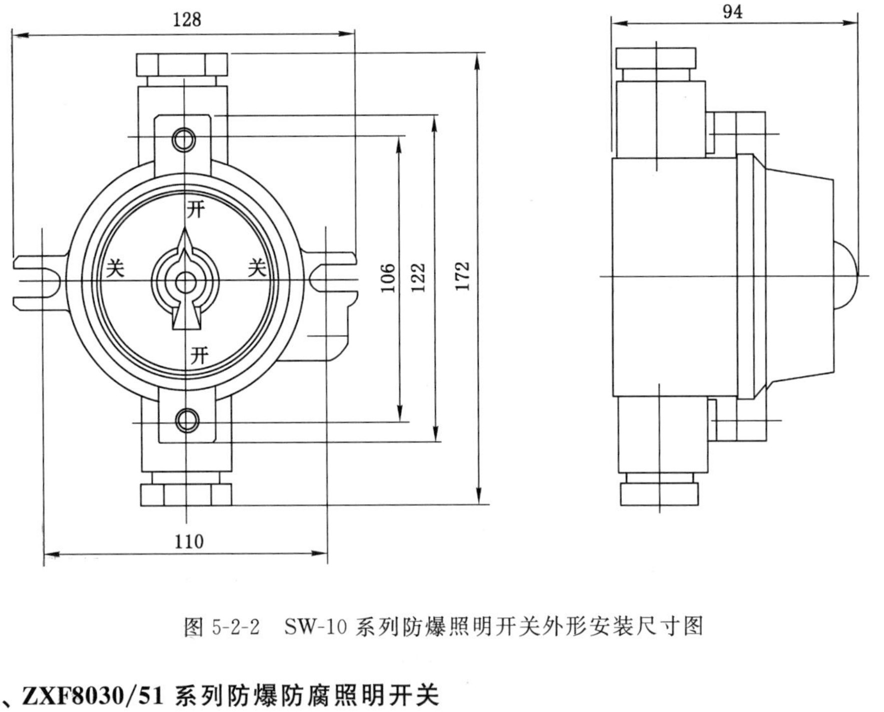

图 5-2-2　SW-10 系列防爆照明开关外形安装尺寸图

二、ZXF8030/51 系列防爆防腐照明开关

1. 用途与适用范围

ZXF8030/51 系列防爆防腐照明开关适用于爆炸性气体环境 1 区、2 区的ⅡA、ⅡB、ⅡC 级爆炸性气体环境，温度组别为 T1～T6；适用于石油采炼、储存、化工、医药、纺织、印染、军工及军事设施等爆炸性危险场所作照明开关之用。

2. 主要结构及特点

ZXF8030/51 系列防爆防腐照明开关如图 5-2-3 所示，其外壳为增安型结构，采用高强度难燃工程塑料压制而成，具有抗静电、耐冲击、热稳定性、耐腐蚀等优良性能；内装控制开关为二极 BK8030 系列控制开关。开关采用曲路密封结构设计，具有良好的防水、防尘性能。开关外露紧固件均为不锈钢，采用防掉式设计，便于用户安装、维护，钢管或电缆布线。

图 5-2-3　ZXF8030/51 系列防爆防腐照明开关

ZXF8030/51 系列防爆防腐照明开关型号含义：

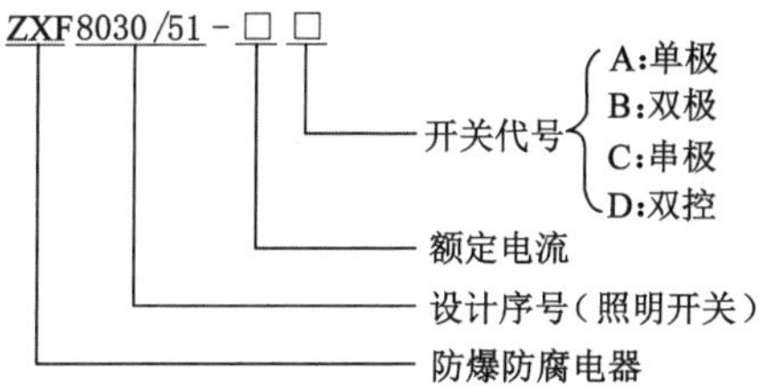

其开关触点组合形式见表 5-2-2。

表 5-2-2　ZXF8030/51 系列防爆防腐照明开关触点组合及种类一览表

触点组合型式	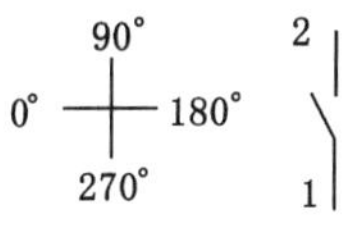	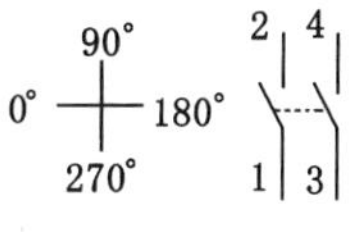	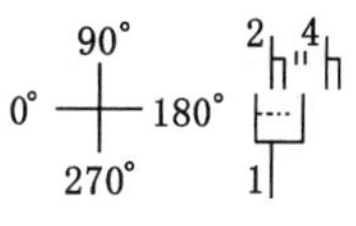	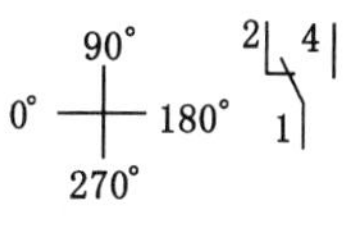
种类	单极	双极	串级	双控
代号	A	B	C	D

3. 技术参数及外形安装尺寸

ZXF8030/51 系列防爆防腐照明开关技术参数见表 5-2-3，外形及安装尺寸如图 5-2-4 所示。

表 5-2-3　ZXF8030/51 系列防爆防腐照明开关技术参数一览表

额定电压	额定电流	防护等级	防腐等级	进线口规格 G″	电缆规格/mm
AC 220 V/50 Hz	10 A	IP65	WF2	¾	ϕ9～ϕ14

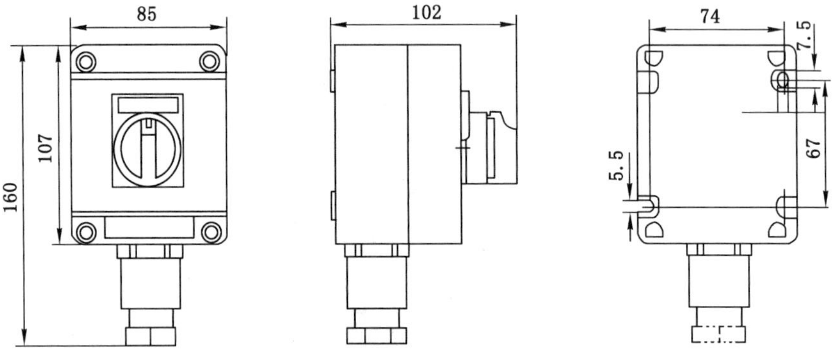

图 5-2-4　ZXF8030/51 系列防爆防腐照明开关外形及安装尺寸图

4. 安装使用与维修

ZXF8030/51 系列防爆防腐照明开关控制灯具的接线方式如图 5-2-5 所示。

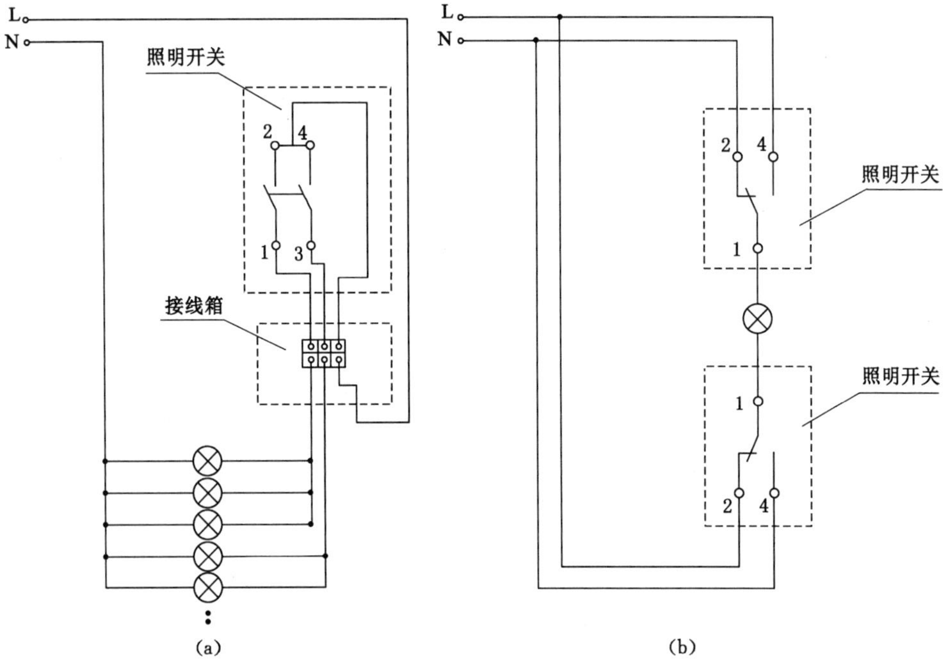

图 5-2-5　ZXF8030/51 系列防爆防腐照明开关控制灯具的接线方案

图 5-2-5(a)所示为一个 ZXF8030/51-B 型双极照明开关控制多个灯具接线方式。连接多个灯具时，不可使开关满负荷运行。

图 5-2-5(b)所示为两个 ZXF8030/51-D 型双控照明开关控制一个灯具接线方式。

三、BHZ51 系列隔爆型防爆转换开关

1. 用途与适用范围

BHZ51 系列隔爆型防爆转换开关适用于爆炸性气体混合危险场所 1 区、2 区的ⅡA、ⅡB、ⅡC 类爆炸性气体环境，温度组别 T1～T6，户内、户外均可用，BHZ51 系列隔爆型防爆转换开关如图 5-2-6 所示。

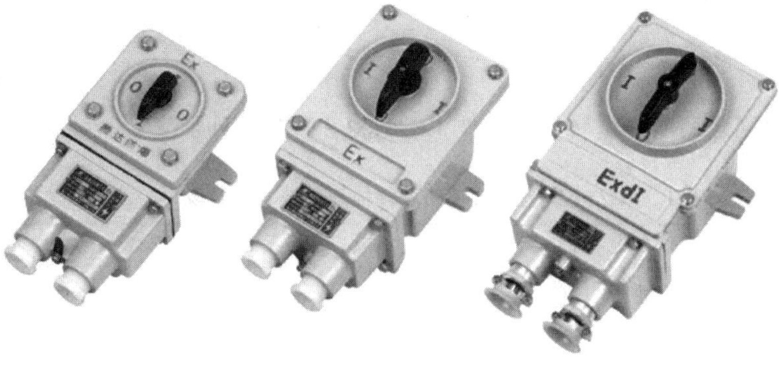

图 5-2-6　BHZ51 系列隔爆型防爆转换开关

2. 主要结构及特点

外壳采用铝合金压铸成型，表面喷塑，不锈钢外露紧固件，内装转换开关，用于电流 100 A 以下的电气线路中作为电源开关，并可以控制电动机启动、变速、停止、换向，电缆或钢管布线均可。

转换开关由数层动、静触片组装在绝缘盒而成的。动触点装在转轴上，转轴可以 90°旋转，用手柄转动转轴使动触片与静触片接通与断开。转换开关结构图如图 5-2-7 所示。

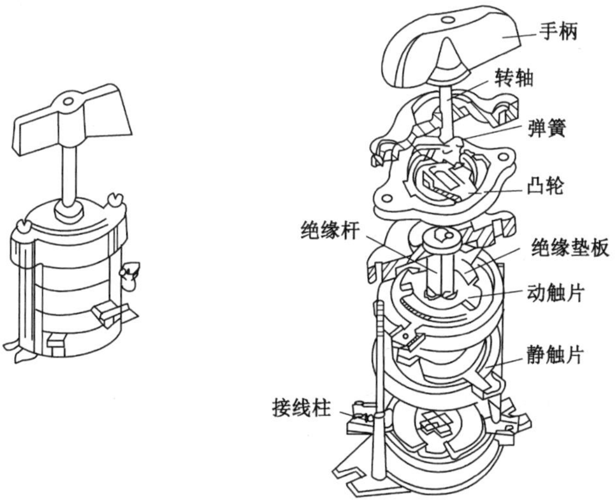

(a) 外形　　(b) 结构

图 5-2-7　转换开关结构图

BHZ51 系列隔爆型防爆转换开关的型号含义：

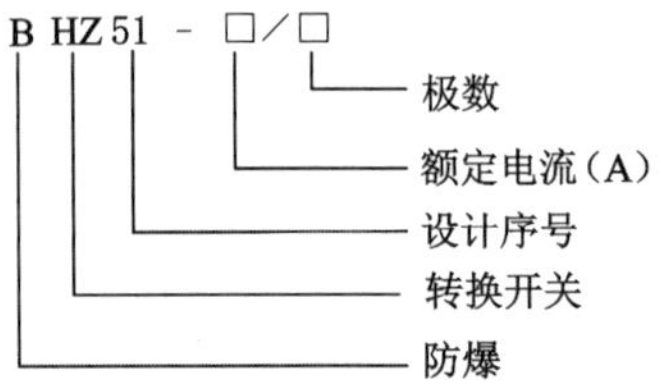

3. 技术参数及外形安装尺寸

BHZ51 系列隔爆型防爆转换开关技术参数见表 5-2-4，外形安装尺寸如图 5-2-8 所示。

表 5-2-4　BHZ51 系列隔爆型防爆转换开关技术参数及外形安装尺寸

型号	额定电压/V	额定电流/A	防爆标志	电缆外径/mm
BHZ51-10/□	380/220	10	Exd ⅡB T6 Gb Exd ⅡC T6 Gb	ϕ10～ϕ14 ϕ18～ϕ22
BHZ51-25/□		25		
BHZ51-60/□		60		
产品型号	*A*	*B*	*C*	*D*
BHZ51-10/3	136	200	120	105
BHZ51-25/3	165	240	145	130
BHZ51-60/3	215	350	197	175

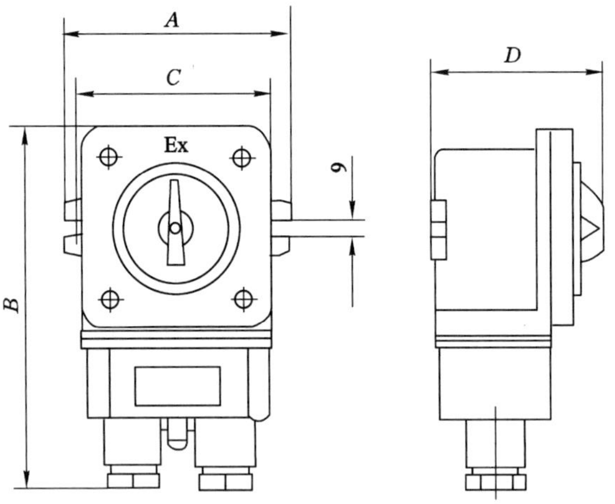

图 5-2-8　BHZ51 系列隔爆型防爆转换开关外形安装尺寸图

4. 工作原理

转动转换开关手柄，手柄带动转轴，转轴上的速断弹簧可使动、静触片快速闭合，接通电路。断开电路时，转动转换开关手柄，手柄带动转轴，转轴上的弹簧可使动、静触片快速断开并迅速灭弧。

转换开关的触片通流能力有限，适用于交流 50 Hz、交流 380 V 及以下，直流 220 V 及以下，额定电流 10 A、25 A、60 A 的电气线路中，供手动不频繁地接通或分断电路、换接电源或负载、测量电路之用，也可控制小容量感应电动机，即 5.5 kW 以下电动机的直接启动、停止、反转和调试等用。

5. 安装使用与维修

(1) 转换开关选用

① 选用转换开关时，应根据用电设备的耐压等级、容量和极数等综合考虑。

② 用于控制照明或电热设备时，其额定电流应等于或大于被控制电路中各负载电流之和。

③ 用于控制小型电动机不频繁的全压启动时，其容量应大于电动机额定电流的 1.5～2.5 倍，每小时切换次数不宜超过 15～20 次。

④ 如果用于控制电动机正反转，在从正转切换到反转的过程中，必须先经过停止位置，待电动机停止后，再切换到反转位置。

⑤ 转换开关本身不带过载和短路保护装置，在它所控制的电路中，必须另外加装保护设备，才能保证电路和设备安全。

⑥ 如果转换开关控制的用电设备功率因数较低时，应按容量等级降低使用，以利于延长其使用寿命。

(2) 转换开关维护注意事项

① 在转换开关组装试验完成后，转鼓上必须涂适量工业凡士林，以保护触片不受氧化和腐蚀。

② 转换开关若起了电弧痕，可以用细砂纸将触片和触指打磨平后继续使用。

③ 定期检查触片的压力，压力不足时可调节触指杆上的螺母，以保证转换开关的导流能力。

④ 隔爆面上要经常以油脂擦洗，以防腐蚀。

四、BZX51-5 系列防爆行程开关

1. 用途与适用范围

该系列防爆行程开关适用于爆炸性气体混合危险场所 1 区、2 区的ⅡA、ⅡB 类爆炸性气体环境，温度组别为 T1～T4，适用于交流 380 V、电流 5 A 的电气线路中作为机床的自动控制、限制运动机构动作之用，户内、户外均可用，BZX51-5 系列防爆行程开关如图 5-2-9所示。

图 5-2-9　BZX51-5 系列防爆行程开关

2. 主要结构及特点

BZX51-5系列防爆行程开关为铝合金外壳，铸造成型，表面喷塑，钢管或电缆布线均可。

BZX51-5系列防爆行程开关的型号含义：

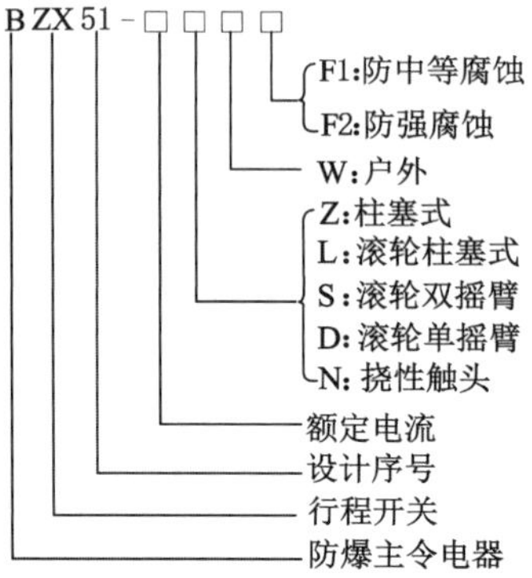

3. 技术参数及外形安装尺寸

BZX51-5系列防爆行程开关技术参数见表5-2-5和表5-2-6，外形安装尺寸如图5-2-10所示。

表5-2-5　BZX51-5系列防爆行程开关技术参数

型号	触头开关		动作行程	超行程	动作力/kg	质量/kg
	常开	常闭				
BZX51-Z	1	1	1～3 mm	2 mm	≤2.0	0.4
BZX51-L			1～3 mm			
BZX51-S			12～15	≥30	≤1.0	
BZX51-D			≥45		≤1.5	

表5-2-6　BZX51-5系列防爆行程开关技术参数

电压/V	电流/A	防爆标志	防护等级	防腐等级	进线口螺纹G″	电缆外径/mm
220/380	5	ExdⅡB T6 Gb	IP54	W WF1 WF2	$\frac{1}{2}$ $\frac{3}{4}$	$\phi 7 \sim \phi 9$ $\phi 10 \sim \phi 14$

4. 工作原理

(1) 位置开关的作用、类型

位置开关：又称限位开关，是一种常用的小电流主令电器。在电气控制系统中，位置开关的作用是实现顺序控制、定位控制和位置状态的检测。

分类：一类为以机械行程直接接触驱动，作为输入信号的行程开关和微动开关；另一类为以电磁信号(非接触式)作为输入动作信号的接近开关。

(2) 构造和原理

① 行程开关：利用生产机械运动部件的碰撞使其触头动作来实现接通或分断控制电路，达到一定的控制目的。通常，这类开关被用来限制机械运动的位置或行程，使运动机械

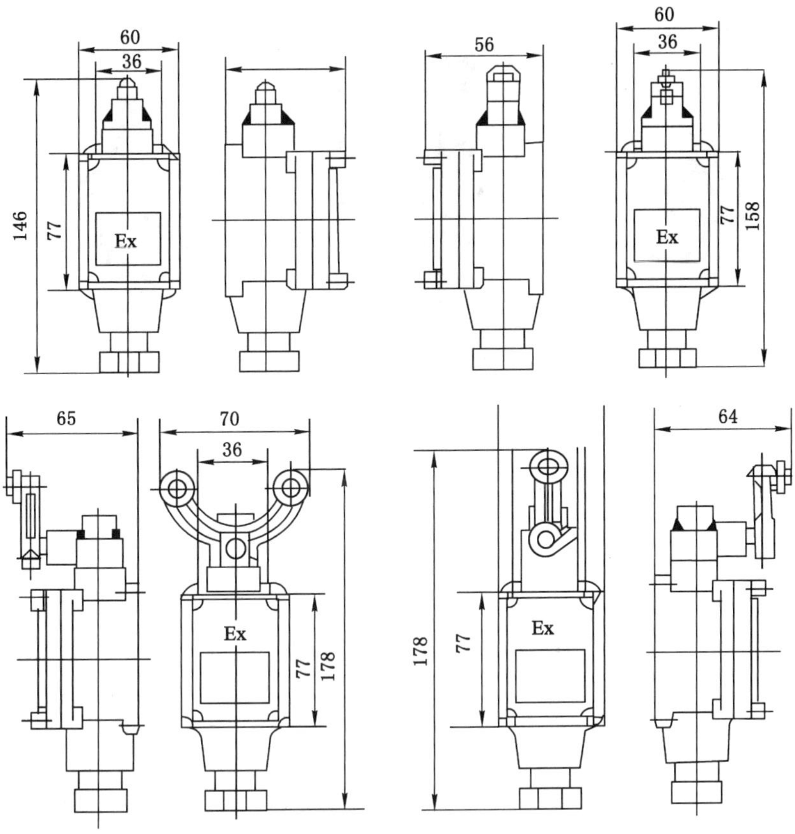

图 5-2-10　BZX51-5 系列防爆行程开关外形安装尺寸图

按一定位置或行程自动停止、反向运动、变速运动或自动往返运动等。

② 构造：由操作头、触点系统和外壳组成。

③ 分类：分为直动式（按钮式）、滚动式（旋转式）、微动式和组合式。

直动式行程开关：动作原理同按钮类似。所不同的是：一个是手动，另一个则由运动部件的撞块碰撞。外界运动部件上的撞块碰压按钮使其触头动作，当运动部件离开后，在弹簧作用下其触头自动复位。

滚动式行程开关：当运动机械的挡铁（撞块）压到行程开关的滚轮上时，传动杠连同转轴一同转动，使凸轮推动撞块，当撞块碰压到一定位置时，推动微动开关快速动作。当滚轮上的挡铁移开后，复位弹簧就使行程开关复位。这种是单轮自动恢复式行程开关。而双轮旋转式行程开关不能自动复位，它是依靠运动机械反向移动时，挡铁碰撞另一滚轮将其复位。行程开关的外观和符号如图 5-2-11 所示，行程开关的动作原理如图 5-2-12 所示。

5. 安装使用与维修

(1) 行程开关的选用和安装

直动式和转动式防爆行程开关均有符合防爆等级为 ExdⅡB T4 的隔爆型外壳和符合 AOD 的安全型接线箱。转动式防爆行程开关，其内部元件类似 LX2 系列开关，具有瞬时动作的特点。

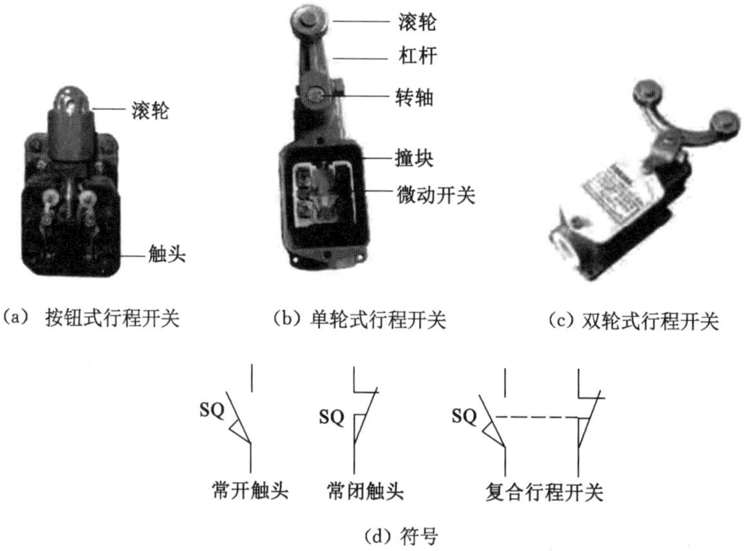

图 5-2-11　行程开关的外观和符号图

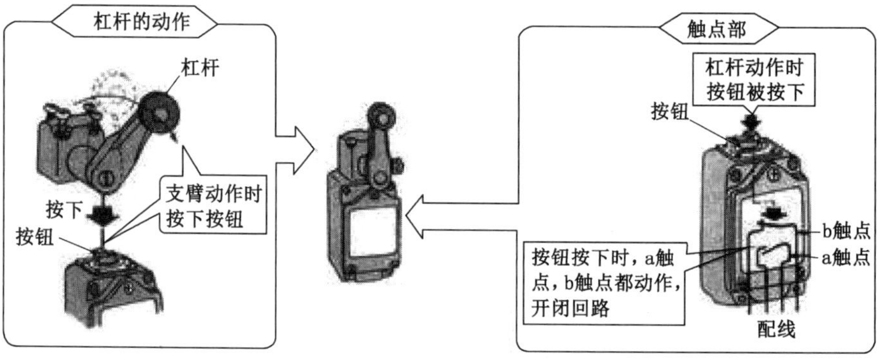

图 5-2-12　行程开关的动作原理图

行程开关的选用：

① 根据应用场合及控制对象选择种类。

② 根据机械与行程开关的传力与位移关系选择合适的操作头形式。

③ 根据控制回路的额定电压和额定电流选择系列。

④ 根据安装环境选择防护形式。

行程开关的安装：

① 行程开关应紧固在安装板和机械设备上，不得有晃动现象。

② 行程开关安装时位置要准确，否则不能达到行程控制的目的。

③ 定期检查行程开关，以免触头接触不良而达不到行程和限位控制的目的。

(2) 行程开关的维护

① 根据安装位置的需要可以是板前安装或板后安装。

② 根据需要选择滚动或直动式。

③ 出线口处有橡胶垫圈及压螺母，在导线引入后必须把螺母拧紧以达到密封的要求。

④ 在打开盖子安装完毕后，必须将盖子盖上，并将所有螺栓拧紧。

⑤ 在安装使用时，不得损伤隔爆面。

⑥ 所有内外接地螺栓都必须可靠接地。

⑦ 开关必须经常检查，如发现有不正常现象时，应立即进行消除或修理。

⑧ 隔爆面上要经常以油脂擦洗，以防腐蚀。

五、BBZ 系列防爆隔离开关

1. 用途与适用范围

该系列防爆隔离开关适用于爆炸气体混合危险场所 1 区、2 区的ⅡA、ⅡB、ⅡC 类爆炸性气体环境，温度组别 T1～T6，户内、户外均可用，适用于电压为 380 V/220 V、电流 63～400 A 的电气线路作隔离电路之用。BBZ 系列防爆隔离开关如图 5-2-13 所示。

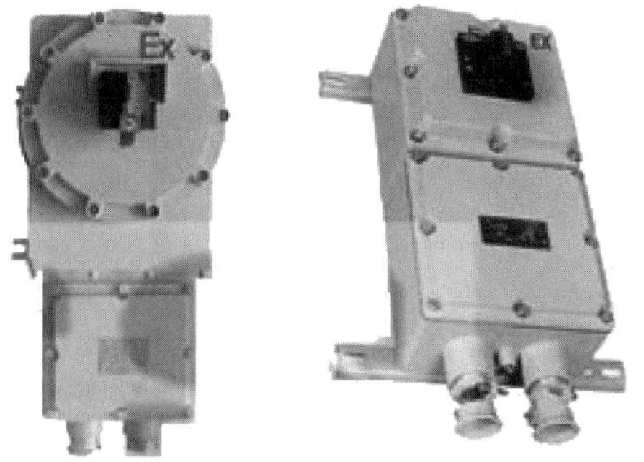

ⅡC　　　ⅡB

图 5-2-13　BBZ 系列防爆隔离开关

2. 主要结构及特点

BBZ 系列防爆隔离开关为铸铝合金外壳，表面喷塑，内装 QSA 系列熔断式隔离开关，钢管或电缆布线，电缆布线需配电缆夹紧密封接头。

3. 技术参数

BBZ 系列防爆隔离开关技术参数见表 5-2-7。

表 5-2-7　BBZ 系列防爆隔离开关技术参数

额定电压/V	额定电流/A	防爆标志	防护等级	进出线口螺纹 G	电缆外径/mm
220/380	63、125、160、250、400	ExdⅡB T6 Gb ExdⅡC T6 Gb	IP54 IP65	50～63	ϕ18～ϕ51

BBZ 系列防爆隔离开关的型号含义：

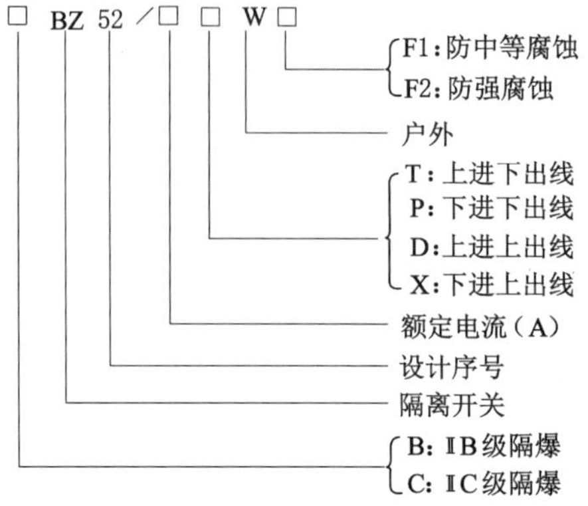

4．工作原理

该系列熔断式隔离开关主要用于有高短路电流的配电电路和电动机电路中，作为手动不频繁操作的开关、隔离开关和应急开关，并作电路保护之用。开关可直接启停电动机等高电感负载。

本系列开关由刀型静触头、滚动动触头及灭弧装置组成。接触系统均组装在由耐弧工程塑料制成的封闭底座内，能达到零飞弧。操作机构由具有弹簧储能的连杆传动机构构成，靠弹簧力完成开关的分合，无须人力操作。

5．安装使用与维修

① 隔离开关熔断器组应水平安装，安装前应使开关处于断开位置，应配 NT 型熔断器，具有相应的额定电流和短路分断能力，当开关用于电动机电路中，允许熔断体额定电流大于开关的额定工作电流，但连续负载电流应不超过开关的额定工作电流。

② 隔离器的插座应经常检查、清理灰尘和油污等杂物，使其动作灵活，接触良好。

③ 隔离器应垂直安装在无显著摇动和冲击振动的地方。

④ 安装固定好，将接线腔盖打开，把电缆通过引入装置接至接线端子相应标记上，接好内外接地线，检查无误后合上盖，用紧固件紧固，并把压紧螺母旋紧使电缆密封，完毕后即可使用。

⑤ 不得随意拆卸，维修时先断开前级电源才能开盖维修，不得损坏隔爆面，维修后隔爆接合面涂 204-1 置换型防锈油，并将盖合好用螺栓紧固后才能使用。

第三节　防爆接线盒

一、KBM-200/2 矿用隔爆型母线盒

1．结构特点

KBM-200/2 矿用隔爆型母线盒由外壳、上盖组成，带有 4 个电缆出入口和内部 6 个接线柱。外形尺寸（长×宽×厚）：480 mm×350 mm×175 mm。

2．用途

该型母线盒适用于煤矿井下含有爆炸性气体（甲烷、煤尘混合物）的场所，作为供电电压在 660 V 以下的馈电线路及电缆分支点连接用。

3. 主要技术数据

该型母线盒主要技术数据见表 5-3-1。

表 5-3-1　KBM-200/2 矿用隔爆型母线盒主要技术数据

额定电压/V	额定电流/A	电缆外径/mm	质量/kg
660	200	33.8、36.3、40	24

KBM-200/2 矿用隔爆型母线盒的型号含义：

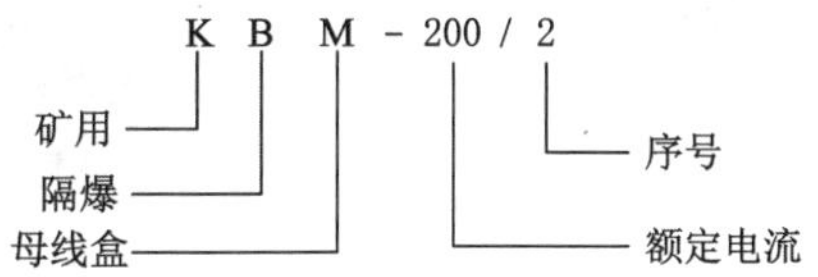

二、KBG-40/1ZG 矿用隔爆型三通接线盒

1. 结构特点

KBG-40/1ZG 矿用隔爆型三通接线盒由 HT250 铸铁制成隔爆外壳，在空腔内装有供接线用的瓷板和接线螺栓，引线口部位密封连接是通过喇叭口状的压紧螺母压紧密封圈来实现的。为了适应电缆规格，密封圈设有同心层，使用时可按电缆规格选用。压紧螺母上装有压板，防止电缆拔脱。其外形如图 5-3-1 所示。

图 5-3-1　KBG-40/1ZG 矿用隔爆型三通接线盒外形图

2. 用途

该型三通接线盒适用于煤矿井下含有爆炸性气体（甲烷、煤尘混合物）的场所，作为供电电压 660 V 以下的照明、信号等线路电缆分支点连接用。

3. 主要技术数据

该型三通接线盒主要技术数据见表 5-3-2。

表 5-3-2　KBG-40/1ZG 矿用隔爆型三通接线盒主要技术数据

额定电压/V	额定电流/A	连接支路数/个	外形尺寸(长×宽×高)/mm
660	40	1	325×275×120

三、BHD2系列矿用隔爆型接线盒、母线盒

1. 结构特点

BHD2系列矿用隔爆型接线盒、母线盒由外壳、盖及接线座组成，引入装置装有密封圈和压紧螺母。其外形如图5-3-2所示。

图5-3-2　BHD2系列矿用隔爆型接线盒、母线盒外形图

2. 用途

该系列接线盒、母线盒适用于煤矿井下含有爆炸性气体（甲烷、煤尘混合物）的场所，作为馈电线路及电缆分支点连接用。

3. 主要技术数据

该系列接线盒、母线盒主要技术数据见表5-3-3。

表5-3-3　BHD2系列矿用隔爆型接线盒、母线盒主要技术数据

型号	额定电压/V	额定电流/A	通路数/个	最大电缆外径/mm	外形尺寸(长×宽×高)/mm
BHD2-20/127-6T	127	20	6	主 ϕ25 分 ϕ11	
BHD2-25/□-□T	380/660	25	2 3 4	ϕ25	240×120×80 240×180×80 240×240×80
BHD2-40/□-□T	380/660	40	2 3 4	ϕ25	270×140×110 270×200×110 270×270×110
BHD2-100/□-□T	380/660	100	2 3 4	ϕ34	360×250×145
BHD2-200/□-□T	380/660	200	2 3 4	主 ϕ64 分 ϕ39	500×250×170 500×360×170 500×360×170
BHD2-400/□-□T	380/660	400	2 3 4	ϕ78	660×260×210 660×460×210 660×660×210

BHD2 系列隔爆型接线盒、母线盒的型号含义：

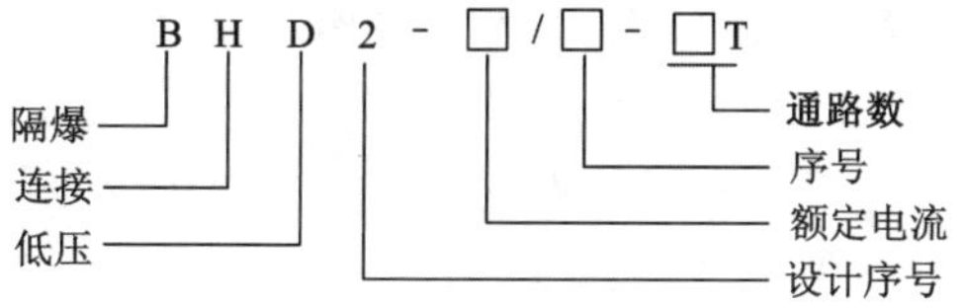

四、BHD81-80/2A、4A 系列防爆接线盒

1. 结构特点

BHD81-80/2A、4A 系列防爆接线盒由外壳、盖及接线座组成，引入装置装有密封圈和压紧螺母。其外形如图 5-3-3 所示。

图 5-3-3 BHD81-80/2A、4A 系列防爆接线盒外形图

2. 用途

该系列接线盒适用于煤矿井下含有爆炸性气体(甲烷、煤尘混合物)的场所，用于 660 V 供电系统中作为动力电缆连接和分支路供电之用。

3. 主要技术数据

该系列接线盒主要技术数据见表 5-3-4。

表 5-3-4 BHD81-80/2A、4A 系列防爆接线盒主要技术数据

<table>
<tr><th>型号</th><th>额定电压/V</th><th>额定电流/A</th><th>通路数/个</th></tr>
<tr><td>BHD81-80/2A</td><td rowspan="2">660</td><td rowspan="2">80</td><td>2</td></tr>
<tr><td>BHD81-80/4A</td><td>4</td></tr>
</table>

BHD81-80/2A、4A 系列防爆接线盒型号含义：

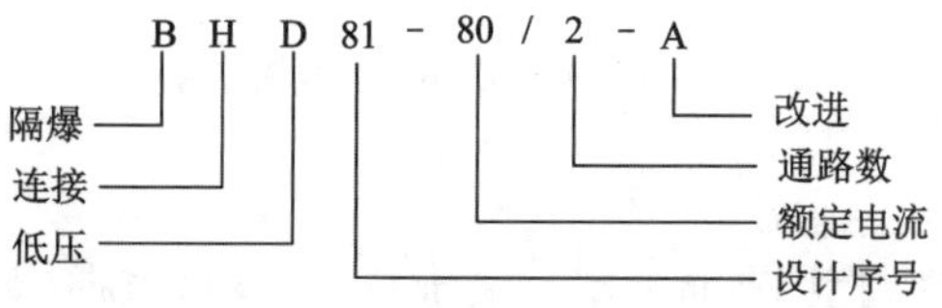

五、BHD82-40/3A 防爆接线盒

1. 结构特点

BHD82-40/3A 防爆接线盒由外壳、盖及接线座组成，引入装置装有密封圈和压紧螺母。

2. 用途

该接线盒适用于煤矿井下含有爆炸性气体（甲烷、煤尘混合物）的场所，用于井下信号照明及动力电缆连接和分支路供电之用。

3. 主要技术数据

该接线盒主要技术数据见表 5-3-5。

表 5-3-5　BHD82-40/3A 防爆接线盒主要技术数据

型号	额定电压/V	额定电流/A	通路数/个
BHD82-40/3A	660	40	3

BHD82-40/3A 防爆接线盒的型号含义：

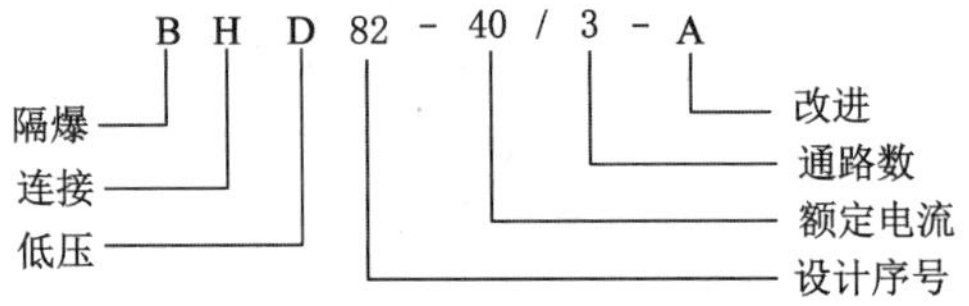

六、BJX 隔爆型接线箱

1. 用途与适用范围

BJX 隔爆型接线箱主要用于 1 区或 2 区中含有爆炸性混合物为Ⅱ类 A、B、C 级，温度组别为 T1～T6 的爆炸危险场所，户内、户外均可用，用于电压 380 V 以下，作为连接各种电气设备接线和分线。BJX 隔爆型接线箱如图 5-3-4 所示。

图 5-3-4　BJX 隔爆型接线箱

2. 主要结构及特点

铸铝合金外壳，压铸成型，表面喷塑。端子数、出线口方向、数量及螺纹由用户选择，可根据用户要求特制。钢管或电缆布线。

BJX 隔爆型接线箱的型号含义：

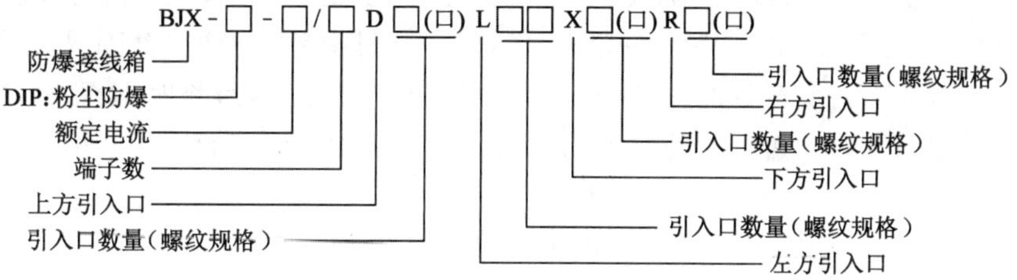

3. 技术参数及外形安装尺寸

BJX 隔爆型接线箱技术参数见表 5-3-6，其外形安装尺寸如图 5-3-5 所示。

表 5-3-6　BJX 隔爆型接线箱技术参数

额定电压/V	额定电流/A	端子数	防爆标志	防护等级	防腐等级
380	10、20、30、40、50、60、70、80、100、120、150、200	4～36	Exd Ⅱ B T6 Exd Ⅱ C T6	IP54	WF1、WF2

公称管径/mm	15	20	25	32	40	50	70	80
进线口螺纹	G½	G¾	G1	G1¼	G1½	G2	G2½	G3
电缆外径/mm	8～10	10～15	12～18	15～22	20～26	27～33	36～44	43～51

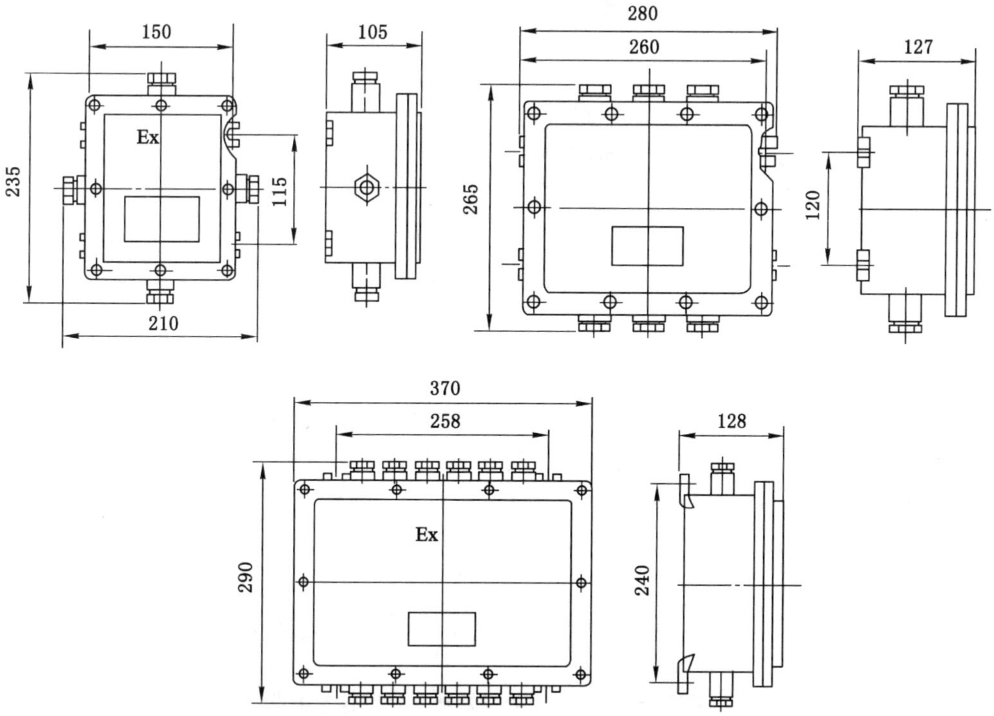

图 5-3-5　BJX 隔爆型接线箱外形安装尺寸图

4. 安装使用与维修

① 安装固定好,将接线腔盖打开,把电缆通过引入装置接至接线端子相应标记上,接好内、外接地线,检查无误后合上盖,用紧固件紧固,并把压紧螺母旋紧使电缆密封,完毕后即可使用。

② 不得随意拆卸,维修时先断开前级电源才能开盖维修,维修时不得损坏隔爆面,维修后隔爆接合面涂 204-1 置换型防锈油,并将盖合好,用螺栓紧固后才能使用。

第四节　防爆操作柱

一、BLZ-60 系列防爆操作柱(ⅡB)

1. 用途与适用范围

该系列防爆操作柱适用于爆炸气体混合危险场所 1 区、2 区的ⅡA、ⅡB 类爆炸性气体环境,温度组别为 T1～T6,户内、户外均可用,操作柱在交流 50 Hz、额定电压 220 V/380 V、额定电流 10 A 的电路中作远距离操作电磁电器用。可直接接通与分断电路或信号,对电路进行通、断转换控制。装有指示仪表或信号灯的操作柱还可对电路运行情况进行监视和显示。BLZ-60 系列防爆操作柱如图 5-4-1 所示。

图 5-4-1　BLZ-60 系列防爆操作柱

2. 主要结构及特点

该系列防爆柱外壳采用 ZL102 铝合金压铸成型,经高速抛丸清理后表面高压静电喷塑,不锈钢外露紧固件。操作柱内装万能转换开关、按钮、电流表、指示灯等,转换开关有多种功能可由用户自由选择,具有防水、防尘等性能,钢管或电缆布线均可,立式或挂式安装。

3. 技术参数及外形安装尺寸

BLZ-60 系列防爆操作柱技术参数见表 5-4-1,其外形安装尺寸如图 5-4-2 所示。

表 5-4-1　BLZ-60 系列防爆操作柱技术参数

额定电压/V	额定电流/A	防爆标志	防护等级	进出线口螺纹	电缆外径/mm
220/380	10	ExdⅡB T6	IP55	G1	12～17

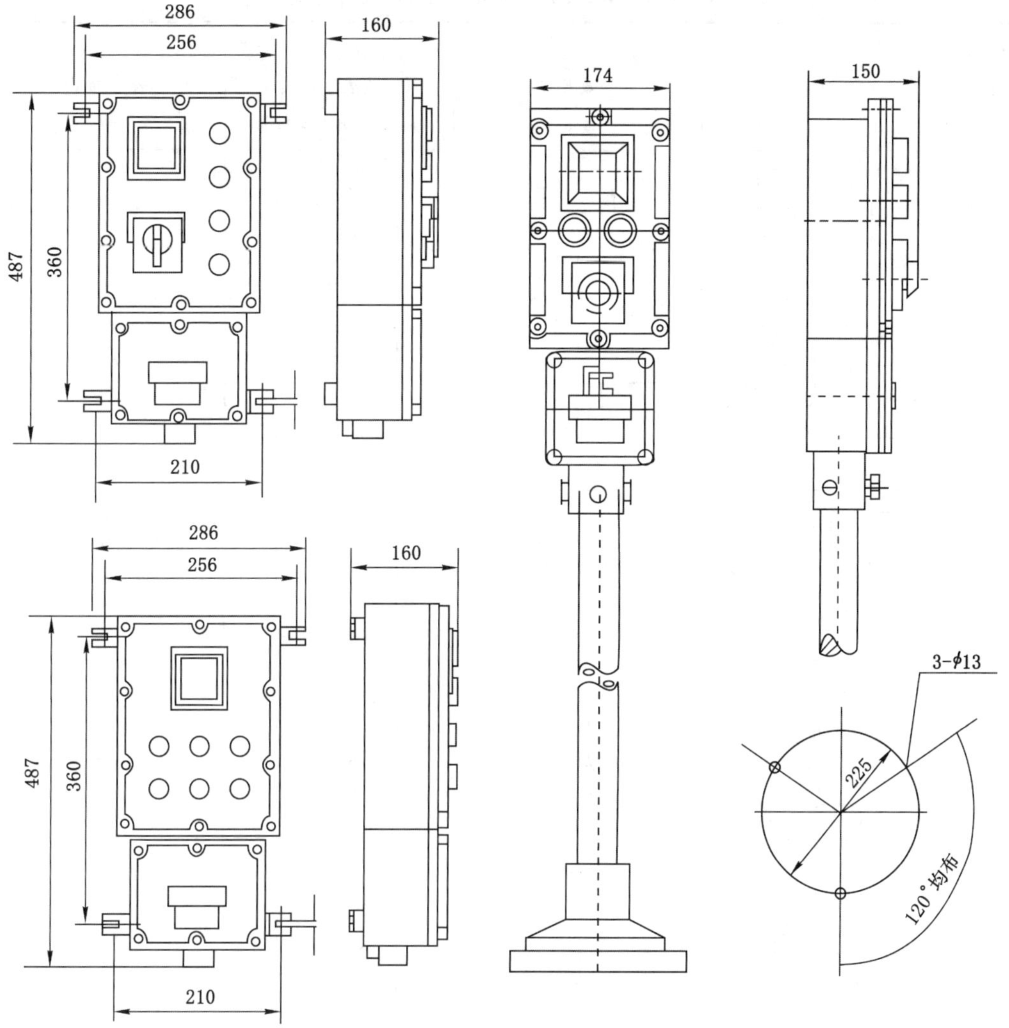

图 5-4-2　BLZ-60 系列防爆操作柱外形安装尺寸图

BLZ-60 系列防爆操作柱的型号含义：

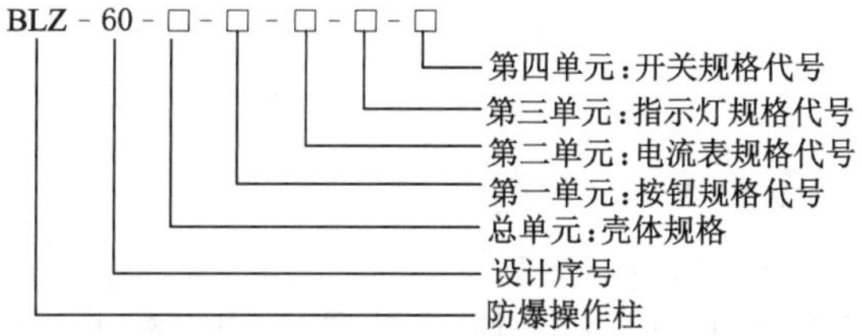

4. 工作原理

工作原理见表 5-4-2。

表 5-4-2　BLZ-60 系列防爆操作柱工作原理

开关组合符号	接触图	等效开关	旋钮位置（实线表示定位，虚线表示定复位）	等效功能说明
A	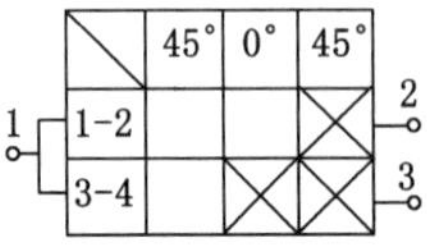	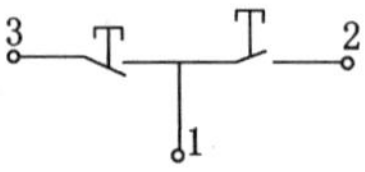	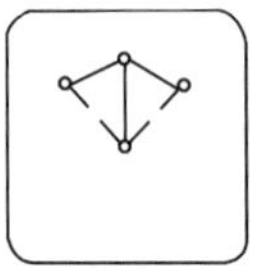	功能接线与双按钮相同，自动复位
B	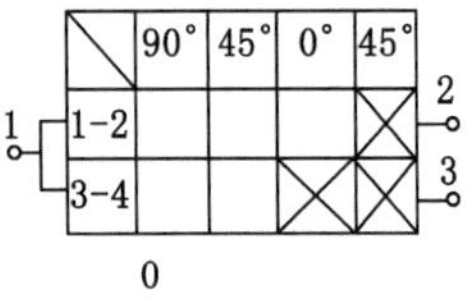	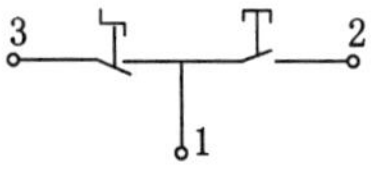	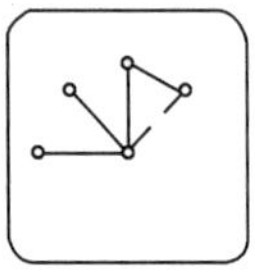	功能与双按钮相同，启动复位，增锁停挡位，避免误操作
C	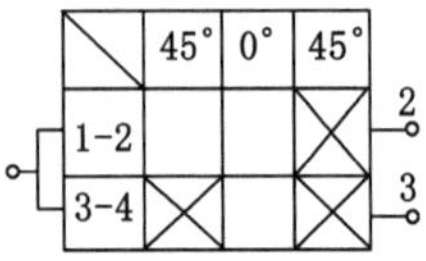	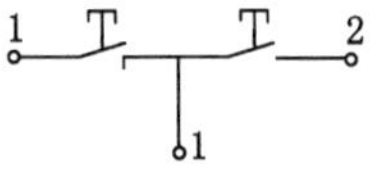	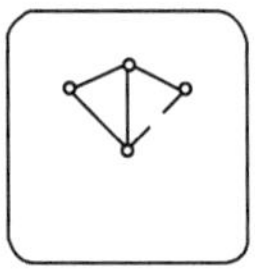	功能为 2 个带常开触点的按钮，自动复位，适合电机控制电路
D	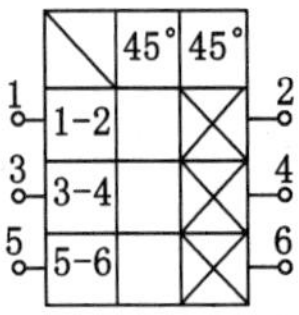	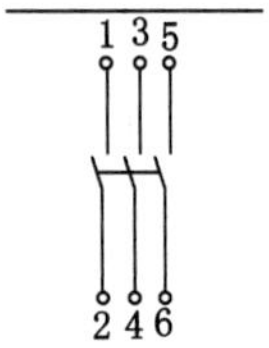		小功率电源开关
E	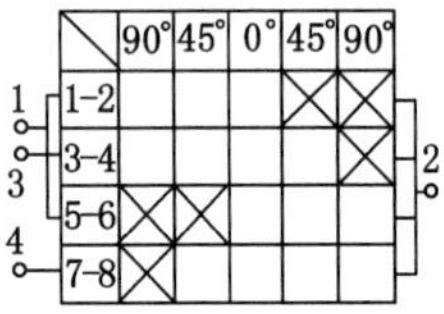	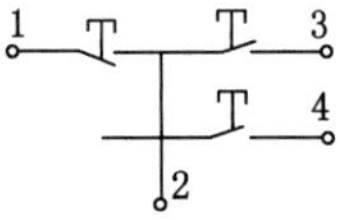	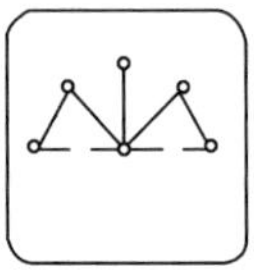	功能与三钮相同，控制电机正反转用，正反启动位置自复位
F	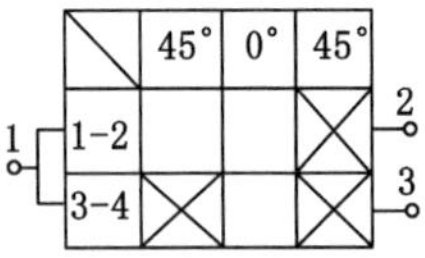	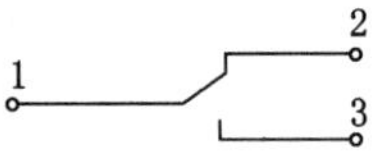	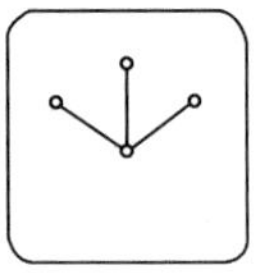	选择开关，中间带停止挡位

5．安装使用与维修

① 操作柱电缆引入装置的夹紧性能应满足防爆要求。

② 操作柱应设接地装置，并标注接地符号。

③ 操作柱外壳上紧固件的表面应采用镀锌处理，且应有防止松脱的措施。

④ 操作柱外壳明显处应设置永久清晰的“Ex”和“严禁带电开盖”标志及警告语。

⑤ 操作柱的铭牌材质应采用耐腐蚀的黄铜或不锈钢板制造。

⑥ 操作柱外表面喷塑，表面应均匀、光亮、无划痕、脱落等现象，内表面应涂 1321 耐

弧漆。

⑦ 操作柱的操作手柄或按钮动作应灵活，能可靠分合内部转换开关或按钮。

⑧ 操作柱所有黑色金属零部件应有防锈措施，不得有镀层脱落现象。

⑨ 操作柱的电气间隙和爬电距离须符合表 5-4-3 中的规定。

表 5-4-3　操作柱的电气间隙和爬电距离

额定绝缘电压/V	隔爆腔		增安腔	
	最小电气间隙/mm	最小爬电距离/mm	最小电气间隙/mm	最小爬电距离/mm
220	1.5	3.6	5	6.3
380	3.0	5.6	6	10

二、BZC81-DIP 系列粉尘防爆操作柱

1. 结构特点

该系列防爆柱外壳采用 ZL102 铝合金压铸成型，表面高压静电喷塑；立杆固定装置采用管夹后压式设计；内装万能转换开关、按钮、电表、指示灯等；采用增安型接线端子。观察窗采用高硼硅钢化玻璃制成，防护性能好，可直接用于户外，采用电缆布线。BZC-DIP 系列粉尘防爆接线盒结构如图 5-4-3 所示。BZC81-DIP 系列粉尘防爆操作柱外形及安装图如图 5-4-4 所示。

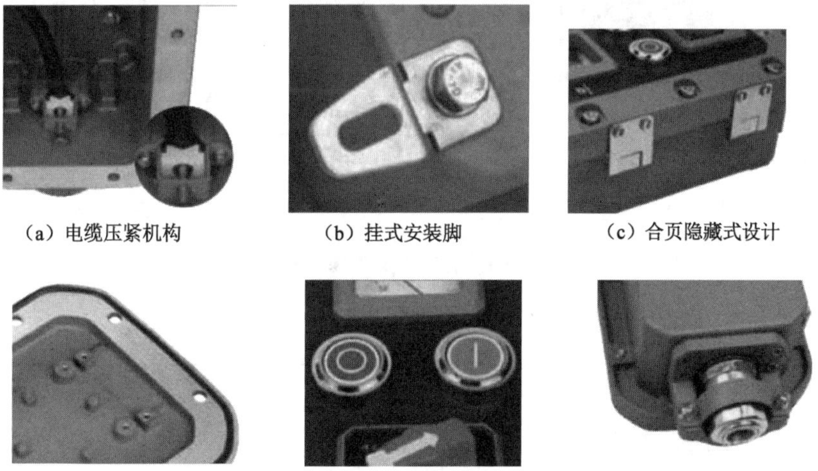

(a) 电缆压紧机构　(b) 挂式安装脚　(c) 合页隐藏式设计

(d) 线浇发泡工艺密封橡胶　(e) 金属镀铬按钮　(f) 双密封电缆引入装置

图 5-4-3　BZC-DIP 系列粉尘防爆接线盒结构

2. 用途

该系列粉尘防爆操作柱适用于含有爆炸性或可燃性粉尘环境及 21 区、22 区危险场所，由按钮、开关、指示灯、电流表等组成。

3. 主要技术参数

该系列粉尘防爆操作柱主要技术参数见表 5-4-4。

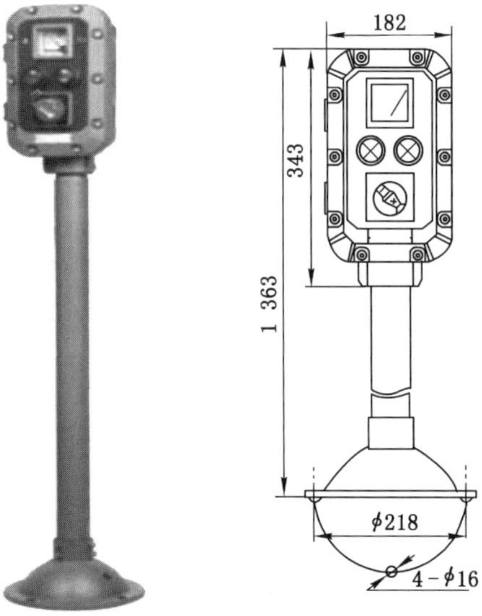

（a）立式

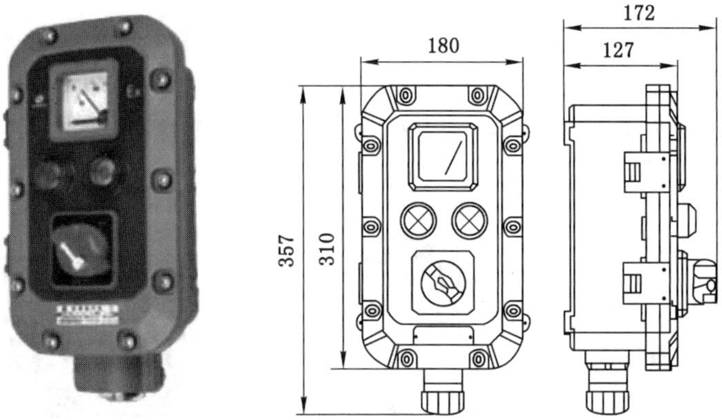

（b）挂式

图 5-4-4　BZC81-DIP 系列粉尘防爆操作柱外形及安装图

表 5-4-4　BZC81-DIP 系列粉尘防爆操作柱主要技术参数

额定电压/V	额定电流/A	防爆标志	防护等级	进线口螺纹	电缆外径/mm	防腐等级
220、380	10	DIP A21 TA T6	IP65	G1	12～20	WF1

BZC81-DIP 系列粉尘防爆操作柱的型号含义：

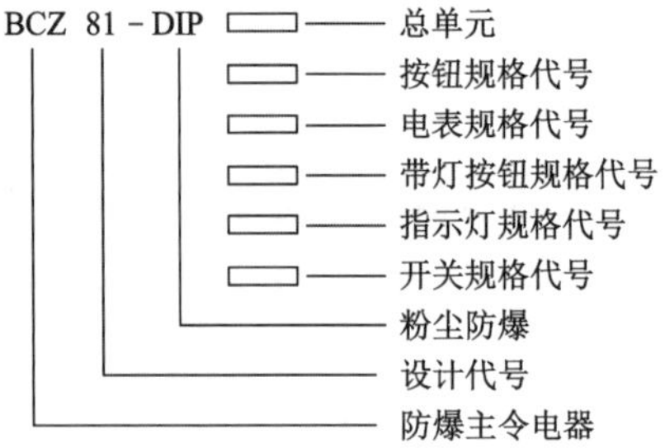

总单元含义：

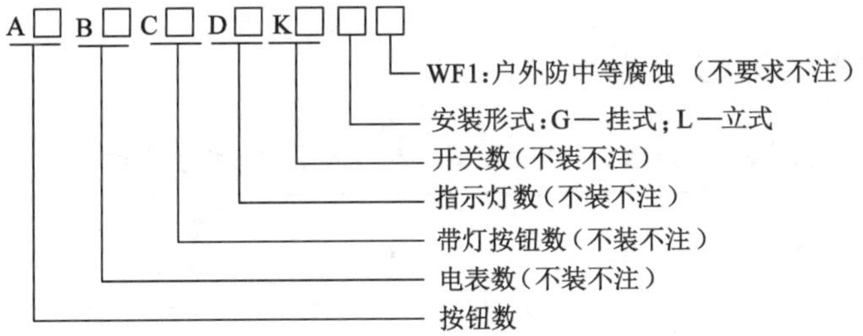

第五节　防爆灯具

一、KBB-60 型矿用隔爆型白炽灯

1. 结构特点

KBB-60 型矿用隔爆型白炽灯由外壳、钢化玻璃罩、保护网等部分组成。外壳采用高强度 ZL102 铸铝铸成。灯座设有断电联锁装置，当保护网转过 30°就能自动通电，如果退回 30°就能自动断电，且能卸下钢化玻璃罩以便更换灯泡。其外形尺寸如图 5-5-1 所示。

图 5-5-1　KBB-60 型矿用隔爆型白炽灯

2. 用途

该型白炽灯适用于煤矿井下含有爆炸性气体(甲烷、煤尘混合物)的场所，供巷道、机械硐室、中央变电所及井下车场等场所固定式连续照明用。

3. 主要技术数据

该型白炽灯主要技术数据见表 5-5-1。

表 5-5-1　KBB-60 型矿用隔爆型白炽灯主要技术数据

额定电压/V	额定功率/W	引入电缆外径/mm	质量/kg	外形尺寸(长×高)/ mm
127	60	10～14	2.7	175×245

KBB-60 型矿用隔爆型白炽灯的型号含义：

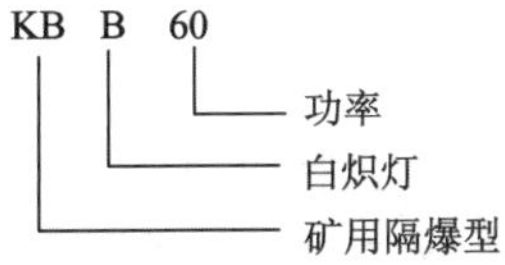

二、XGXY-127/2、3 型矿用一般型信号灯

1. 结构特点

XGXY-127/2、3 型矿用一般型信号灯由铸铁制成的壳、盖及透镜密封圈构成外壳，壳内装有灯泡、灯座，出线装置引入电缆将信号灯接入系统中。

2. 用途

该型信号灯适用于煤矿井下含有爆炸性气体(甲烷、煤尘混合物)的场所，作为运输信集闭系统中指令电动机车运行之用，适用于 127 V、50 Hz 的电源。

3. 主要技术数据

该型信号灯主要技术数据见表 5-5-2。

表 5-5-2　XGXY-127/2、3 型矿用一般型信号灯主要数据

型号	额定电压/V	灯泡数量/个	显示数/个	灯光可视距离/m	外形尺寸/mm		
					长	宽	厚
XGXY-127/2	127	15 W×2	红绿各一	200	278	148	107
XGXY-127/3		15 W×3	红绿黄各一		316	182	142

XGXY-127/2、3 型矿用一般型信号灯的型号含义：

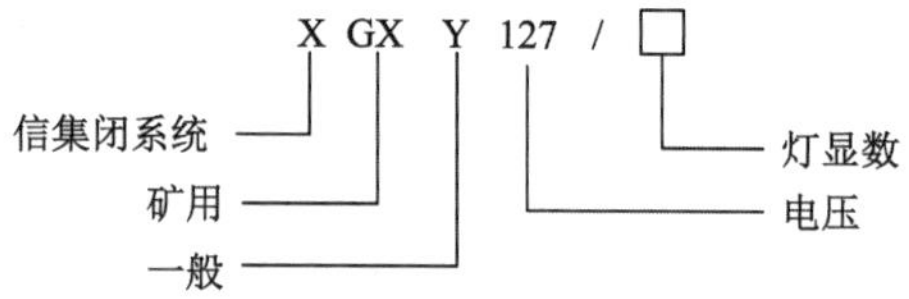

三、GMD-210 系列 LED 防爆灯

1. 用途与适用范围

该系列防爆灯适用于爆炸性气体环境的 1 区、2 区场所的ⅡA、ⅡB、ⅡC 类爆炸性气体环境，温度组别为 T1～T6，作普通照明和作业照明之用。GMD-210 系列 LED 防爆灯如图 5-5-2所示。

图 5-5-2　GMD-210 系列 LED 防爆灯

2. 主要结构及特点

该系列防爆灯外壳选用高强度铝合金材料，具有抗强力碰撞和冲击能力。光源是 LED 光源，隔爆型最高防爆等级，可在易燃易爆危险场所安全可靠工作。采用棱晶状钢化玻璃，无眩光，能有效避免作业、施工人员产生不适和疲劳感。采用遮光板并进行精确配光设计，提高光效利用率，节能效果好。采用一体化全密性结构设计及最新表面处理技术，外形美观，安装简便，防雨淋、喷水，灯具外壳永不腐蚀、生锈，可在高温潮湿和各种腐蚀性等恶劣环境下长期使用。吊杆式、壁挂式等多种安装方式，适合不同工作现场的照明需要。

由于 LED 属于固态冷光源，具有电光转换效率高、发热量小、耗电量小、工作电压属安全低电压、使用寿命长等优点，因此大功率白光 LED 是防爆灯具特别是可携式防爆灯具的一种非常理想的电光源。

利用 LED 低发热量的特点，可实现防爆灯具高的温度组别，而且 LED 光源寿命长、无频闪、光效高，灯具内置恒流恒压电源，宽电压输入，恒功率输出；在灯壳上设置散热装置，可以实现 LED 模组的有效散热，保证了使用的稳定性，适用于煤矿、石油、铁路、防汛等多种行业照明。

GMD-210 系列 LED 防爆灯的型号含义：

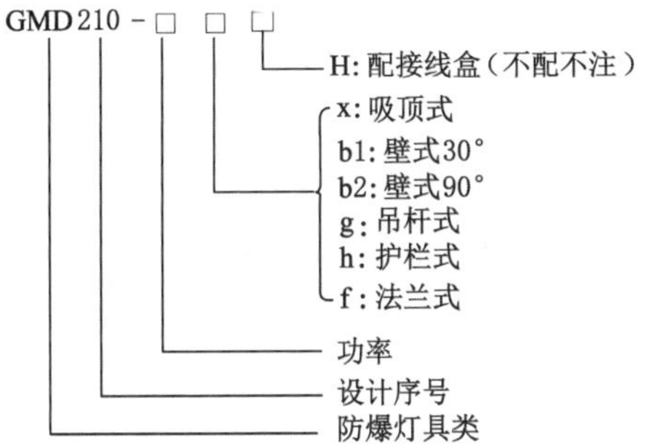

3．技术参数及外形安装尺寸

GMD-210 系列 LED 防爆灯技术参数见表 5-5-3，其外形安装尺寸如图 5-5-3 所示。

表 5-5-3　GMD-210 系列 LED 防爆灯技术参数

型号	额定功率/W	防爆标志	壳体类型
GMD210-□□□	20～40	Exd ⅡC T6	Ⅰ
GMD210-□□□	50～80		Ⅱ
GMD210-□□□	80～120		Ⅲ
GMD210-□□□	40～120		Ⅳ

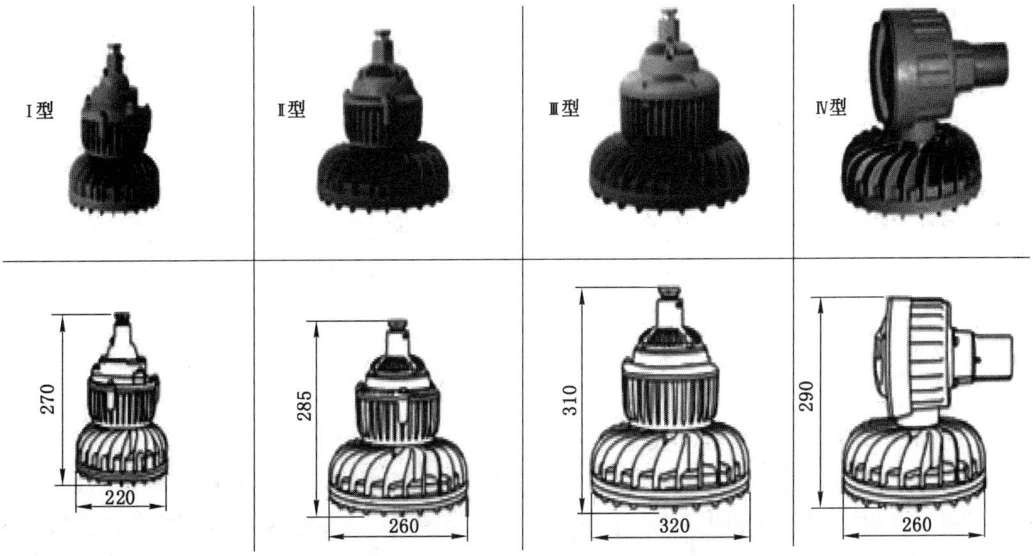

图 5-5-3　GMD-210 系列 LED 防爆灯外形安装尺寸图

4. 安装使用与维修

(1) 安装维护要求

① 安装前检查防爆灯铭牌上所列的参数是否符合实际使用条件。

② 安装防爆灯时，须由专业人员进行安装。

③ 安装顺序：

a. 在安装时，先取下出线套，取出密封组件。

b. 选取符合密封要求线径的电缆。

c. 将电缆套上垫圈、密封圈（当电缆的外径在 ϕ11 mm 以上时，须将密封圈中的同心圆拉出）。套密封圈时，严禁出现小电缆穿大孔密封圈的现象，以免密封圈无法夹紧电缆，影响灯具防爆性能。

d. 套上垫圈密封圈的电缆经过出线套后，与接线端子座可靠连接，同时接好内接地线，并注意导线裸露部分与出线套之间的电气间隙不少于 3 mm。

e. 将出线套装回壳体上，并旋紧其紧固螺栓。

f. 压紧密封圈，使之可靠夹紧电缆。

g. 接好外接地导线，外接地导线截面积应不少于 4 mm^2。

④ 安装时，应保护好隔爆面，不得有磕碰、划伤或其他污物等现象，如有污物应用非金属刮刀清理，以免损伤隔爆面。隔爆面应定期上防锈油，以免出现锈蚀。

⑤ 灯具安装完成后，送电前应检查极与外壳之间的绝缘电阻是否正常，正常后方能送电。

(2) 使用维护要求

① 按照国标要求，结合现场的工作条件，制定具体的定期检查和连续监督制度。

② 定期检查密封圈是否老化，以免影响密封性能。如发现 LED 灯内部积水，请检查密封圈是否有效压紧。

③ 透明罩应定期清洁，以免影响照明度。检查透明件有无受过异物冲击的痕迹，保护网有无松动、脱焊、腐蚀等。如有应停止使用，及时维修更换。

④ 应定期检查连线是否接牢，以免影响通电性能。

⑤ 如发现 LED 灯出现故障，须由专业人员进行修理。

⑥ 定期消除防爆灯具外壳上的积尘和污垢，提高灯具光效和散热性能。清洁方式可根据灯具外壳防护能力，采用喷水（根据灯具铭牌上标识的防水等级）或用湿布擦拭。喷水清洗时，应切断电源，严禁用干布擦洗灯具塑料外壳（透明件），防止产生静电。

⑦ 光源损坏应及时关灯，通知更换，以免由于光源不能启动而使镇流器等电气元件长期处于异常状态。

⑧ 潮湿环境中使用的灯具灯腔内如有积水应及时清除，更换密封部件，确保外壳防护性能。

⑨ 打开灯罩时，应按警告牌要求断电源后开盖。

⑩ 开盖后应顺便检查隔爆接合面是否完好，橡胶密封件是否变硬或变黏，导线绝缘层是否发绿和碳化，绝缘件和电气元件是否有变形和焦痕。如发现这些问题，应及时维修更换。

⑪ 关盖前应用湿布（不能过分湿）轻轻擦拭灯具回光和透明件，以提高灯具光效。在隔

爆接合面上应薄薄地涂上一层 204-1 置换型防锈油，关盖时应注意密封圈是否在原来的位置上起到密封作用。

⑫ 灯具密封的部分不应经常拆卸和打开。

(3) 常见故障分析与排除

常见故障分析与排除见表 5-5-4。

表 5-5-4 常见故障分析与排除

常见故障	故障原因分析	排除方法
恒流源烧坏	电网电压偏高	稳定电源电压，使波动范围在额定电压范围内
	使用环境温度过高	改善通风散热条件，降低环境温度或另外特制电器附件

(4) 注意事项

① 安装和维护灯具时，必须先切断电源，严禁带电打开灯具。

② 拆卸灯盖时，灯与灯壳快脱离时小心操作。

③ 灯具倾斜安装时，必须调整接头与钢管的相对位置，保证遮光板在灯泡的正上方。

④ 使用时，灯具表面有一定温升属正常现象，透明件中心温度较高，不得触摸。

⑤ 非专业人员不得随意拆卸灯具。

⑥ 更换灯泡时，应使用同类型、功率的灯泡，如果改变灯泡类型或功率，应相应更换配套镇流器。

四、BAD61-DIP 系列防爆灯

该系统防爆灯适用于粉尘环境 20 区、21 区、22 区危险场所含有爆炸性或可燃性粉尘环境，根据需要可配白炽灯、汞灯、高压钠灯、自镇流汞灯，额定电压 220 V，额定功率 100～200 W，防爆标志为 DIP A20 TA T4，防护等级为 IP65。外壳采用铝合金板拉伸而成，具有防水、防尘、防腐等功能。灯罩能快速开启，便于修理。在安装上采用吊杆式，壁式 30°、90°和吸顶式，附件根据安装方式和采用光源决定是否带接线盒和镇流器。进出线采用钢管布线。BAD61-DIP 系列粉尘防爆灯技术参数见表 5-5-5，其外形及安装图如图 5-5-4 所示。

表 5-5-5 BAD61-DIP 系列防爆灯技术参数

序号	名称	备注
1	BAD61 防爆灯	
2	防爆活接头 BHJ-G¾″(外)/ G¾″(外)	
3	防爆活接头 BHJ-G¾″(外)/ G¾″(内)	用户自备
4	防爆吊灯盒 BHD52-G¾″(ⅡC)	
5	Ⅰ型用铸铝，Ⅱ型、Ⅲ型用铸钢	
6	30°弯杆 G¾	300 mm
7	CC 型索具螺旋扣	
8	链条	450 mm
9	膨胀螺钉	
10	90°弯杆 G¾	400 mm
11	直杆弯杆 G¾	300 mm

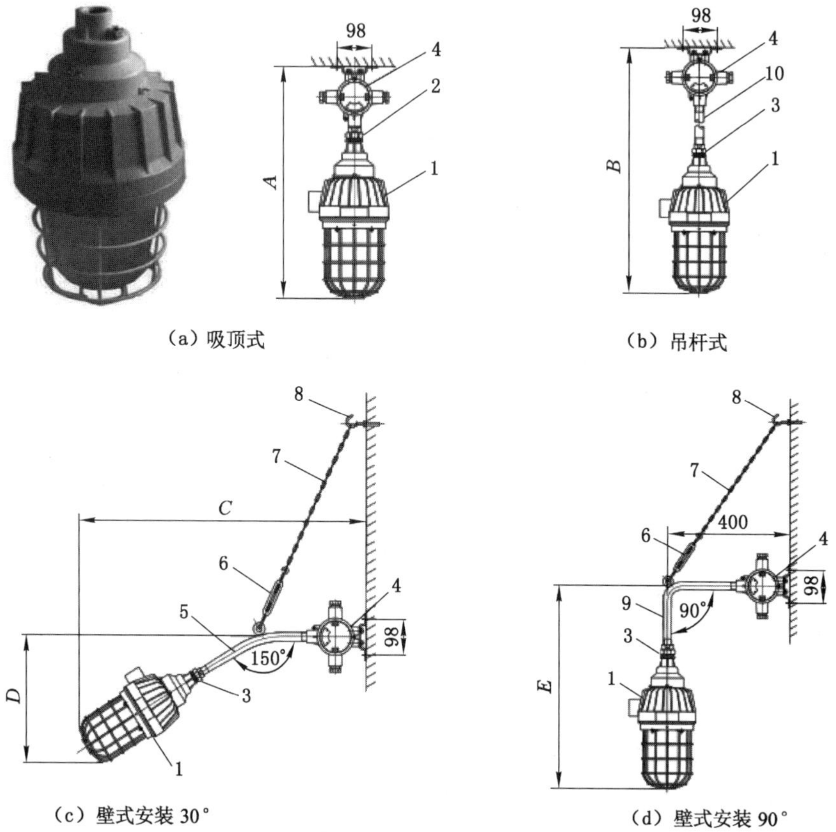

图 5-5-4　BAD61-DIP 系列粉尘防爆灯外形及安装图

BAD61-DIP 系列粉尘防爆灯的型号含义：

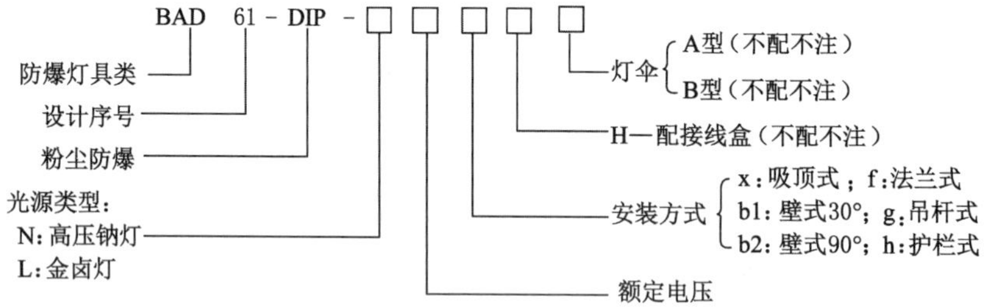

五、BAX81-DIP 系列防爆灯

BAX81-DIP 系列防爆灯适用于 20 区、21 区、22 区危险场所含有爆炸性或可燃性粉尘环境，防爆标志为 DIPA 20 TA T6，防护等级为 IP66。铝合金压铸壳体，表面高压静电喷塑，钢化玻璃透明罩，螺纹隔爆结构，高防护的结构设计，配置耐高温、耐老化的硅橡胶。具有吸顶式、吊杆式等安装方式供用户选择，吸顶式安装时，可根据需要调整照射角度。钢管、电缆布线均可。BAX81-DIP 系列粉尘防爆灯技术参数见表 5-5-6，其外形及安装图如图 5-5-5所示。

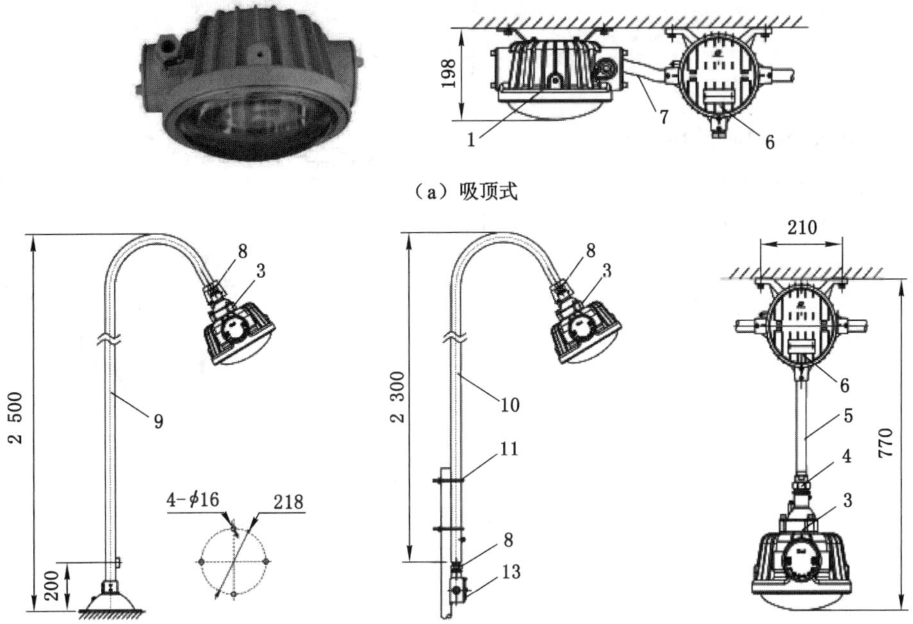

（a）吸顶式

（b）法兰式　（c）护栏式　（d）吊杆式

图 5-5-5　BAX81-DIP 系列粉尘防爆灯外形及安装图

表 5-5-6　BAX81-DIP 系列粉尘防爆灯外技术参数

序号	名称	备注
1	BAX81 防爆灯	吸顶式 Ⅰ
2	BAX81 防爆灯	吸顶式 Ⅱ
3	BAX81 防爆灯	吊杆式
4	防爆活接头 BHJ-G¾″(外)/ G¾″(内)	用户自备
5	直杆 G¾″	300 mm
6	BAZ51 防爆镇流器	ⅡC
7	防爆挠性连接管 BNG-G¾″(外)/¾″(内)	用户自备
8	防爆挠性连接管 BHJ-G¾″(外)/G¾″(内)	
9	法兰杆 G1¼″	
10	护栏杆 G1¼″	
11	U 形管夹	用户自备

BAX81-DIP 系列粉尘防爆灯的型号含义：

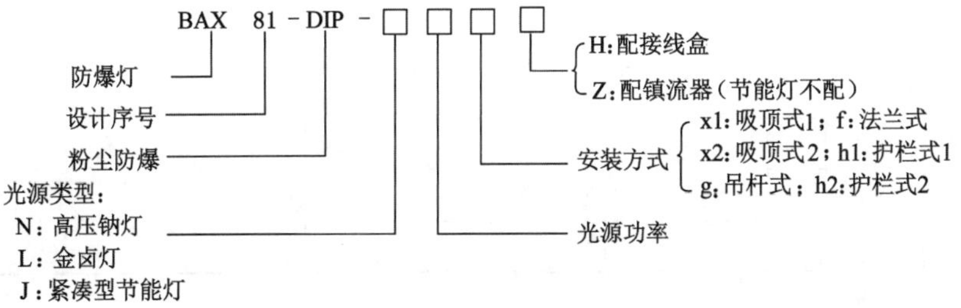

第六节　防爆电磁启动器

一、BQC53 系列防爆电磁启动器

1. 用途与适用范围

BQC53 系列防爆电磁启动器适用于 1 区、2 区危险场所的ⅡA、ⅡB、ⅡC 类爆炸性气体环境。BQC53 系列防爆电磁启动器如图 5-6-1 所示。

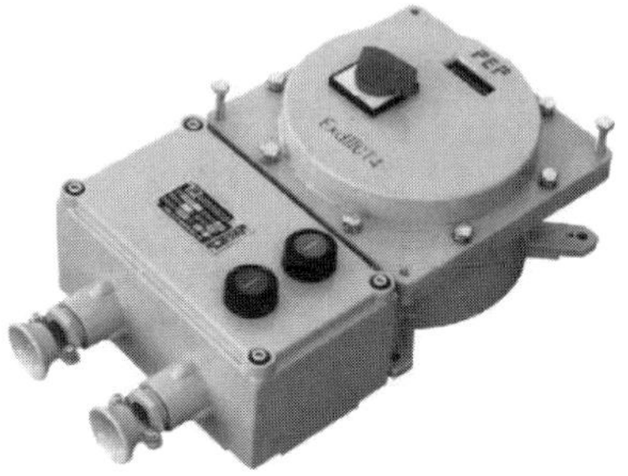

图 5-6-1　BQC53 系列防爆电磁启动器

2. 主要结构及特点

BQC53 系列防爆电磁启动器铸铝合金外壳，表面喷塑。内装交流接触器、热继电器、自复位万能转换开关、控制按钮或开关等。可控制交流 50 Hz、380 V 三相异步电机的直接启动停止，并具有过载和断相及失压保护。钢管或电缆布线均可，控制不可逆电机功率 4～40 kW，控制可逆电机功率 4～18.5 kW。

BQC53 系列防爆电磁启动器的型号含义：

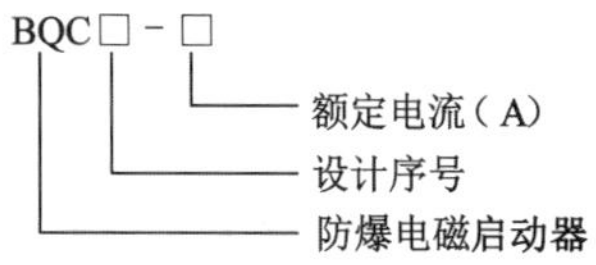

3. 技术参数及外形安装尺寸

BQC53 系列防爆电磁启动器技术参数见表 5-6-1，其外形安装尺寸如图 5-6-2 所示。

表 5-6-1　BQC53 系列防爆电磁启动器技术参数

名称型号	额定电压/V	额定电流/A	热继整定范围	控制电机最大功率	进线口螺纹 G″	电缆外径	防爆标志	防护等级
BQC53-9/□	380	9	0.25～0.35	4	1	12～17	Exde ⅡB T6 Gb Exde ⅡC T6 Gb	IP54 IP55
BQC53-12/□		12	0.32～0.50	5.5				
BQC53-18/□		18	0.45～0.72	7.5				
BQC53-25/□		25	0.68～1.10	11				
BQC53-40/□		40	1.00～1.60	18.5				
BQC53-63/□		63	1.5～2.40	30	1½	17～30		
BQC53-95/□		95	2.20～3.50	40				
BQC53-9/□N		9	3.20～5.50	4	1	12～17		
BQC53-12/□N		12	4.50～7.20	5.5				
BQC53-18/□N		18	6.80～11.0	7.5				
BQC53-25/□N		25	75～120	11				
BQC53-40/□N		40	53～85	18.5				

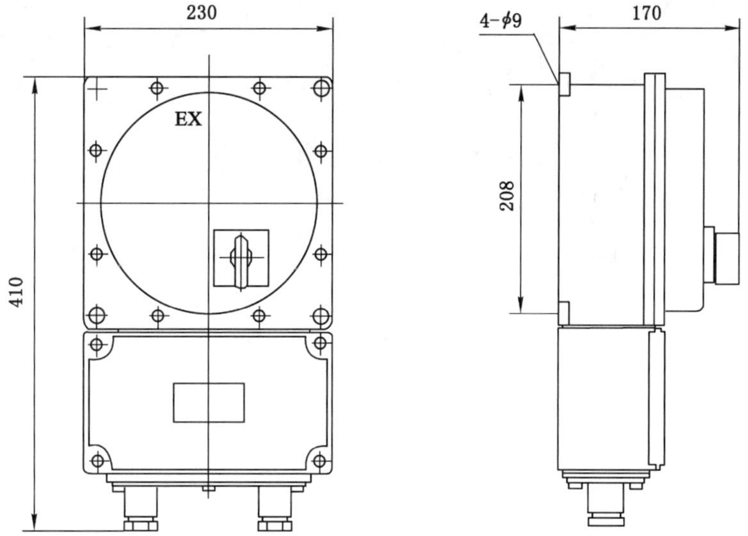

图 5-6-2　BQC53 系列防爆电磁启动器外形安装尺寸图

4. 工作原理

(1) 正转启动

万能转换开关打到正转位置，按下“St1”，电流通路为 L3→STP→St1→Km2 常闭触头→Km1 线圈→L2，使 Km1 线圈通电吸合，Km1 主触头闭合，电机正转启动运转。常闭触头 Km1 断开，切断 Km2 线圈通路，实现闭锁，其常开触头 Km1 闭合实现自锁。

(2) 停止

按下停止按钮“STP”，断开通路，Km1 线圈失电，Km1 常开触点断开，Km1 主触头断开，切断主电路，电机停止运转，各个元件均返回到启动前的状态。

(3) 反转启动

万能转换开关打到反转位置，按下“St2”，电流通路为 L3→STP→St2→Km1 常闭触头→Km2 线圈→L2，使 Km2 线圈通电吸合，Km2 主触头闭合，电机反转启动运转。常闭触头 Km2 断开，切断 Km1 线圈通路，实现闭锁；其常开触头 Km2 闭合实现自锁。BQC53 系列防爆电磁启动器电气原理图如图 5-6-3 所示。

5. 使用与维修

启动器开箱前应检查包装是否完好无损，开箱后应小心清除启动器上的杂物和尘土，安装前须进行下列各项检查，若不符合要求，则不允许使用：

① 有无防爆合格证编号和防爆标志。

② 型号规格是否符合配用的电机要求。

③ 所有紧固螺栓是否均已拧紧，弹簧垫圈有无丢失，防爆外壳各部件间的连接是否妥当。

④ 所有隔爆零件有无裂纹和影响防爆性能的缺陷(对未拆过的新启动器可不检查)。

⑤ 操纵杆和按钮杆动作是否灵活。

⑥ 经长途运输或长期搁置不用的启动器，在使用前必须测量器件与箱体间的绝缘电阻值，其值应不小于 1.5 MΩ，否则进行干燥处理。

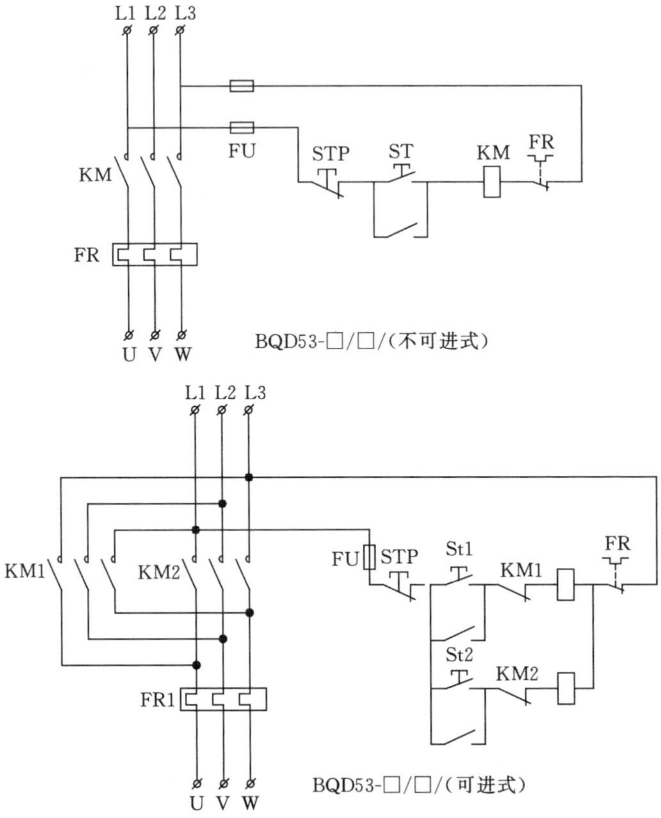

图 5-6-3　BQC53 系列防爆电磁启动器电气原理图

⑦ 连接与调整：

a. 必须按接线盒内所标符号对应接线。

b. 通过引入装置密封圈的电缆护套外径要与密封圈的孔径匹配，拧紧接线螺栓后，应保证使结构密封，否则会失去隔爆性能。

c. 接线时电缆芯线应置于两个弓形垫圈之间，并应可靠地连接，以保证接触良好，并符合电气间隙的要求。

d. 内、外接地螺栓应可靠地接地。

e. 接线完毕后，应检查盒内有无杂物和尘土。

f. 不允许随意变动影响防爆结构和防爆性能的元器件或零部件。

⑧ 储运及维护：

a. 启动器在储存时应保持干燥，避免摔碰，避免周围环境温度的急剧变化。

b. 储存和运输中不宜堆积太高，以免影响通风及损坏下层启动器的包装。

c. 启动器在使用过程中，应定期检查和清扫，外壳不得堆积尘土和杂物，不得用水龙头喷射清扫启动器。

d. 拆装启动器时注意保护隔爆面，无损伤、无锈蚀。装配时，隔爆面应涂 204-1 防锈脂。

⑨ 按下启动器按钮后，电机不启动，则可能是：

a. 控制回路产生短路烧断熔断器，应排除短路故障。

b. 控制电路断路，按原理图检查排除故障。

c. 开关或按钮接触不良，应调整，无法调整应予以更换。

d. 电机过载造成热继电器动作，需进行复位。

⑩ 启动器的维修与调试必须在停电情况下，在安全场所进行。

二、BQJ 系列防爆自耦降压电磁启动器

1. 用途与适用范围

BQJ 系列防爆自耦降压电磁启动器适用于 1 区、2 区危险场所的ⅡA、ⅡB、ⅡC 类爆炸性气体环境，温度组别为 T1～T6，用于控制多台电机，具有分断、过载、失压保护和短路自动切断功能。

BQJ 系列防爆自耦降压电磁启动器器适用于额定电压 380 V、额定功率 14～135 kW 的三相鼠笼型感应电机作为降压启动之用，利用自耦变压器的降压功能降低电机的启动电流，将电机加速到接近额定转速，保证电机的正常运行，且减少电机启动电流，以改善当电机启动时对电网的冲击与影响。BQJ 系列防爆自耦降压电磁启动器如图 5-6-4 所示。

图 5-6-4　BQJ 系列防爆自耦降压电磁启动器

2. 主要结构及特点

BQJ 系列防爆自耦降压电磁启动器外壳为钢板焊接而成，经表面酸洗磷化处理后，采用高压静电喷塑。内装自耦变压器、交流接触器、时间继电器、中间继电器、热继电器、电流互感器、转换开关、熔断器、电压表、电流表、指示灯等，具有过载、短路、失压、断相保护等功能。延时自动控制时间继电器(0～60 s 内可调)，适用于不间断长期工作制，空载或轻载启动，两次连续启动间隙不小于 15 min。所有紧固件均采用抗强腐蚀的 304 不锈钢紧固件，钢管或电缆布线均可。

BQJ 系列防爆自耦降压电磁启动器的型号含义：

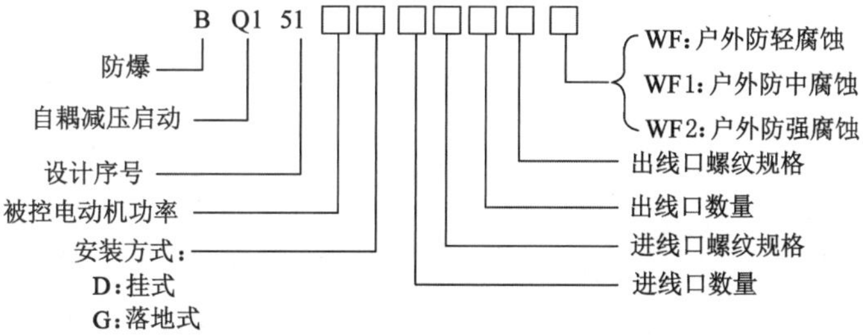

3. 技术参数及外形安装尺寸

BQJ51 系列防爆自耦降压电磁启动器技术参数见表 5-6-2，其外形安装尺寸如图 5-6-5 所示。

表 5-6-2　BQJ51 系列防爆自耦降压电磁启动器技术参数

<table>
<tr><th>型号</th><th>电机功率
/kW</th><th>额定电流
/A</th><th>自耦变压
器容量/kV·A</th><th>电流互感
器比值</th><th>防爆标志</th><th>防护
等级</th></tr>
<tr><td>BQJ51-14</td><td>14</td><td>28</td><td>14</td><td rowspan="3">75/5</td><td rowspan="12">Exde ⅡB T4
Exd ⅡB T4</td><td rowspan="12">IP54</td></tr>
<tr><td>BQJ51-22</td><td>22</td><td>40</td><td>22</td></tr>
<tr><td>BQJ51-28</td><td>28</td><td>58</td><td>28</td></tr>
<tr><td>BQJ51-45</td><td>45</td><td>80</td><td>45</td><td rowspan="2">150/5</td></tr>
<tr><td>BQJ51-55</td><td>55</td><td>110</td><td>55</td></tr>
<tr><td>BQJ51-75</td><td>75</td><td>142</td><td>75</td><td rowspan="4">300/5</td></tr>
<tr><td>BQJ51-80</td><td>80</td><td>155</td><td rowspan="3">115</td></tr>
<tr><td>BQJ51-95</td><td>95</td><td>180</td></tr>
<tr><td>BQJ51-115</td><td>115</td><td>230</td></tr>
<tr><td>BQJ51-125</td><td>125</td><td>250</td><td rowspan="3">135</td><td rowspan="3">400/5</td></tr>
<tr><td>BQJ51-130</td><td>130</td><td>260</td></tr>
<tr><td>BQJ51-135</td><td>135</td><td>270</td></tr>
</table>

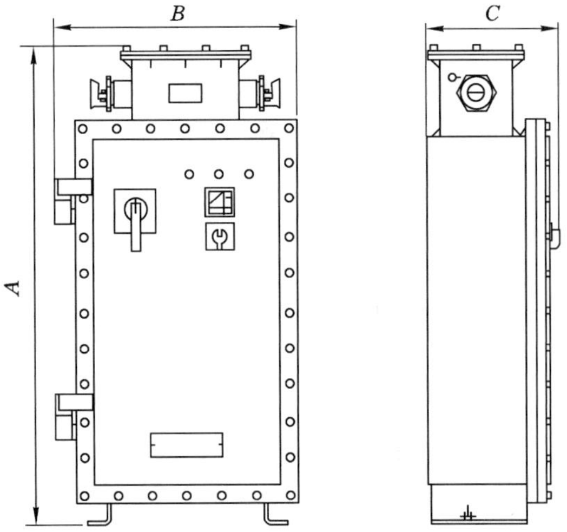

图 5-6-5　BQJ51 系列防爆自耦降压电磁启动器外形安装尺寸图

4. 工作原理

接通电源，红色指示灯亮，按启动按钮“SB1”，启动接触器 KM1、KM2 闭合，自耦变压器开始工作，红色信号灯灭，黄色信号灯亮，电机开始启动，同时继电器 KA 开始工作，经整定时间后（即时间继电器整定时间）时间继电器常闭触头断开，启动接触器 KM1、KM2 断开，常开触头闭合，运行接触器 KM 闭合，即自动切换，电机正常运转，同时黄色信号灯灭，绿色信号灯亮，按“停止”按钮，电机停止工作，实现了自耦降压启动。BQJ 系列防爆自耦降压电磁启动器电气原理如图 5-6-6 所示。

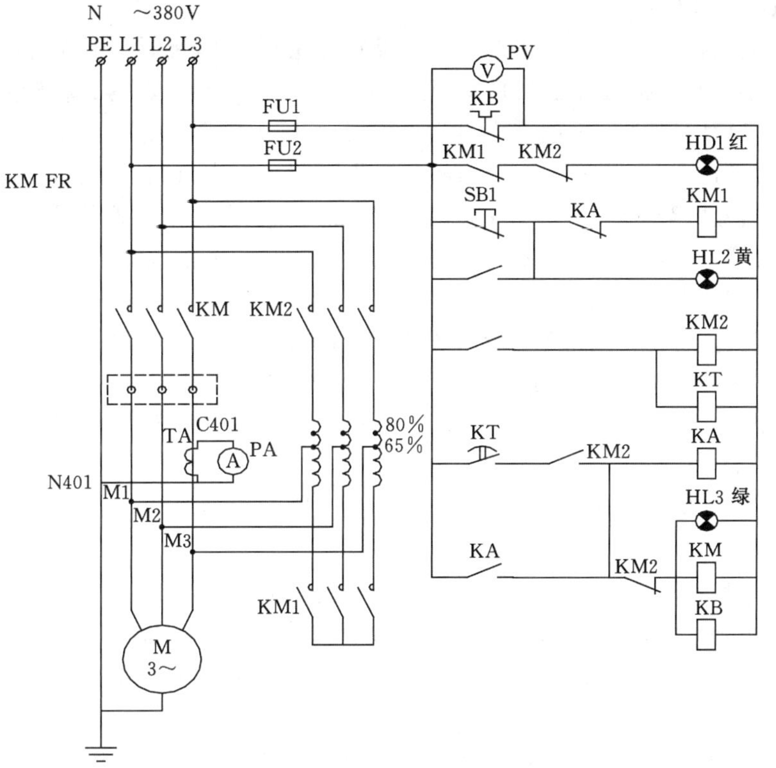

图 5-6-6 BQJ 系列防爆自耦降压电磁启动器电气原理图

5. 使用与维修

① 在安装完毕使用前，必须按接线原理图复核接线是否正确，按电机实际启动时间的要求调整时间继电器的动作时间，按电动机的额定工作电流调整电机保护器或热继电器的动作电流，然后进行动作试验。

② 从启动切换至运转必须待电机接近额定转速时进行，否则容易损坏接触器，对输电网也不利。

③ 在运行过程中，如果电机保护器、热继电器发生动作，此时应仔细地检查电机是否过载、断相，直至排除故障后方能继续工作。

④ 当启动柜需要启动时，操作人员应待启动柜正常转换到运转状态方可离开启动柜，如果启动柜不能正常转换到正常运行，请立即停止工作，检查启动柜内部线路，如果启动时间电机难以启动或启动缓慢，请立即停止工作，检查电机是否负荷过重超载或电压过低(电源导线是否过小导致压降)，排除所有故障原因后，方可再次投入使用。再次投入使用前请检查自耦变压器是否已经冷却。

⑤ 使用过程中应定期检查、维护各种电器配件的使用后情况，进行检查前必须切断电源开关，发现问题及时排除，如果发现触头严重烧蚀、熔焊和工作不可靠等，应及时处理或更换。检查启动器内部紧固导线及铝牌用的螺丝、螺母是否松动，如有松动，请将其牢牢坚固，定时按期清理设备内部的灰尘、油垢等，以免影响内部元器件的正常工作与使

用寿命。

⑥ 常见故障及分析处理：

a. 故障1：启动柜不接电机，空载试验时能够正常完成转换，接上电机负载后，电机能够启动，但是在转换的瞬间接触器触头自动释放，不能完成启动到运转的过程转换。分析处理：空载试验正常说明启动柜正常，带负载后不能转换，这主要是以下两个原因导致：

系统电网容量过小，电机在自耦启动时，启动电源仍比较大，而且在转换的瞬间还有较大的冲击电流，若电网容量过小，势必造成启动时压降过大（尤其是转换的瞬间），使启动器内部的运行接触器不能正常工作。处理方法：增大系统内电力变压器容量。

启动器输入端电源线截面过小或过长，导致带负载启动时，线路压降过大，启动器输入端实际电压低于其正常工作的范围。处理方法：重新核算电源线截面积和考虑电源线长度。

b. 故障2：电网电压（排除故障1的现象）、启动及接线等均正常，而电机在启动后长时间处于低速状态，不能提高转速。分析处理：出现这种情况主要是电机负载较多，要求启动的力矩较大，而启动电压接在自耦变压器65%（60%）的抽头上，启动力矩不够。处理方法：将启动电压改接在自耦变压器80%抽头上（注意相位相序的正确性），以提高启动力矩。

c. 故障3：电机在启动过程中，从启动转换到运转的时间过短。分析处理：这主要是因电机负载较轻，启动电流较小，启动过程中电流很快就降到电流转换动作值。处理方法：将电流时间转换继电器设置于“试验”位置（仅作时间继电器使用），然后把延时时间整定在15 s，即可避免这种现象。

d. 故障4：启动柜在启动过程中，内部自耦变压器出现线圈冒烟、变黑或温度过高现象。分析处理：检查启动时间是否符合“启动性能”中规定的启动时间，是否进行频繁启动。处理方法：按照“启动性能”的规定来调整启动时间，不要进行频繁启动。

e. 故障5：交流接触器出现吸合困难、反跳现象。分析处理：输入的电压过低或者电网容量过小。处理方法：提高输入电压，减小线路压降或增加电网容量。

三、BQX系列防爆星三角启动器

1. 用途与适用范围

BQX防爆星三角启动器（以下简称星三角启动器）适用于爆炸性气体混合物ⅡB级T4组及以下场所（1区、2区），作为50 Hz、380 V、功率13～125 kW三相鼠笼型异步电机不频繁降压启动和停止。启动力矩与电流均减少到约为直接启动时的1/3。星三角启动器适用于低启动力矩或低启动电流的减压启动，并对电机进行过载保护。该系列启动器适用于长期工作制和反复短时工作制，在反复短时工作制下的操作循环次数不超过30次/h，两次连续启动间隔时间不少于90 s。BQX系列防爆星三角启动器如图5-6-7所示。

2. 主要结构及特点

BQX系列防爆星三角启动器由防爆型外壳及装在壳内的短路器、交流接触器、时间继电器、热继电器、电流互感器、电压表、电流表、转换开关、指示灯等组成，具有过载、短路、断相保护功能。时间继电器在10～60 s内可调，钢管或电缆布线。BQX系列防爆星三角启动器内部结构如图5-6-8所示。

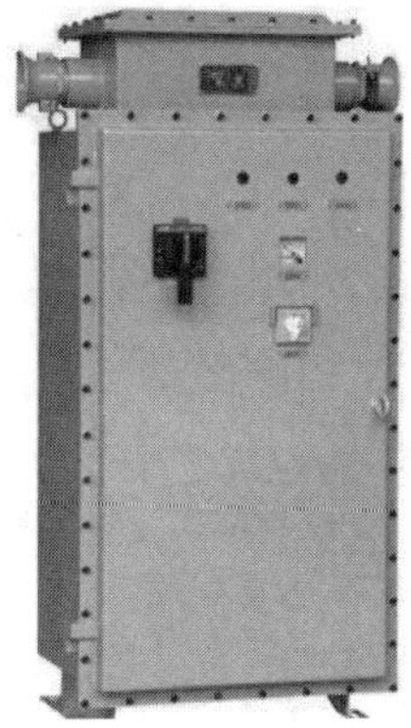

图 5-6-7　BQX 系列启动器

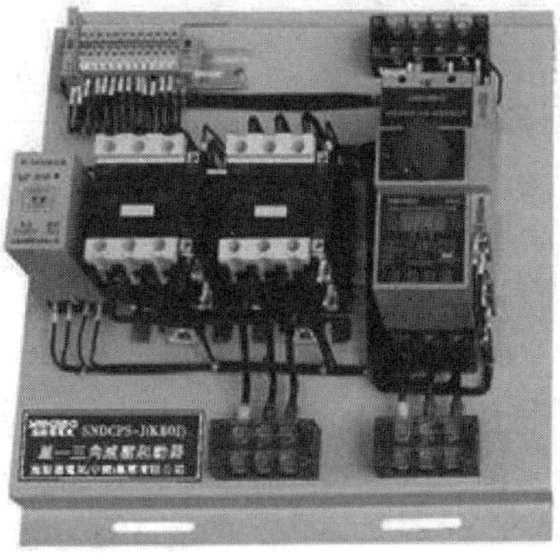

图 5-6-8　BQX 系列启动器内部结构图

BQX 系列防爆星三角启动器的型号含义：

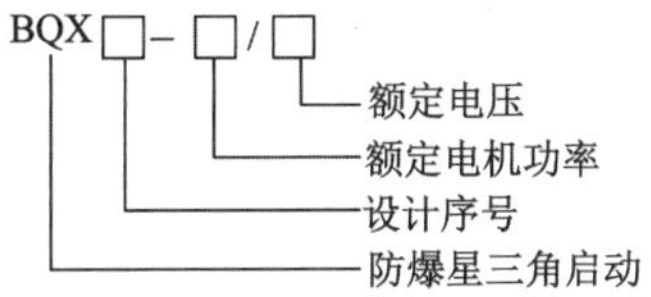

3. 技术参数及外形安装尺寸

BQX 系列防爆星三角启动器技术参数见表 5-6-3，其外形安装尺寸如图 5-6-9 所示。

表 5-6-3　BQX 系列防爆星三角启动器技术参数

产品型号	控制电机功率/kW	额定电流/A	热继电器整定额定电流/A	时间继电器整定值/s
BQX-13	13	26		11
BQX-17	17	33		13
BQX-22	22	42.5		15
BQX-30	30	58		17
BQX-37	37	72	1.05In	17
BQX-45	45	90		20
BQX-55	55	105		24
BQX-75	75	150		30
BQX-95	95	190		35

4. 工作原理

按下启动按钮“SA”，接触器 KM、KMY 和时间继电器 KT 的线圈得电，KM、KMY 的主触点闭合，将电动机的三相绕组接成星形，电动机进入星形启动状态，KM 的辅助触点(常开)同时闭合使接触器 KM、KMY 和时间继电器 KT 的线圈继续通电，使电路维持在启动状态。待电机转速达到一定程度时，时间继电器 KT 延时时间到，其延时触点(常闭)断开，接触器 KMY 线圈失电，主触点断开，辅助触点(常闭)闭合。延时触点(常开)闭合，接触器

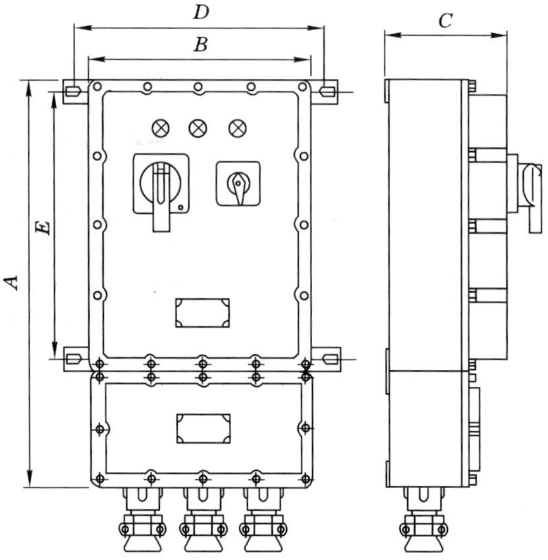

BQX-13-37KW 外形图

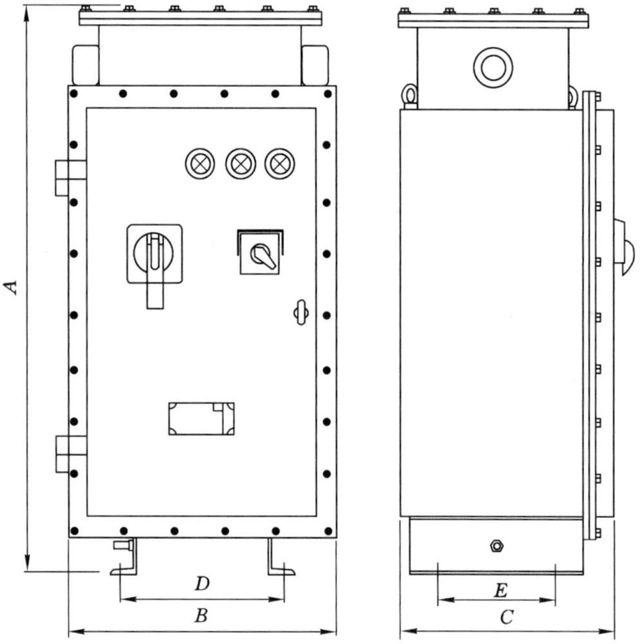

BQX-45-95KW 外形图

图 5-6-9　BQX 系列防爆星三角启动器外形安装尺寸图

$KM_{\triangle}$得电工作，电机进入三角运行状态。这里时间继电器的延时时间应通过试验调整在5～15 s之间。按下停止按钮“SB”或电机出现异常过电流使热继电器 FR 动作时，电机均会停止运行。电机停运时红灯 HD1 点亮，启动过程中黄灯 HD2 点亮，运行过程则绿灯 HD3 点亮。

电流表 PA 和电压表 PV 用于电机运行参数的测量。热继电器的调整，应根据负载轻重和运行电流的大小，在热态（热继电器接入电路，并经过启动电流的预热）实地进行。观察电流表的读数，按照读数的 1.2 倍整定其电流调整钮。电机出现 1.2 倍的异常电流时，热继电器会在 20 min 内动作。如果电机运行电流是随负载不断变化的，则整定值可按较大电流值计算选取，但最大不能超过电机额定电流的 1.2 倍。BQX 系列防爆星三角启动器电气原理如图 5-6-10 所示。

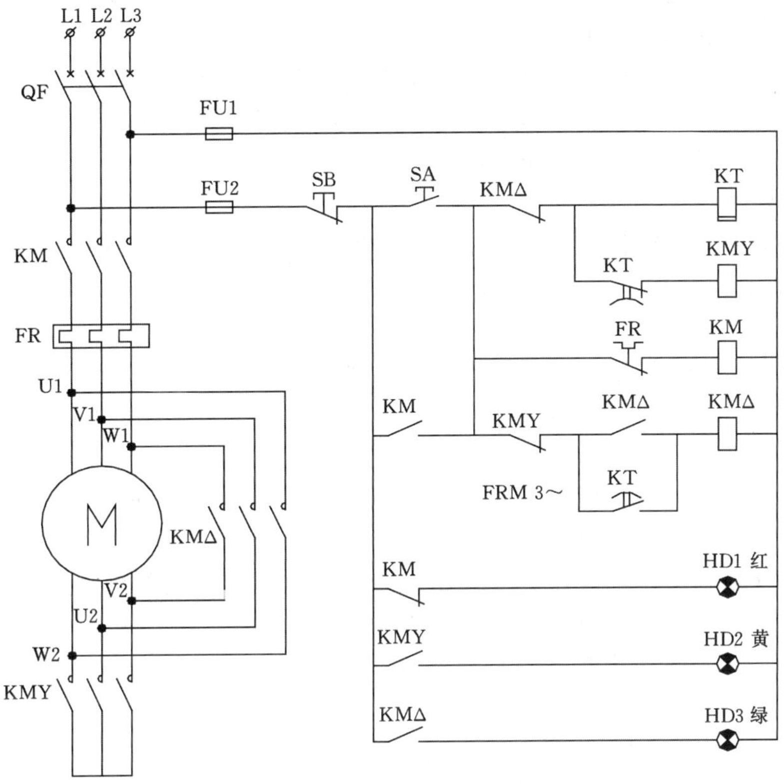

图 5-6-10 BQX 系列防爆星三角启动器电气原理图

5. 使用与维修

① 安装前检查启动器铭牌的技术数据是否符合实际使用条件。

② 安装时注意电缆由出线口金属垫圈、密封圈依次引入接线腔内，将出线口拧紧，使之密封，再将压线板压紧，以防止电缆拔脱。如不用的引出装置，必须有封堵将其密封。

③ 启动器的内、外接地必须牢固可靠。

④ 运行前检查所有隔爆接合面紧固螺栓是否拧紧，没有弹簧垫圈的及时配置，防止自行松脱。

⑤ 检修时，必须先断开前级电源，等壳内电气元件均不带电时方可开盖检修。

⑥ 隔爆面应予妥善保护，不得磕碰、划伤并保持清洁，如有损伤可按防爆有关规定修理。

⑦ 检修安装时，应在隔爆面上涂 204-1 置换型防锈油。

第七节　矿用隔爆兼本质安全智能真空电磁启动器

各类矿用防爆电气设备都有专用标准和其他有关标准的规定，但各类矿用防爆电气设备又要执行共同的要求。只有在两者均满足规定的条件下，才能符合其防爆性能。

矿用电气设备同一般电气设备相比具有如下特点：

① 电器防爆。煤矿井下具有瓦斯和煤尘，当其浓度达到爆炸浓度时，若工作在该环境中的电气设备产生危险电弧、电火花或局部高温，就会发生燃烧和爆炸。因此，用于煤矿井下爆炸性环境的电气设备必须是防爆型电气设备，避免电气设备所产生的电弧、电火花和高温引起瓦斯和煤尘爆炸。

② 防护性能好。煤矿井下除具有甲烷、一氧化碳等易燃易爆性气体外，还有硫化氢等腐蚀性气体，矿尘大、潮湿、有淋水。因此，矿用电气设备的防护性能要好，具有防潮、防腐、防毒等防护措施。

③ 电网电压波动适应能力强。地面电网电压的波动范围一般为 90%～110%，而煤矿井下电网电压的波动范围可达 75%～110%。因此，矿用电气设备的电网电压波动适应能力强。

④ 过载能力强。采、掘、运等电气设备启动频繁，井下机电硐室和巷道的温度较高，散热条件差，因此，矿用电气设备要有足够的过载能力。

⑤ 保护功能强。煤矿井下潮湿、空间小，这就增大了人体触电的机会。因此，矿用电气设备和供电系统应使人体不能触及或接近带电导体，具有完整、可靠的保护接地网，在高、低压供电系统装设漏电保护系统及装置，对人体经常触及的电气设备要用较低的电压等级。

⑥ 可靠性高。主要通风机、局部通风机等设备或供电系统的故障会引起瓦斯积聚，在一定的条件下会造成瓦斯和煤尘爆炸。因此，煤矿井下供电系统及设备的可靠性要高。

电气设备的检修分为井下检修和地面检修两种。井下检修是由井下电钳工对设备进行局部修理，通常更换和修复少量的易损件，更换电缆，调整各种保护装置的整定值，校正精度和排除故障。修理后的设备要接受电气设备检查人员和使用人员的监督，以防出现问题。地面检修是由专职电气设备检修人员担任，对井下修理不完善和无法修理的部分进行检修，如电机、变压器的电磁系统、开关动作机构、外壳、隔爆面、绝缘材料、电子插件等进行更换和修理。修理后的电气设备要基本达到出厂时的精度和技术性能。无法达到检修质量标准的设备要报废，严禁下井使用。

下面以 QJZ-400/1140 型矿用隔爆兼本质安全智能真空电磁启动器为例说明其用途、结构及常见故障与维修。

一、用途及结构

1. 用途及适用范围

QJZ-400/1140 型矿用隔爆兼本质安全智能真空电磁启动器的相关特性见表 5-7-1 。

表 5-7-1 QJZ-400/1140 型矿用隔爆兼本质安全智能真空电磁启动器的相关特性

项目	内容	备注
适用场合	适用于含有瓦斯、煤尘的煤矿	周围介质中不得含有破坏金属和绝缘的活动性化学物质
使用范围	主要用于交流 50 Hz、电压为 1 140 V(或 660 V)的供电线路中，对额定容量在 59～466 kW(或 34～270 kW)范围内的矿用隔爆型三相鼠笼式感应电机进行就地或远距离启动和停止控制	在停止时进行换向，必要时也允许手动操作手柄停止
保护功能	具有失压保护、短路保护、过载保护、漏电闭锁保护、过电压保护、防止先导回路的短路时自启动保护等	能对电源及运行状态进行显示，能记忆故障类型、动作值和动作时间
控制方式	就近控制和远距离控制	改换控制变压器的接线，可用作控制 U_N 为 660 V 的电机
启动方式	直接启动	线路电压不低于 75%U_N 时，能可靠地工作
使用方式	单机使用和多机使用	当试验开关拨至相应试验位置时，可检查控制线路、保护线路
操作频率	操作频率为 300 次/h，短期(20 s)的操作频率为 900 次/h	启动器为 8 h 工作制
型号含义	Q—启动器；J—隔爆兼本质安全；Z—真空；400—额定电流，A；1140—额定电压，V	

2. 结构特征与元件布置

(1) 结构特征

QJZ-400/1140 型矿用隔爆兼本质安全真空电磁启动器由橇形底架上的方形隔爆外壳组成，外壳分成接线空腔和主腔两个独立的隔爆部分。其中，主腔内有千伏级元件、折页式控制线路组件等组成部分。QJZ-400/1140 型矿用隔爆兼本质安全智能真空电磁启动器的外形如图 5-7-1 所示。

图 5-7-1 QJZ-400/1140 型矿用隔爆兼本质安全智能真空电磁启动器外形图

QJZ-400/1140 型矿用隔爆兼本质安全真空电磁启动器的前门为平面止口式，开门时需先按下机壳右侧的停止按钮顶杆，转动隔离换向开关至停止位置，然后提起启动器左侧固定于铰链上的操作手把，将前门向上抬起约 30 mm 后前门即可打开。关门时用手平提铰链上的操作手把，转动前门即可关闭。打开前门后，逆时针旋松折页式芯子右侧的锁紧螺栓将挂钩与芯子脱开，沿折页轴转动，可使整个芯子抽出壳外，以便维修。折页式芯子与其他部件的电气联系全部通过 CA 型插接件连接，必要时可将插接件拔掉实现组件分离。芯子装入壳内的顺序与抽出的顺序相反。

QJZ-400/1140 型矿用隔爆兼本质安全真空电磁启动器的内部使用导线见表 5-7-2。

表 5-7-2　QJZ-400/1140 型矿用隔爆兼本质安全真空电磁启动器的内部使用接线

序号	电路名称	导线颜色	要求
1	千伏级电路	红色	1. 千伏级导线均套有耐热塑料软管 2. 所有导线两端均套有标示导线编号的异型套管
2	本质安全电路	蓝色	
3	接地	黄绿色	
4	其他	白色（或其他颜色）	

（2）元件布置

QJZ-400/1140 型矿用隔爆兼本质安全真空电磁启动器的主要元件布置见表 5-7-3。

表 5-7-3　QJZ-400/1140 型矿用隔爆兼本质安全真空电磁启动器的主要元件布置

序号	位置	元件	作用	备注
1	外壳	隔离换向开关（GHK-400/1140）	在电机停止时完成隔离电源和换向作用	按下停止按钮后，正向、停止、反向三挡位置任意换向
		电流互感器组	完成电流信号取样，并送入电机综合保护	星形连接
		机械联锁装置	保证停止按钮与隔离换向开关之间、前门与隔离换向开关之间的操作次序	启动按钮与隔离换向开关之间没有此关系
		停止按钮	实现本机停机	是机械联锁装置的环节之一
		过电压吸收装置	可有效地吸收操作过电压	阻容吸收方式
2	固定式芯板	真空交流接触器（CKJ-400/1140 型）	1. 用于接通或分断主电路； 2. 用于控制线路	拆去导线，取下控制线，旋松紧固螺钉，向右推动，即可取出接触器
		控制变压器（1 140 V/24 V、36 V、42 V）	向控制电路提供不同的控制电压	一次、二次侧均接入熔断器
		熔断器	实现高压电路的短路保护	千伏级
3	折页式芯板	本安电路变压器 先导回路组件	在正常启动情况下，先导回路先工作，为控制电路的工作做准备	当线路处于漏电闭锁状态时，先导回路被切断
		控制变压器	给智能综合保护器（PIR-400 型）供电	26 V/18 V、15 V、2 V
		继电器组	按顺序动作，实现启动过程的完成	包括直流继电器和中间继电器
		电源组件、熔断器组件	1. 提供直流电源； 2. 对控制电路是线短路保护	

表 5-7-3(续)

序号	位置	元件	作用	备注
4	前门	启动按钮和复位按钮	实现启动器的启动和检修后的复位	试验后也需要复位
		试验开关	完成过流、运行、漏电、断相试验	4 个挡位
		智能综合保护器 (PIR-400 型) 及液晶显示屏	当线路出现漏电、过载、短路、三相不平衡(包括断相)、欠压及防止先导回路的短路自启动故障时,自动切断供电电路,并显示、记忆故障类型及故障参数等故障信息	只有排除故障并人工复位后才能重新合闸送电,还可通过试验开关进行过载、断相、漏电闭锁等模拟试验
5	接线空腔	主回路进、出线接线柱	连接电源和负载	进线 3 个接线柱,出线 3 个接线柱
		控制电路进、出线端子和接线柱	1. 本质安全回路接线使用	K4～K6
			2. 远控按钮接线使用	K1、K2、K3
			3. 供程序控制接线使用	见原理图接线
			4. 接触器对外提供的常开触点接线端子	K9、K10
			5. 接触器对外提供的常闭触点接线端子	K11、K12
		主回路进出线口	供主电路进、出线可穿入电缆的外径为 32～71 mm(4 个)	每个进出线口只允许穿入一根电缆线,且要用密封圈进行密封
		控制回路进出线口	供控制电路进、出线,可穿入电缆的外径为 14.5～21 mm(4 个)	

二、电路图的识读

QJZ-400/1140 型矿用隔爆兼本质安全智能真空电磁启动器电路图如图 5-7-2 所示。

1. 系统组成

该系统主要由主回路、控制回路、保护回路及试验显示回路等几部分组成。

(1) 主回路

QJZ-400/1140 型真空电磁启动器主回路由真空隔离换向开关 QS、千伏级熔断器 FU1、真空接触器 KM、阻容吸收装置 ARC 组成。ARC 阻容吸收装置的作用主要是利用电容两端电压不能突变和频率越高其阻抗越小的特性有效地吸收操作过程中的过电压。

(2) 控制回路

控制回路由控制变压器 TC1、本安变压器 TC2、中间继电器 KA1、直流继电器 K1 和 K2、PIR-400 智能型综合保护器的辅助触头 BJ、主接触器 KM 线圈回路、本安先导组件中 A1 端及按钮组成。TC1 一次侧与主回路相接,二次侧输出 24 V 供给中间继电器 KA1 吸合用 36 V 供给 TC2。220 V 经桥式整流后,供给 KM 线圈用。

(3) 保护回路

保护回路主要由电流互感器 TA1～TA3、电源变压器 TC3、智能保护器 BJ、漏电保护回路等组成。TC3 的二次侧输出的 15 V、18 V 供给智能保护器 BJ,2 V 电压用于断相和过载试验。

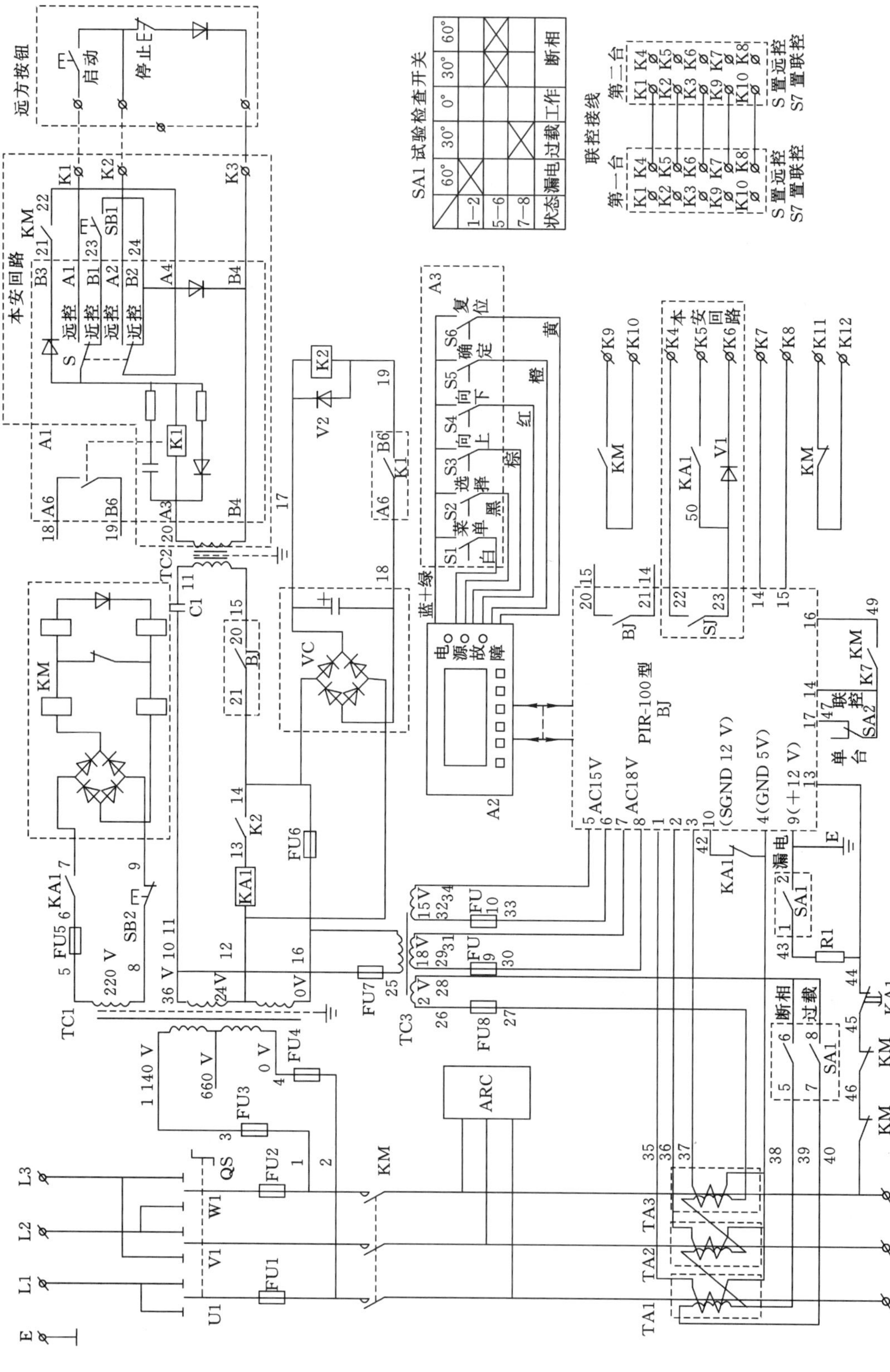

图 5-7-2 QJZ-400/1140 型真空电磁启动器电路图

当系统出现过载、短路、欠压、断相及三相不平衡故障时，TA1～TA3从主回路上检测并取出电路工作状态参数送到智能保护器BJ，保护器对检测信号进行数据处理后，给出相应的过载、短路、欠压、断相及三相不平衡保护的故障动作指令，使保护器NP输出接点BJ断开，TC2失电、K1失电、K2失电、KA1失电，最终使KM线圈跳闸，完成保护作用，同时显示和记忆故障的相关信息。

漏电闭锁保护电路在开关合闸前，通过KM的两个辅助常闭触点和KA1的延时断开常闭触点接入主电路形成通路，漏电闭锁检测电路由保护器BJ的⑨脚引出，经大地→主回路对地绝缘电阻→主回路→KM→KA1常闭触点→保护器BJ⑬脚，当绝缘电阻低于22 kΩ＋20％(660 V)、40 kΩ＋20％(1 140 V)时，接点BJ断开，则TC2不能得电，锁定启动器，不能合闸，同时显示屏显示漏电闭锁信息。当故障发生时，故障指示灯(红色)闪动，在跳闸后红色发光管点亮。当主电路绝缘电阻值上升到闭锁值的1.5倍时，自动解除漏电闭锁。

防止先导回路的短路自启动保护，一旦在启动前发生先导回路控制电缆断路，由于远控按钮中二极管同时也被短接，K1由于流进交流电而无法吸合，防止了误启动和自启动。

(4) 试验显示回路

试验显示回路由控制变压器TC、综合保护器NP、试验检查开关SA1、故障显示组件A2及操作键盘组件A3等组成，具有自检显示功能和试验功能。

自检功能是指保护器NP送电后，对包括传感器在内的电路进行自检，如出现故障，显示屏将显示故障信息。

试验功能是指开关闭合前，可使用检查开关SA1判断各部分电路是否正常，开关合闸后，可使用模拟试验功能，判断保护器的工作是否正常。试验分脱扣或不脱扣试验两种。

2. 启动过程

(1) 启动前的准备

启动前将试验按钮SA1置于工作位置，将QS置于正向或反向位置，TC1得电、TC3得电、保护器BJ得电，显示屏上电源灯亮，主回路负荷侧漏电闭锁检测回路接通。若主回路对地绝缘电阻大于24 kΩ(660 V)、42 kΩ(1 140 V)时，保护器的输出接点BJ闭合，则TC2得电，从而本安先导组件A1得电，此时启动器可以合闸。

(2) 启动

① 近控。将本安组件的远、近控开关S置于近控，按下启动按钮SB1，K1吸合、K2吸合、KA吸合，则KM得电吸合，电机得电开始启动，KM辅助触点闭合，K1自保，此时显示屏实时显示主回路三相电流、电压值。

② 远控。将本安组件的远、近控开关S置于远控，按下远方启动按钮，则启动器KM吸合并自保，电机得电开始启动。

(3) 停止

按下停止按钮SB2，则KM失电，KM辅助触点断开，则K1失电、K2失电、KA1失电，从而完成分闸过程。当本安插件置于远控位置时，也可按下远方停止按钮，从而K1失电、KA1失电、K2跳闸。

三、电磁启动的整定

QJZ-400/1140型矿用隔爆兼本质安全智能真空电磁启动器的核心保护部分采用PIR-

400 型智能综合保护器作控制单元，其整定是通过 PIR-400 型智能综合保护器液晶显示屏和面板按钮键来进行操作的。

PIR-400 型智能综合保护器具有良好的人机对话界面，在开关合闸后显示屏将实时显示三相电流、电压值及当前状态，如下所示：

当前状态：单台/联控 U 相电流＝＊＊＊A V 相电流＝＊＊＊A W 相电流＝＊＊＊A 系统电压＝＊＊＊V

显示屏下方有 6 个操作键：

菜单	选择	▼	▲	确定	复位

1. 主菜单

按“菜单”键，可进入主菜单选择操作，此时显示屏将显示主菜单页面，如下所示：

一、实时显示 二、参数显示 三、模拟实验 四、故障显示

按“▲”或“▼”键可使光标移动选中所需主菜单项，再按“确定”键即可进入相应主菜单项。

2. 参数显示

进入参数显示子菜单后，显示屏幕将进一步显示 8 条子项目。

按“▲”或“▼”键可使光标移动，按“选择”键可进入相应项目整定，再按“确定”键将存储设定参数并退出该项目设定。

(1) 额定电流整定

光标置于额定电流位置，按“选择”键即进入过流延时整定，按“▲”或“▼”键可按步长 5～20 A，使额定电流在 40～400 A 之间变化。调整结束后，再按“确定”键，可存储 I_N 值。

(2) 短路电流整定

光标置于短路电流位置，按“选择”键即进入短路电流整定，按“▲”或“▼”键可使短路动作电流整定为(8～10)I_N。右侧同时显示电流值，步长为 1.0I_N。调整结束后，再按“确认”键，可锁存该值。

(3) 放大倍数调整

光标置于放大倍数调整位置，按“选择”键屏幕将显示子菜单，如下所示：

放大位数微调
U 相电流＝＊＊＊A
V 相电流＝＊＊＊A
W 相电流＝＊＊＊A
系统电压＝＊＊＊V

在三相电流互感器一次侧通过 100 A 标准电流时，按“▲”或“▼”键，步长为 1 A，使右侧显示电流值尽量接近实际电流值，电压尽量接近实际电压。最后按“确认”键，可锁存该值。

(4) 断相与不平衡整定

光标置于三相不平衡位置，按“选择”键即进入该项目，按“▲”或“▼”键，可使不平衡系数整定为 50％～100％，步长为 5％；动作时间为 1～10 s 可调，步长为 1 s。调整结束后，再按“确认”键，可锁存该值。

(5) 电压等级选择

光标置于电压等级选择位置，按“选择”键即进入该项目，按“▲”或“▼”键，显示 380 V、660 V、1 140 V、3 330 V，选中实际使用的电压等级，按“确认”键即可。

(6) 程控延时整定

光标置于程控延时位置，按“选择”键即进入该项目，按“▲”或“▼”键，可进行整定，选择范围 5～10 s，步长为 1 s。调整结束后，再按“确认”键，可锁存该值。

(7) 反馈延时整定

光标置于反馈延时整定位置，按“选择”键即进入该项目，按“▲”或“▼”键，可进行整定，选择范围 5～10 s，步长为 1 s。调整结束后，再按“确认”键，可锁存该值。

(8) 欠压设定

光标置于欠压设定位置，按“选择”键可分别选中动作时间或动作电压值，按“▲”或“▼”键，可使动作时间在 1～5 s 内变化，动作电压在(60％～85％)U_N之间变化，其步长分别为 1 s 与 1％U_N。调整结束后，按“确认”键，可锁存该值。

3. 模拟试验

按“▲”或“▼”键，进入模拟试验主菜单后，屏幕显示：

脱扣试验
不脱扣试验

移动光标，按“确定”键，可选择试验时断路器脱扣或不脱扣，随后屏幕将显示：

电流电压值设定
U 相电流＝＊＊＊A
V 相电流＝＊＊＊A
W 相电流＝＊＊＊A
系统电压＝＊＊＊V

移动光标，按“确定”键进入该相调整，按“▲”或“▼”键可设置不同的试验电流电压值，

待系统电流电压试验数据输入结束后，按“确定”键，屏幕将显示：

模拟运行中
U 相电流＝＊＊＊A
V 相电流＝＊＊＊A
W 相电流＝＊＊＊A
系统电压＝＊＊＊V

试验结束后，屏幕将自动跳入故障显示菜单。

4. 故障显示

试验结束或按故障显示菜单，屏幕将显示：

故障类型：＊＊＊＊＊＊
故障时间＝＊＊＊s
U 相电流＝＊＊＊A
V 相电流＝＊＊＊A
W 相电流＝＊＊＊A
系统电压＝＊＊＊V

故障显示内容有故障原因、故障动作时间、故障发生时三相实际电流值与系统电压值。保护器的故障类型包括（选择性）漏电保护、U（或 V、W）相短路、漏电闭锁、过载、欠压、三相电流不平衡等。模拟试验结束或排除故障后，将试验开关旋到正常运行位置并按“复位”键，保护器将进入实时工作状态。

四、常见故障与维修

QJZ-400/1140 型矿用隔爆兼本质安全智能真空电磁启动器常见故障及排除方法见表 5-7-4。

表 5-7-4　QJZ-400/1140 型矿用隔爆兼本质安全智能真空电磁启动器常见故障及排除方法

序号	故障现象	故障原因	排除方法
1	启动器送电后，无显示且不能合闸	1. 前级电源无输出 2. 熔断器烧断	1. 检查前级电源与电压； 2. 检查千伏级熔断器 FU1、FU2、FU3、FU4 和低压熔断器 FU9、FU10，如有烧毁则更换
2	启动器送电后，有显示但不能合闸	1. 熔断器 FU5、FU6 烧断； 2. 中间继电器 K2 或 KA1 不吸合； 3. 接触器内整流桥烧毁； 4. 接触器内线圈烧毁； 5. 中间继电器 K1 不吸合	1. 检查 FU5、FU6 若损坏则更换； 2. 检查中间继电器 K2 或 KA1 若损坏则更换； 3. 检查整流二极管，若损坏则更换； 4. 用万用表检查接触器线圈电阻，若损坏则更换； 5. 更换
3	启动器送电后，显示过载并跳闸	额定电流整定值太低	重新整定额定电流

表 5-7-4(续)

序号	故障现象	故障原因	排除方法
4	启动器运行中发生过压或欠压现象	1. 电源电压有波动； 2. 控制变压器的电压等级与实际电压等级不符； 3. PIR-400 型保护器电压与实际输入电压不符	1. 检查输入电压是否波动； 2. 检查变压器输入电压接插头是否正确并更正； 3. 检查电压整定值是否正确并调整
5	启动器运行中出现跳闸现象并显示程控失败	程控与非程控状态与实际不符	1. 检查程控与非程控状态开关状态并更正； 2. 在多台运行时，将程控与非程控状态开关置于程控挡检查
6	本地开关不能合闸	远近控开关状态与实际不符	检查远近控开关状态并置于近挡检查
7	远控开关不能合闸	1. 远近控开关状态与实际不符； 2. 远控电缆接线错误	1. 将远近控开关置于近控挡检查； 2. 重新连接远控电缆

第八节　隔爆真空馈电开关

以面以 KBZ-400/1140Ⅱ型隔爆真空馈电开关为例进行讲解。

一、用途

本馈电开关主要用于煤矿和其周围介质中有爆炸性气体和煤尘的环境，在交流 50 Hz、1 140 V 或 660 V 和额定电流 400 A 以下线路中，它既可作为配电系统的总开关，又可作配电支路的分开关。

二、型号含义

KBZ-400/1140Ⅱ型隔爆真空馈电开关的型号含义说明如下：

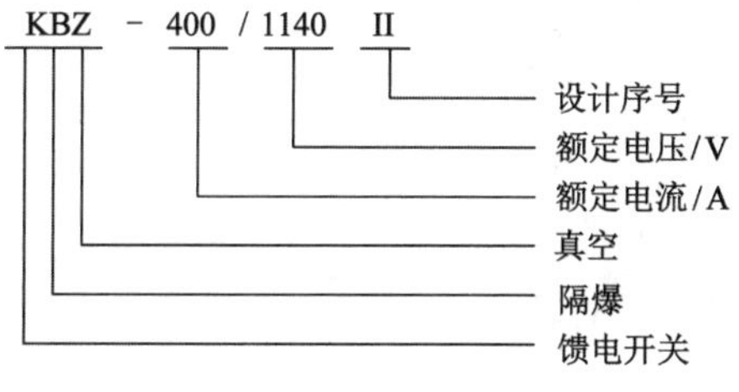

三、主要技术参数

额定电压：1 140 V，660 V；

额定电流：400 A；

断路器的极限分断能力：8 000 A；

断路器分断时间：≤30 ms。

当短路电流大于 10 倍整定电流时，实行无压释放保护，时间小于 0.1 s。

开关在分闸状态，负荷侧漏电电阻在 40 kΩ(1 140 V)、22 kΩ(660 V)以下时，能可靠地实现漏电保护跳闸，并有信号显示。

短路整定电流值可选成开关整定电流的 1.6、2、3、4、5、6、8、10，精度为±8%。

四、结构组成

（一）外部结构

KBZ-400/1140Ⅱ型隔爆真空馈电开关的外形如图 5-8-1 所示。该馈电开关主要由装在橇形底架上的方形隔爆外壳、本机装置、前门和电气组件装配组成。前门采用快开门结构。

图 5-8-1　KBZ-400/1140Ⅱ型隔爆真空馈电开关的外形图

（二）内部结构

KBZ-400/1140Ⅱ型隔爆真空馈电开关的内部结构如图 5-8-2 所示。本开关机芯由断路器组件、侧板组件、前门板组件三部分组成。

1. 断路器组件

断路器组件如图 5-8-3 所示，主要包括：ZN7-400/1.14Ⅲ型断路器、合闸电磁铁、分励脱扣器、欠压脱扣器。在断路器的上部，安装有整流桥和电阻；在断路器的负载侧安装有电流变换器及零序电流互感器；在其断路器的侧面，安装有断路器的辅助触头组。

图 5-8-2　隔爆真空馈电开关的内部结构图

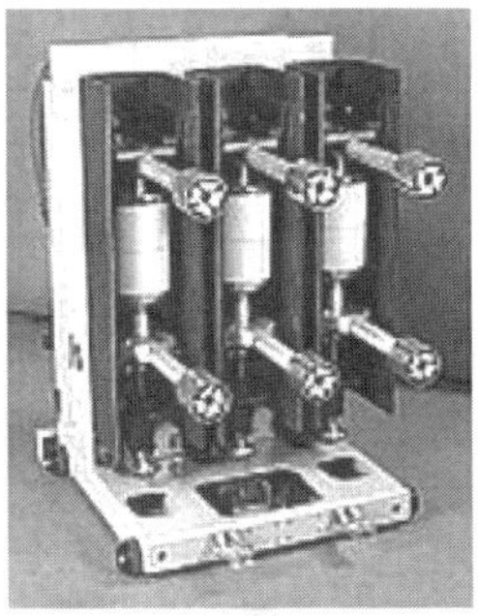

图 5-8-3　断路器组件布置图

2. 前门板组件

前门板组件如图 5-8-4 所示，主要包括：ZLZB-2T 型智能保护器（全中文显示）、继电器、时间继电器、零序电压变压器、扼流圈、电阻、电容器。6 只按钮分别为“合闸”“分闸复位”“过流”“漏电”“确认”“移位”。

3. 侧板组件

侧板组件如图 5-8-5 所示，它由电源变压器、高压熔断器、低压熔断器、电源开关、三相电抗器、阻容吸收装置、漏电继电器和电阻、接线柱等组成。

图 5-8-4　前门板组件布置图

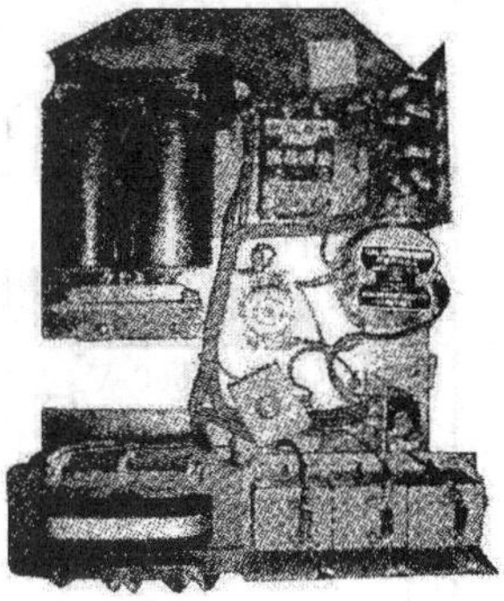

图 5-8-5　侧板组件布置图

（三）工作过程

KBZ-400/1140Ⅱ型隔爆真空馈电开关的电路如图 5-8-6 所示。馈电开关除有显示电网电压、工作电流的功能外，还有时钟功能（×年×月×时×分）、检测漏电电阻以及电能的功能。电源开关 SA 的手柄有闭锁、分闸、接通三个位置。其中，闭锁位置时开关的操作电源处于断开位置，分闸位置时如果开关原来是合闸状态，则当电源开关的手柄到分闸位置接通分励脱扣器，致使开关立即分闸，电源变压器得电，可观察到显示屏上出现绝缘电阻，系统电压 1 140 V，漏电闭锁监测正常显示。

1. 合闸

(1) 合闸准备

电源开关 SA1 转向“接通”位置，电路正常情况下，保护器内部触点 BJ 闭合，KA2 吸合，KA2-1 断开，切断 YR2 回路，KA2-2、KA2-3 闭合，为合闸做准备。如显示屏出现某种故障，则应按“分闸复位”按钮 SB5 将故障复位掉，时间继电器 KT 动作时间定在 0.1 s 的刻度位置。

(2) 合闸

转动合闸开关 SA2，合闸电磁铁的线圈 YR1 有电合闸，合闸完成后其断路器的常闭接点 QF1 断开，切断 YR1 供电回路。合闸同时，时间继电器 KT 得电，延时打开其常闭接点，防止在合闸过程中开关产生电流突升。

当保护器动作时 BJ 的接点打开，继电器 KA2 失电释放，其常闭接点 KA2-1 接通分励脱扣器 YR2，常开触点 KA2-3 断开，失压脱扣器 YR3 断电，使开关跳闸，此外还通过其常开接点 KA2-2 断开合闸回路使合闸无法进行。

2. 分闸

该开关分闸方式有 4 种：电源开关 SA1 的手柄转至分闸位置；手动按动分闸按钮 SB1 接通分励脱扣器；保护器动作分闸；远程分闸。

3. 漏电保护

作为总开关使用时，通过菜单设置为“总开关”，则开关执行漏电闭锁和漏电保护，其动作值见表 5-8-1。

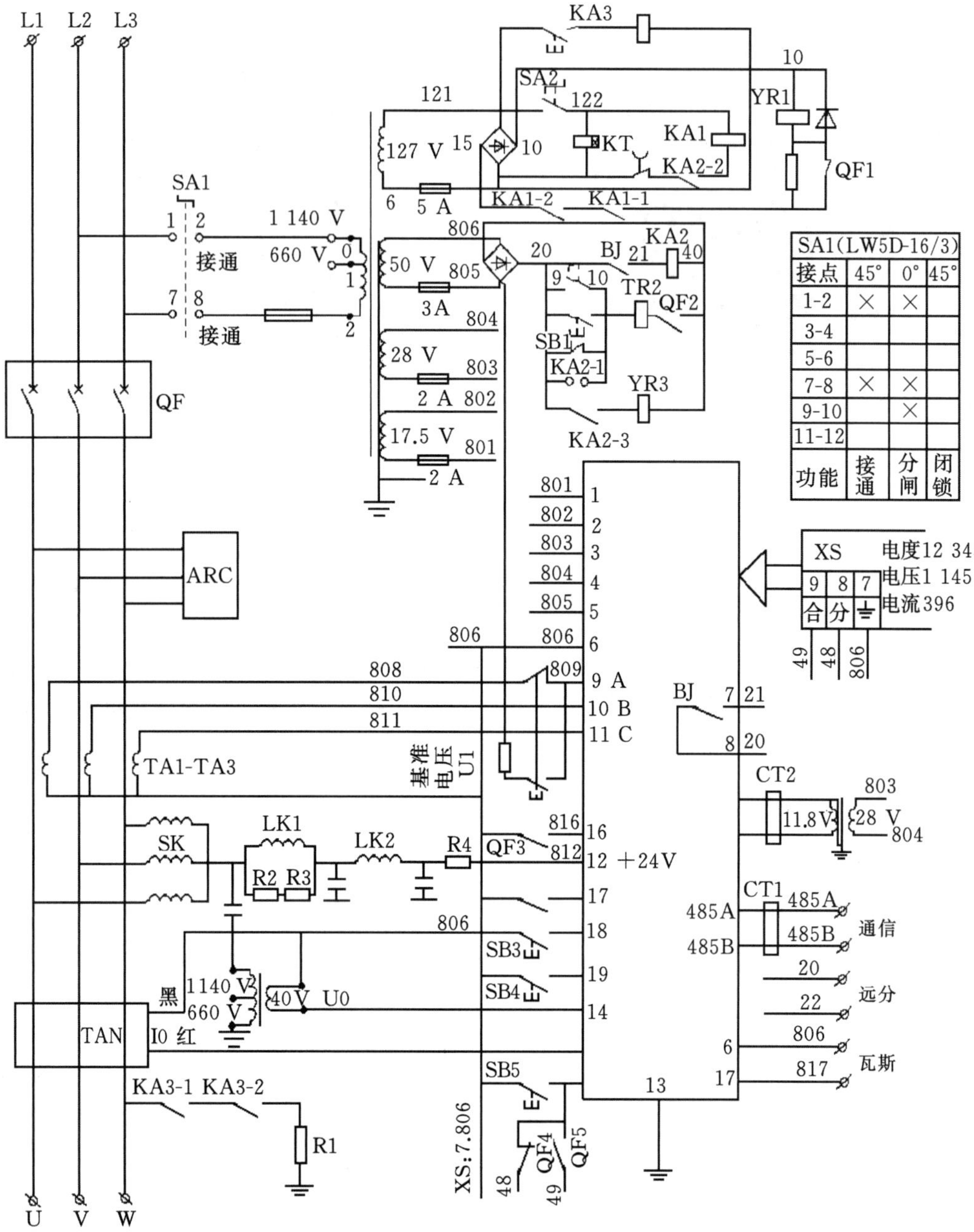

图 5-8-6　KBZ-400/1140 Ⅱ 型隔爆真空馈电开关电路

表 5-8-1　开关执行漏电闭锁和漏电保护动作值

主电路额定工作电压/V	漏电动作电阻整定值/kΩ	漏电闭锁电阻整定值/kΩ	动作时间/s
660	11	22	0、0.1、0.2、0.3、0.4
1 140	20	40	

注：0 s 为 1 kΩ 接地电阻动作时间小于 30 ms。

漏电和漏电闭锁保护:采用的是附加直流电源的检测方式,按动漏电试验按钮,其回路为:保护器的12脚(即BJ)→LK2→LK1→SK→KA3-1→KA3-2→R1→大地→BJ的13脚。

作为分开关使用时,通过菜单设置为“分开关”,则开关执行漏电闭锁和功率方向型选择性漏电保护。功率方向型选择性漏电保护的零序电压 U_0 接BJ的12脚,零序电流 I_0 接BJ的13脚。

4. 保护器的调试

一般只用SB4“确认”和SB3“移位”两个按钮即可完成保护器的调试任务。需要注意的是,当所有参数整定后,还必须按一次“分闸复位”按钮SB5,开关才能按所整定的参数运行。

(四) 安装与调试

1. 安装

用工具打开该馈电开关的上盖和前门,仔细检查开关的螺钉、螺栓是否松动,内部是否有异物脱落,若有应及时处理。根据情况,将外径不大于68 mm的橡套电缆,从主进、出线喇叭嘴接入该馈电开关。用1 000 V兆欧表检测电缆及设备的绝缘情况。将上一级电源开关断开后并锁死,挂警示牌,从下边接入主进线电缆。接入主、副接地线,并保证接地良好。将侧板红色接线柱接至现场电源(1 140 V或660 V)。一切检查无误后,恢复上盖和前门,并将该馈电开关的手柄扳到闭锁位置。

2. 试验与整定

在指导老师的监护下,摘掉警示牌,合上电源开关,将馈电开关手柄扳至“接通”位置。观察显示窗口,一切正常后,按“合闸”按钮,开关转入运行状态。

(1) 试验

① 开关的过流试验。开关合闸后,按动“过流试验”按钮,出现“过流”字样,连续按下约60 s左右,开关分闸,并记录电流值800 A左右。还可以通过菜单进入试验屏,进行短路试验,其结果显示为短路电流值1 700 A左右。

② 漏电闭锁试验。漏电闭锁保护与开关的设置(总开关或分开关)无关,试验是在分闸条件下进行的。按动“漏电试验”按钮后显示闭锁电阻1 kΩ,开关不经复位不能合闸。

③ 漏电试验。做漏电保护试验的该馈电开关必须通过菜单设置为“总开关”,总开关的漏电延时为0 s、0.1 s、0.2 s、0.3 s、0.4 s共5挡。按动“分闸”按钮,显示漏电闭锁电阻为1 kΩ。

④ 选漏试验。选漏整定标称值共8挡,挡位数越小越灵敏,越大越迟钝。380 V、660 V电网整定标称值为2～5挡,1 140 V电网整定标称值为3～8挡。选漏试验开关必须通过菜单设置为分开关。

地面选漏试验:在开关的电源侧三相每相接1支0.22～0.47 μF、耐压在1 600～2 000 V的电容器共3只,电容器为星形连接,其星形节点接地。开关合闸后,按动“分闸”按钮,显示选漏动作。

如果开关不分闸,而且也没有上述显示,则说明选漏未动作,此时将零序电压互感器的二次绕组的806与814两端线对调即可。

(2) 整定调试

① 通电

检查接口线路正确后装入本装置,给该馈电开关“送电”或按“复位”键,即显示1 s初始化页面，显示如下：

漏电闭锁检测测试中
03/12——18:59:59

漏电闭锁检测若电阻值超限，则该锁定馈电开关不能合闸，显示如下：

闭锁电阻 035 kΩ
电压 1 115 V
漏电闭锁检查故障
03/12——18:59:59

若漏电闭锁检测屏幕显示正常，则可进入下一页面的允许合闸，显示如下：

闭锁电阻 047 kΩ
电压 1 115 V
漏电闭锁检查正常
03/12——18:59:59

若绝缘电阻正常，允许合闸，合闸后即进入工作页面，显示如下：

动作电阻 999 kΩ
电压 1 053 V
电流 0321 A
合闸 03/12——18:59:59

“电压”代表实时电网电压，“电流”代表实时负荷侧电流，“动作电阻 999 kΩ”代表电阻值正常为无穷大。故障时，显示动作电阻为实际值。

在工作页面显示正常下，按“确认”键即进入主选菜单页面，显示如下：

主菜单	
1. 参数	2. 查询
3. 试验	4. 时间
5. 密码	6. 退出

“参数”代表该馈电开关参数整定，“查询”代表该馈电开关累计数据查询，“试验”代表该馈电开关仿真试验，“时间”代表馈电开关电子时钟时间，“密码”代表馈电开关操作密码。“退出”代表返回上一页面。按“移位”键到相应项目上，再按“确认”键即可进入相应项目的子菜单。

② “参数整定”的第一页面

在主选菜单页面下，按“移位”键到参数上，按“确认”键进入参数整定的页面，显示如下：

参数整定:页出 短路保护:03.0 倍 过载电流:00.6 倍 过载延时:01.0 挡

按“移位”键到短路保护上,按“确认”键进入短路保护整定页面,显示如下:

短路保护整定 2.0　3.0　4.0 5.0　6.0　8.0　10.0

按“移位”键到需要整定的值,按“确认”键退出短路保护整定,回到参数整定页面。

按“移位”键到过载电流上,按“确认”键进入过载电流倍数整定,显示如下:

过载电流倍数 0.3　0.4　0.5 0.7　0.8　0.9 1.0　1.2　1.4

按“移位”键到需要整定的值,按“确认”键退出过载电流整定页面,回到参数整定。

按“移位”键到过载延时上,按“确认”键进入过载延时分挡,显示如下:

过载延时分挡 1　2　3　4

按“移位”键到需要整定的值,按“确认”键退出过载延时分挡,回到参数页面。在参数整定页面上按“移位”键到页,按“确认”键将退出参数整定,同时存储该整定的参数。

③ “参数整定”的第二页面

显示如下:

参数整定:页出 漏点设置:2 挡 选漏整定:3 挡 漏电延时:0.0 s

按“移位”键到漏电设置上,按“确认”键进入漏电设置整定页面,显示如下:

漏电设置:挡 1　2　3

按“移位”键到需要整定的挡值,按“确认”键退出漏电设置整定屏,回到“参数整定”的第二页面。按“移位”键到选漏整定上,按“确认”键进入选漏整定页面,显示如下:

选漏整定:挡
1　2　3　4
5　6　7　8

按“移位”键到需要整定的值,按“确认” 键退出选漏整定屏,回到“参数整定”的第二页面。选漏整定为选择性漏电的整定,只有整定在分开关位置时才有效,其 1 k 接地电阻动作时间小于 30 ms。

按“移位”键到漏电延时整定上,按“确认”键进入漏电延时整定页面,显示如下:

漏电延时整定:s
0.1　0.2
0.3　0.4

漏电延时分 0 s(无延时)、0.1 s、0.2 s、0.3 s、0.4 s 共 5 挡,为总开关漏电闭锁和漏电保护的动作时间。只有整定在总开关位置时才有效,总开关可适当延时。若整定在总开关挡,而用作分开关,其无延时挡的 1 kΩ 接地电阻动作时间小于 30 ms。

④ “参数整定”的第三页面

显示如下:

参数整定:页出
电流显示:400 A
电压显示:0660 V
平衡:开 跳闸

电流显示选择可根据馈电开关所配电流互感器或铭牌所示额定电流值而定。

按“移位”键到电流显示上,按“确认”键进入电流显示选择页面,显示如下:

电流显示选择:A
200　300　315
400　500　600　630
800　1 000

按“移位”键到需要整定的值(共 10 挡),按“确认”键退出电流显示选择页面,回到“参数整定”的第三页面。电压显示选择可根据开关一次侧电压等级而定。按“移位”键到电压显示选择上,按“确认”键进入电压显示整定页面,显示如下:

电压显示选择:V
380　660　1 140

按“移位”键到需要整定的值(共 3 挡),按“确认”键退出电压显示整定页面,回到“参数整定”的第三页面。按“移位”键到相平衡上,相平衡功能可选择打开和关闭,按“确认”键直接变换打开和关闭。

⑤ “参数整定”的第四页面

显示如下：

参数整定：页出
本台设为：分开关
本机号：013

本机号用于联网通信时的开关定位。当设为总开关时，选漏保护被屏蔽。

(3) 查询

在主选菜单屏下，按“移位”键到查询上，按“确认”键进入查询页面，显示如下：

1. 查询跳闸记录
2. 查询累计数据
3. 查询产品信息
4. 清除跳闸记录

在查询页面上，若按“移位”键到查询跳闸记录上，按“确认”键则显示本机记录的配电装置近 100 次故障跳闸的原因及发生时间(月、日、时、分)，显示如下：

09：低压
03 月 04 日 12 时 15 分
08：过流
03 月 01 日 21 时 45 分

查看记录时按“移位”键下翻页，按“确认”键退出到工作页面。

在查询页面上，若按“移位”键到查询累计数据上，按“确认”键则显示本机记录的配电装置运行累计数据，显示如下：

本机累计数据：
累计工作 654 321 时
累计合闸 654 321 次
有功电 87 654 321 度(kW·h)

再按“确认”键后将退出到工作页面。

在查询页面上，若按“移位”键到查询产品信息上，按“确认”键则显示本机版本。

(4) 试验

在主选菜单页面下，按“移位”键到试验上，按“确认”键进入试验页面，显示如下。

试验选项：
1. 漏电　2. 过流
3. 选漏　4. 退出

按“移位”键选中要试验的项，再按“确认”键即进入该项试验。

经过试验如果判定为故障，那么将显示故障报告页面，显示如下：

故障:漏电 018 kΩ
电压:0623 V
电流:111 A 跳闸
11/22——18:34:04

(5) 其他

在主选菜单页面下,按“移位”键到时间上,按“确认”键进入时间页面,显示如下:

时间:星期 02
05 年 01 月 12 日
19 时 28 分(退出)

按“移位”键选中要调整的项,再按“确认”键即可调整该项时间值。调整完后选中“退出”,即可退出主选菜单页面。

在主选菜单页面下,按“移位”键到密码上,按“确认”键进入密码输入页面,显示如下:

请输入密码:
12345678
密码无效自动退出

必须先输入已有密码或通用密码 8341,才能进一步操作。输入密码错误,将自动退出到工作页面,密码输入正确后,即进入密码设定页面,显示如下:

输入新密码:
否　是关

在输入新密码页面上,按“移位”键到第一个所要的密码数字位上,按“确认”,即选好第一位密码数;接着按“移位”到第二个所要的密码数字位上,再按一下“确认”,即选好第二位密码数,依次类推选好第三、第四位密码数。当选好第四位密码数后程序将自动返回到第一工作页面,接着按“复位”键装置将接受新密码。

五、故障及排除

1. 断路器的维修

断路器每运行半年就应进行以下维修:

① 用煤油擦去污垢,并给轴承添加 60 号机油。

② 检查断路器紧固件是否松动,各部分都应仔细检查。

2. 触头参数的检查与调整

该产品在出厂时,已经按上述要求调整好,一般不必再调整。用户在使用之前应复核触头的参数,以免由于运输或其他原因造成参数变动,从而影响使用。

断路器在闭合位置和断开位置之间转换时,会使如图 5-8-7 所示的 K 尺寸和 H 尺寸发生变动。K 尺寸的变化量 ΔK 就是开距,H 的尺寸变化量 ΔH 就是超程。在断开位置规定 H 尺寸为 25～28 mm,是为了保证触头压力在允许范围内。

如果开距较大且超程不够,可将键 4 拆下转动调整螺栓 6,使 H 尺寸放大一点,这样开

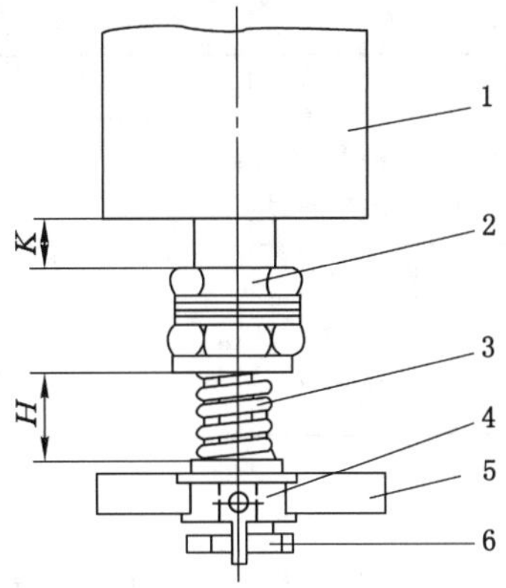

1—真空灭弧室；2—断路器的动导杆；3—触头弹簧；4—键；5—摆动板；6—调整螺栓。

图 5-8-7　低压真空断路器

距就会变小，超程加大。调整螺栓每转动一牙调整量为 0.187 5 mm。调好后，要把键 4 装上并旋紧调整螺栓。

如果使用时间过久而导致触头磨损量过大，就应在调整时放大 H 尺寸以减小开距。调整的方法就是在触头弹簧 3 的下面加调整垫，以保持 H 尺寸符合规定要求。每台断路器均附有 12 片调整垫供用户使用。

如果开距＋超程大于 5 mm，这时应调整限位件。调大限位尺寸也就调大了开距＋超程的尺寸；反之亦然。限位组件有两个，要把两个限位组件调整成一样长短。判定两个限位组件长短一致的办法是在开断位置用手指转动它的尼龙缓冲垫，如果两个缓冲垫的转动阻力相等，则两个限位的长短就相等。

KBZ-400/1140Ⅱ型隔爆真空馈电开关的常见故障及排除方法见表 5-8-2。

表 5-8-2　KBZ-400/1140Ⅱ型隔爆真空馈电开关的常见故障及排除方法

故障现象	故障原因	排除方法
通电后手柄在分闸位置无显示	1. 前级电源无输出； 2. 熔断器的熔体烧断； 3. 电源变压器烧坏； 4. 显示板电源断开	1. 检查前级电源并修理； 2. 检查更换熔体； 3. 检查和更换电源变压器； 4. 检查显示板的连接线并修理
手柄在分闸位置显示乱	1. 显示板线接触不良； 2. 辅助触点接触不良	1. 检查接线并排除故障； 2. 检查和磨修辅助触点
手柄打向合闸位置时开关不合闸	1. 127V 合闸回路不通； 2. 中间继电器损坏； 3. 综合保护器有故障	1. 检查电压并修理； 2. 更换中间继电器； 3. 更换综合保护器
运行过程中漏电不跳闸	1. 综合保护器损坏； 2. 漏电检测回路不通； 3. 接地不良好	1. 更换综合保护器； 2. 检查或更换漏电检测回路元件； 3. 检查接地线并修理

表 5-8-2(续)

故障现象	故障原因	排除方法
运行过程中过流不跳闸	1. 综合保护器损坏； 2. 电流变换器损坏	1. 更换综合保护器； 2. 更换电流变换器
分开关漏电不闭锁	1. 信号板损坏； 2. 综合保护器损坏； 3. 零序互感器短线	1. 更换信号板； 2. 更换综合保护器； 3. 更换零序互感器

第九节　矿用高压防爆设备

一、PBG-400/6 型矿用隔爆型高压真空配电装置

1. 型号含义

PBG-400/6 型矿用隔爆型高压真空配电装置的型号含义：

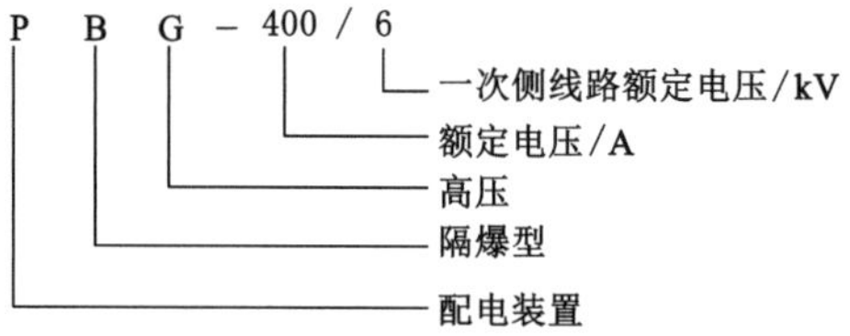

2. 用途

本装置适用于具有瓦斯和煤尘爆炸危险的煤矿井下额定电压为 6～10 kV、频率为 50 Hz、额定电流为 50～630 A 的三相交流中性点不直接接地的供电系统，主要是在中央及采区变电所作配电开关使用。

3. 结构组成

(1) 外部结构

该配电装置的总体结构可分为隔爆箱和小车两部分，隔爆箱由壳体、箱门、后盖(两块)、接线腔等部分组成。壳体为长方形结构，中间有一隔板，将箱体分为前、后两腔。配电装置为新型快开门结构。配电装置在运行过程中切不可强制打开箱门。只有在断路器分闸、隔离开关处于分闸位置时才能解除箱体与门盖的闭锁，门盖方能打开。PBG-400/6 型矿用隔爆型高压真空配电装置的外形如图 5-9-1 所示。

(2) 内部结构

该配电装置前腔装有机芯小车，机芯小车上装有真空断路器、三相电压互感器、母线式穿心电流互感器、压敏电阻、微处理器综合保护装置、隔离插销动触头等。在箱体中隔板上装有 6 个插销静触头座和 1 个穿墙式九芯接线柱。后腔的高压电缆引出口内侧装有 1 个零序电流互感器，底板上还装有小出线嘴，可以引出控制线，实现远方控制，在箱体内有可靠的机械电器闭锁。PBG-400/6 型矿用隔爆型高压真空配电装置的内部结构如图 5-9-2 所示。

(3) 安全联锁

PBG-400/6 型矿用隔爆型高压真空配电装置的隔离开关与断路器之间、隔离开关与门盖之间具有安全联锁机构，它们满足一定的联锁关系：

图 5-9-1　PBG-400/6 型矿用隔爆型高压真空配电装置外形图

图 5-9-2　PBG-400/6 型矿用隔爆型高压真空配电装置的内部结构

① 隔离开关在接通位置时，门盖不能打开；隔离开关在断开位置时，门盖方可打开。

② 断路器在合闸状态时，隔离开关不能进行退车操作。

③ 门盖打开后，隔离开关不得进行进车操作。

4. 工作过程

10 kV 或 6 kV 三相电源从配电装置的接线箱引入，经上隔离插销、真空断路器和下隔离插销，再通往后腔，经过下室的电缆口输出到负载。上、下隔离插销可手动操作进行分、合闸。真空断路器既能电动合闸和电动分闸，又能手动合闸和手动分闸。另外，还可进行手动紧急分闸。PBG-400/6 型矿用隔爆型高压真空配电装置的电路如图 5-9-3 所示。

(1) 电动合闸电路

电压互感器的二次侧三相交流 100 V 电压经 VD1～VD6 三相整流输出直流 135 V 电压。电压经过断路器常闭接点 K4 和合闸按钮 SB1，加到直流电机上，断路器储能并完成合闸动作，K4 自动切断合闸电源。

(2) 电动分闸电路

按下分闸按钮 SB2，电磁铁 YA2 失压脱扣，YA1 分励脱扣，完成断路器分闸动作。

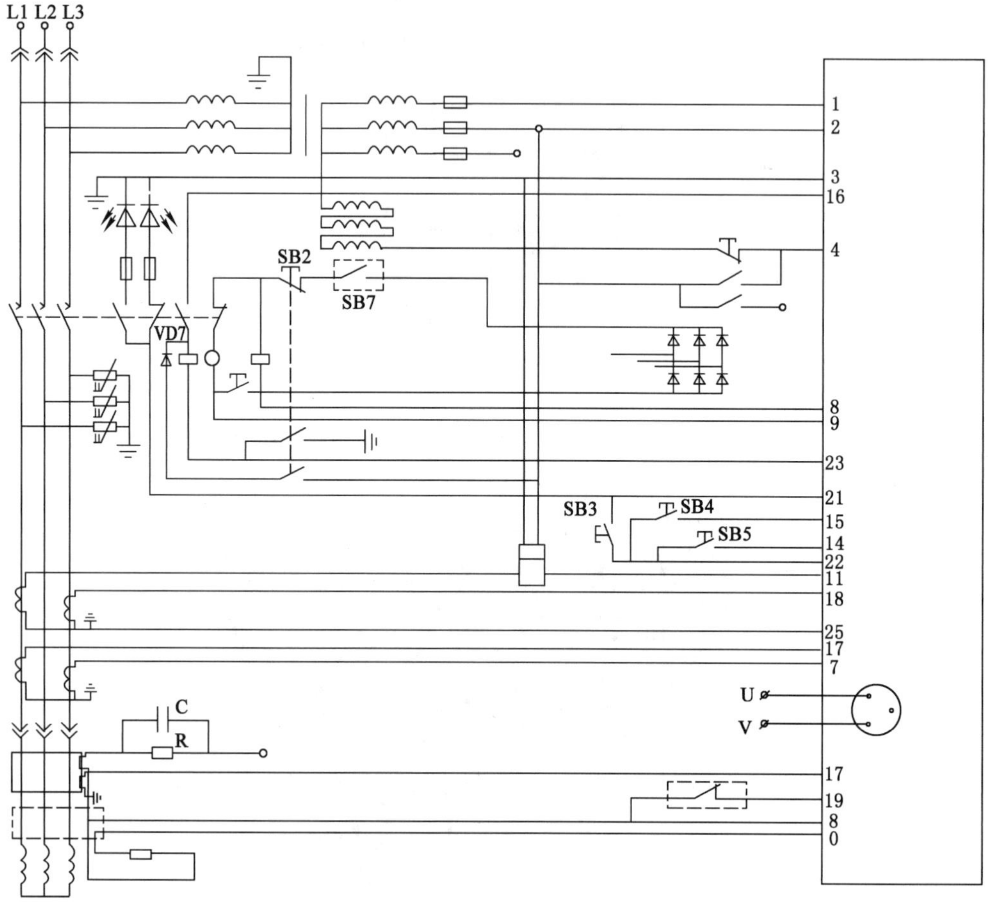

图 5-9-3　PBG-400/6 型矿用隔爆型高压真空配电装置的电路图

(3) 保护动作分闸电路

过载、短路、漏电、监视、欠电压、过电压、瓦斯电及风电闭锁任一保护动作时，继电保护装置输出 24 V 直流电压经接点 K3 加至脱扣器 YA1，使断路器分闸。

当被控电路发生过载、短路、漏电、绝缘监视、欠电压、过电压等故障以及瓦斯电及风电的闭锁信号出现时，保护装置动作，并进行实时故障显示与记忆，以便随时调出查询。

5. 进退车操作

(1) 进车操作

如图 5-9-4 所示，进车操作步骤如下：

① 将隔离开关手柄置于 A 位置。

② 将断路器主体向箱内推进，把锁钩按下，直至断路器底架被壳底板上的限位板挡住。

③ 将滑道掀起，向箱内折合至顶部插锁进入箱体并被锁定。将 26 芯航空插头插入并顺时针拧紧，再将保护器的显示器插头插好。

④ 关闭箱门，压紧 10 条螺栓。

(2) 退车操作

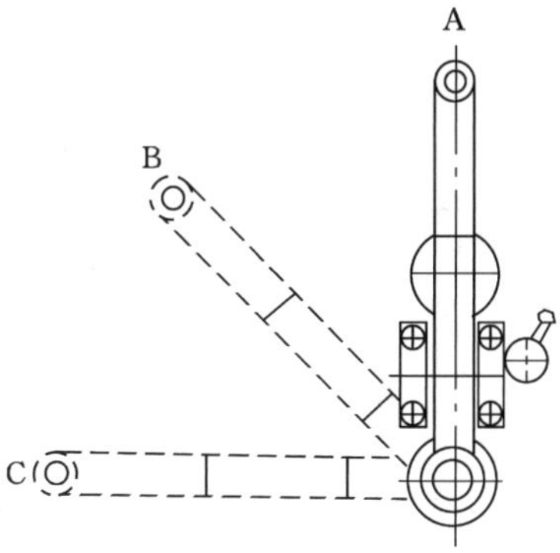

图 5-9-4 隔离开关手柄合闸、分闸的状态

退车操作与进车相反,不再赘述。

6. 接线方案

该配电装置的三种接线方案如图 5-9-5 所示。图 5-9-5(a)所示方案有两个电源进线端,可以单台或联台使用;图 5-9-5(b)所示方案只有一个电源进线端,另一端为封端盒,可以单台或联台使用;图 5-9-5(c)所示方案两端均无电源进线端,仅用于联台使用。高压电缆的接线方法如图 5-9-6 所示。

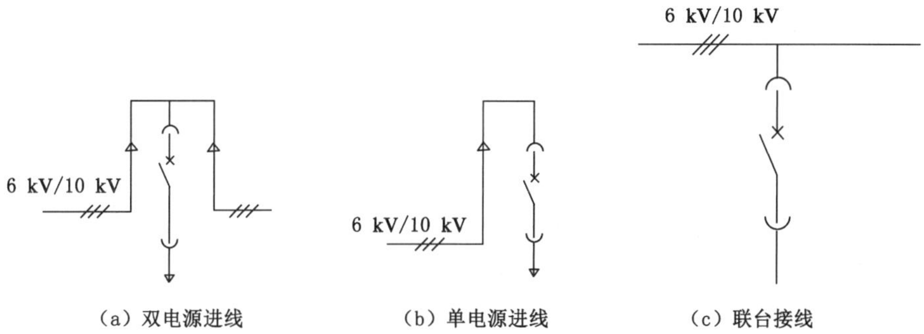

图 5-9-5 PBG-400/6 矿用隔爆型高压真空配电装置的接线方案

根据现场情况用电缆胶按规程要求制作质量合格的电缆头接入本装置,并用 2 500 V 兆欧表检测绝缘,合格恢复接线端。装置设有外部接地螺栓,安装时应与总接地线相连接,并可靠接地。

7. 试验与整定

(1) 试验

① 真空断路器操作和高压综合保护装置试验

拆除 BLF1-3 型三相熔断器的熔芯,在熔断器的下接口处,通过三相调压器引入电压为 100 V 的三相低压电源。此时箱门上电压指示 6 kV 或 10 kV 电源指示灯(绿色)应点亮,真空断路器的欠压脱扣器应当吸合。

② 高压漏电保护试验

高压漏电保护试验电路如图 5-9-6 所示,操作漏电模拟试验开关,检查零序电流互感器

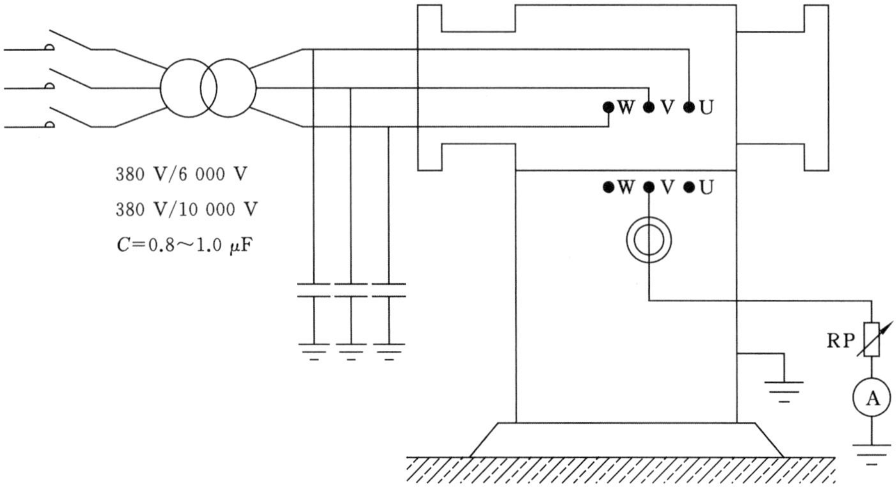

图 5-9-6　高压漏电保护试验电路图

绕组的方向是否正确。

(2) 整定

① 工作状态

通过显示装置进行保护整定,正常工作画面屏幕显示如下:

工作电压	6 000 V	* *
工作电流	50 A	2
开关状态	分闸/合闸	
时间显示	* */* *、* *:* *:* *	

右上角"* *"号为通信信号标志(正常工作时"* *"闪烁显示),"* *"号下面数字为本机站号。

② 参数整定

按"确认"键即可进入主菜单画面,屏幕显示如下:

主菜单	
1. 选项	2. 查询
3. 试验	4. 时间
5. 清零	6. 退出

当需要进入某一项进行设置时,将光标移到该项,按"确认"键确定。

在主菜单画面下,按"选项"键将光标移到"选项-1"上,按"确认"键进入参数整定画面。参数整定显示分 7 幅页面,屏幕显示如下:

选项-1　　页出	
额定电压	—
额定电流	—
短路倍数	—

选项-2　　页出	
过载倍数	—
零序电压	—
零序电流	—

选项-3　　页出	
过载时限	—
定时限	—
馈电反时限	—

选项-4　　页出	
短路延时	—
漏电延时	—
欠压延时	—

选项-5　　页出	
相平衡度	—
相平衡选择	—
过压选择	—

选项-6　　页出	
欠压选择	—
监视选择	—
漏电选择	—

选项-7　　页出	
瓦斯选择	—
遥控选择	—
本机站号	—

将光标移到“页”按“确认”键可以进入下一画面。光标移到“出”按“确认”键或按“复位”键可以退出参数整定。

以设定额定电流为例，按“选项”键将光标移动到“选项-1”页面中的“额定电流”，按“确认”键进入电流整定页面，按“选项”键将光标放在所选项上，再按“确认”键即可（额定工作电流分为 8 挡，根据高压开关的额定工作电流选择相应的挡位），屏幕显示如下：

额定电流（A）：		
6	600	500
400	300	200
150	100	50

其他参数整定方法依次类推，依次整定完所有参数后，按“确认”键回到正常工作页面。

③ 故障查询

在主菜单画面，按“选项”键将光标移到“查询”上，按“确认”键进入故障查询页面，屏幕显示如下：

请选择　　　　　　　出
1. 查询故障记录
2. 查询分闸时记录

按“选项”键将光标移到查询故障记录上，按“确认”键进入查询故障页面，可查看故障记忆记录，每按一次“选项”键查询一次故障记忆。查询故障记录显示的是最新的故障原因和故障发生的时间，依次按“选项”键翻页显示的故障是按时间顺序依次排列的。

按“选项”键将光标移到查询分闸时记录上，按“确认”键进入查询分闸时记录屏。查询分闸时记录屏上显示了上次分闸时的工作状态，只记录一次。

查询完毕后，将光标移到“出”按“确认”键或“复位”键可以退出查询页面，回到正常工作页面。

④ 模拟试验

在主菜单页面，按“选项”键将光标移到“试验”上，按“确认”键进入模拟试验页面，屏幕显示如下：

试验选择
1. 模拟短路
2. 模拟监视
3. 模拟漏电

故障记录
模拟短路
故障时间　＊＊/＊＊—＊＊：＊＊：＊＊

按“选项”键选中模拟故障名称，再按“确认”键即可进行该项的模拟试验。做完模拟试验后，必须按“复位”键回到正常工作页面，再进行其他操作。

⑤ 清零

在主菜单画面，按“选项”键将光标移到“清零”上，按“确认”键进入清零页面，屏幕显示如下：

清零选择	出
1. 清故障记录	
2. 清电度记录	
3. 清分闸记录	

按“选项”键选中需要清零的项目，再按“确认”键即可完成清除。然后，屏幕将自动回到正常工作页面。

⑥ 时间设置

在主菜单画面，按“选项”键将光标移到“时间”上，按“确认”键进入时间整定页面，屏幕显示如下：

校准时间	出
＊＊年＊＊月＊＊日	
＊＊时＊＊分＊＊秒	

按“选项”键将光标移到要更改的位置，按“确认”键定位，再按“选项”键选择时间，此时按“选项”键一次数字＋1，达到所需值后按“确认”键确认。如果更改完毕，将光标移到“出”上，按“确认”键或“复位”键退出，即可回到正常工作页面。

8. 停送电操作

(1) 送电操作

送电操作应在教师监护下进行，装置各部分检查无误即可进行送电，具体操作步骤如下：

① 将隔离开关手柄逆时针扳到C位(图5-9-4)。

② 按合闸按钮(或扳手动分合闸手柄至合闸位)，断路器合闸，合闸指示灯亮。

(2) 断电操作

① 按分闸按钮(或扳手动分合闸手柄至分闸位)，断路器分闸，分闸指示灯亮。

② 将隔离开关手柄顺时针退到 B 位(图 5-9-4),使隔离开关动、静插销分开。

9. 故障排除

高压综合保护监控器的常见故障现象及排除方法见表 5-9-1。

表 5-9-1　高压综合保护监控器的常见故障及排除方法

故障现象	故障原因	排除方法
无显示	1. 显示线插头松动,接触不良； 2. 没有交流 100 V 电压； 3. 本机电源线路故障,＋12 V、＋5 V 短路	1. 检查连线,插紧插头； 2. 检查交流 100 V 供电线路(包括二次熔断器的通断)； 3. 更换主控盒中的三端稳压器
显示不正常	1. 显示连线断路器或插头接触不良； 2. 显示块故障	1. 检查连线插紧插头； 2. 更换显示屏
乱显示	芯片电路故障	更换主控盒
绝缘监视故障	监视线短路	1. 检查外接线； 2. 检查电源板或主控盒
回路监视故障	1. 监视线开路； 2. 终端元件 RA 开路	1. 检查外接线； 2. 检查终端元件 RA
不脱扣	高压开关内机构故障	检查高压开关脱扣机构并排除故障

高压配电装置的常见故障及排除见表 5-9-2。

表 5-9-2　高压配电装置的常见故障及排除方法

故障现象	故障原因	排除方法
配电装置工作正常、电压指示灯或断路器合闸指示灯不亮	指示灯线路不通,发光二极管损坏	检修线路或更换发光二极管
隔离插销合闸卡滞	插座与触头中轴线偏离太大,或触桥排列不整齐	校正两者中轴线,更换触桥或触桥弹簧
隔离插销严重发热	触头、触桥烧损或触桥弹簧退化	更换触头、触桥或触桥弹簧
低压熔断器熔体烧断	线路有短路或工作电流过大现象	检查短路点,处理或更换熔体
真空断路器电动合闸拒合,手动合闸正常	配电装置的控制线路、电机故障或棘爪断裂	检修控制线路或更换电机、棘爪
真空断路器手动、电动合闸均拒合	断路器的锁扣机构失灵,或欠压脱扣机构故障	检修锁扣机构,更换欠压脱扣电磁铁
真空断路器手动、电动分闸均拒分	断路器脱扣机构故障	检修断路器脱扣机构
真空断路器手动分闸正常、电动分闸拒分	分闸线路故障	检修分闸线路
过载、短路、漏电、监视等保护不正常	高压综合保护装置故障	检修保护器相应电路部分,更换相应集成电路元件或更换整台保护器

二、BGP9L-6AK 型隔爆型高压真空配电装置

1. 型号含义及用途

(1) 型号含义

BGP9L-6AK 型隔爆型高压真空配电装置的型号含义：

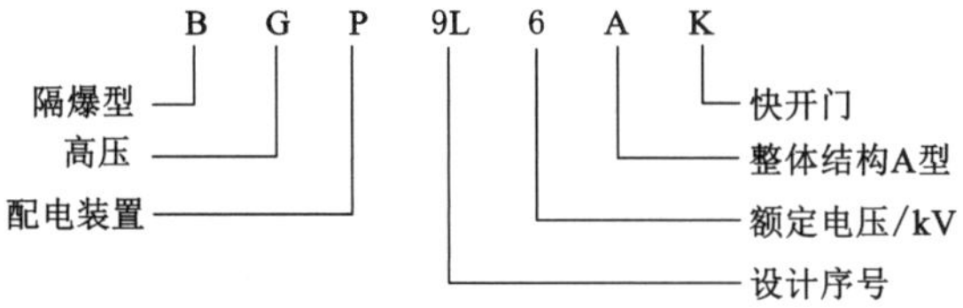

(2) 用途

BGP9L-6AK 型矿用隔爆型高压真空配电装置适用于含有甲烷混合气体、具有爆炸危险的煤矿井下，对额定电压 6 kV、额定频率 50 Hz、额定电流不超过 400 A 的三相交流中心点不直接接地的供电系统进行控制、保护和测量，作为配电或直接启动高压电机用。该装置具有绝缘监视、漏电、过载、短路、欠电压、过电压、瓦斯电或风电闭锁等保护功能，特别适合于中央或采区变电所作配电开关使用。

2. 结构组成

(1) 外部结构

BGP9L-6AK 型矿用隔爆型高压真空配电装置的外形如图 5-9-7 所示，其结构分为隔爆箱和机芯小车两大部分。隔爆箱由箱体、箱门、后盖板、接线腔、底架等组成。箱体为长方体，中隔板将箱体分成前、后两腔，前腔装有机芯小车，后上腔为母线腔，后下腔为负荷腔。机芯小车由小车架、断路器、电压互感器、电流互感器、压敏电阻器、综合继电保护装置等组成，机芯小车可以抽出。

图 5-9-7 BGP9L-6AK 型矿用隔爆型高压真空配电装置外形图

打开门盖和盖板时，应先将隔离插销联锁柄置于“分”位置，然后安装好隔离插销操作手柄并向后扳到极限位置，最后松开门盖压板螺母。将压板向后翻，即可拉开门盖。

(2) 内部结构

BGP9L-6AK 型矿用隔爆型高压真空配电装置的内部机构如图 5-9-8 所示。

(3) 安全联锁

① 隔离插销在合闸位置时，箱门不能打开。

② 箱门打开后，隔离插销不能合闸。

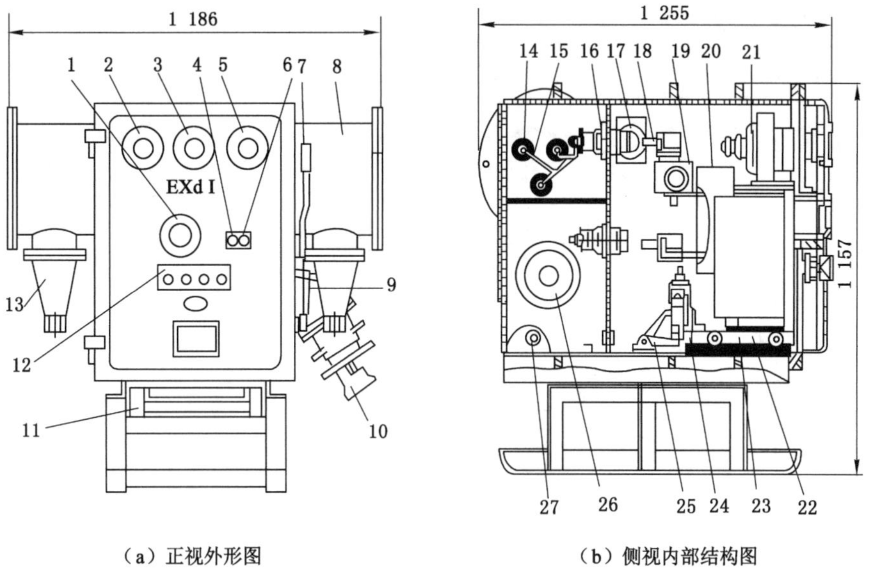

1—电度表;2—电压表;3—保护指示灯;4—电动合闸按钮;5—电流表;6—电动分闸按钮;7—断路器操作手柄;8—接线盒;9—隔离操作手柄;10—负荷电缆头;11—辅助导轨;12—试验按钮;13—电源线电缆头;14—绝缘座;15—母线;16—隔离插销静触头座;17—隔离插销观察窗;18—隔离插销动触头;19—电流互感器;20—断路器;21—电压互感器;22—机芯小车;23—综合保护装置;24—压敏电阻;25—隔离操作机构;26—零序电流互感器;27—小出线嘴。

图 5-9-8 BGP9L-6AK 型矿用隔爆型高压真空配电装置的结构图

③ 隔离插销合闸到位后,才能将隔离插销联锁柄扳于“合”的位置,方可进行断路器的手动或电动合闸。

④ 只有将隔离插销联锁柄扳于“分”的位置时,隔离插销才能进行分、合闸操作,实现隔离插销无负荷分、合闸。

3. 工作过程

BGP9L-6AK 型矿用隔爆型高压真空配电装置的电路如图 5-9-9 所示。

(1) 主电路

6 kV 的三相电源从配电装置的电源接线盒引入,经上隔离插销、真空断路器和下隔离插销控制,再从后腔下室的负荷侧电缆头输出到负载。上、下隔离插销由操作者手动操作进行断开和连接,其操作必须在不带电状态下进行。该高压真空配电装置用于 10 kV 电网时,显示板的 21 和 22 号端子短接。

(2) 分闸与合闸

真空断路器能电动合闸和电动分闸,也可以手动合闸和手动分闸。按动启动按钮 SB1,直流电源(+)经 SB1、SA(隔离插销合闸到位,且隔离插联锁柄在“合”位置时,SA 触点闭合)、断路器辅助开关的常闭触点到合闸电机,电机旋转,机构进行合闸运动,直到真空断路器合闸完成,真空断路器辅助开关的常闭触点断开,合闸电机失电停止旋转。按动配电装置的电动分闸按钮 SB2,SB2 的常闭触点断开,使真空断路器的欠压脱扣器 SQ 供电回路断开,真空断路器失压分闸。

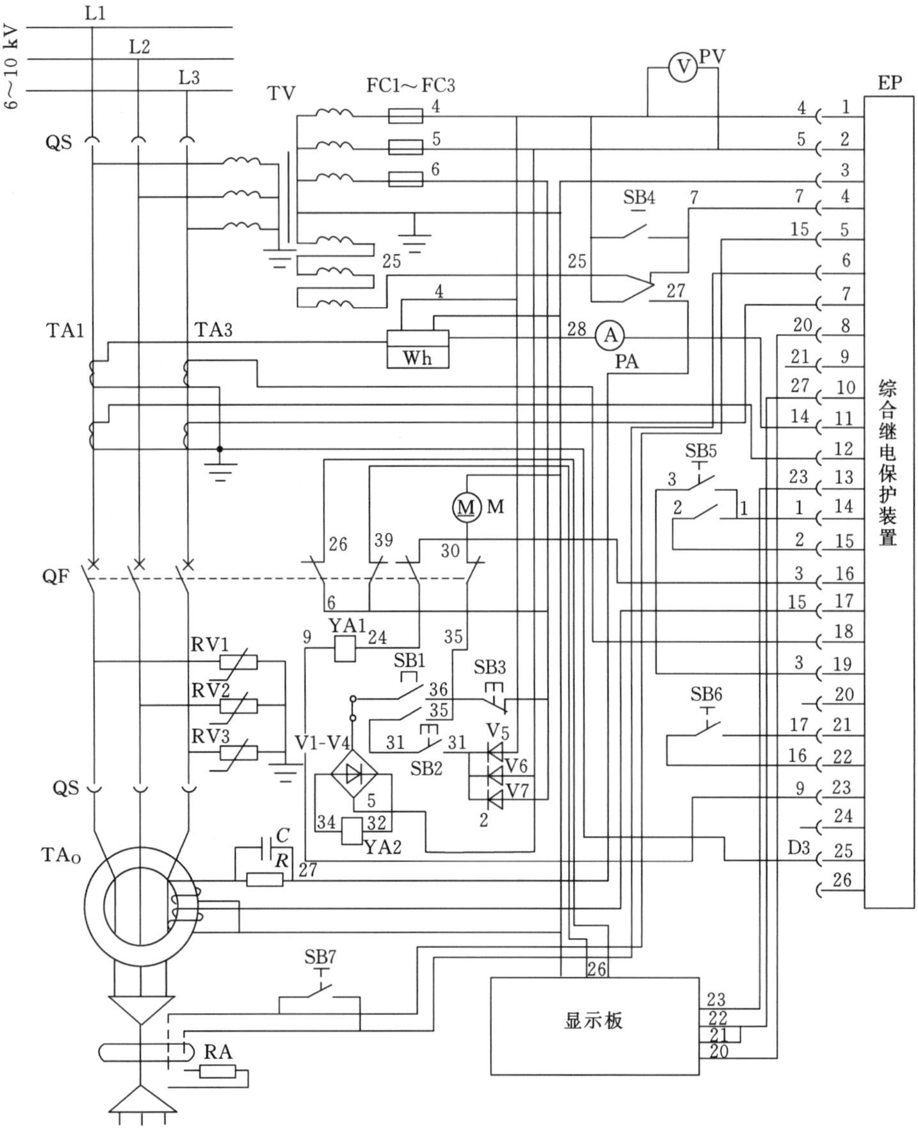

图 5-9-9　BGP9L-6AK 型矿用隔爆型高压真空配电装置的电路图

(3) 高压综合继电保护装置

ZJBD-2 型微处理器智能综合保护装置基本工作原理如图 5-9-10 所示。

① 电源。高压综合继电保护装置由电压互感器 TV 提供 100 V、50 Hz 工作电压。真空断路器分励脱扣线圈的跳闸电源采用复式供电方式。

② 过载保护。当供电系统中负荷侧出现过载时，由电流互感器 TA 取得过载信号，通过电抗变换器送入过载保护电路。整定值以额定电流倍数标定，分别为 0.2～1.4 倍，共 8 挡，整定误差不大于±10%。过载动作时间和过载电流值呈反时限特性。达到规定反时限时间后输出跳闸信号，实现过载保护，同时进行指示灯显示和故障记忆。

③ 短路保护。当供电系统中负荷侧出现 1.6～10 倍额定工作电流，实现短路保护。整

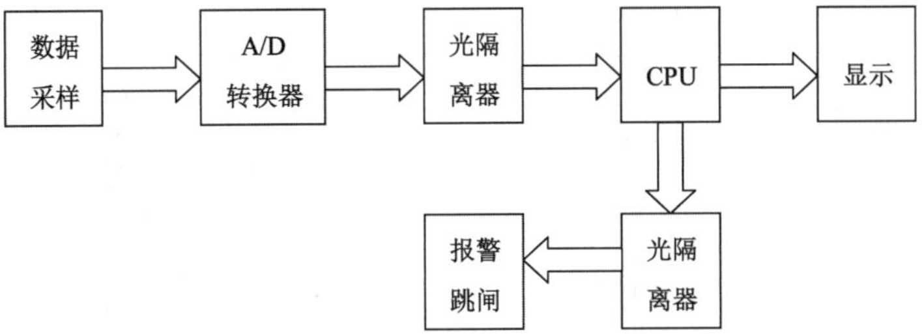

图 5-9-10　ZJBD-2 型微处理器智能综合保护装置基本工作原理框图

定值共 8 挡，整定误差不大于±10%。短路保护电路输出跳闸信号，切除短路故障，同时进行指示灯显示和故障记忆。

④ 漏电保护。当负荷侧发生漏电故障时，由零序电流互感器 TA 检测取得零序电流信号 I_0，送入波形变换电路整形，由配电装置的电压互感器 TV 取得零序电压信号 U_0，送入波形变换电路整形，然后两路信号送入相位比较电路，当相位满足 U_0 超前 I_0 相位 90°±30°及漏电信号幅度和时间达到整定值要求时，输出漏电跳闸信号，实现漏电保护，同时进行指示灯显示和故障记忆。

⑤ 监视保护。监视保护专门为监视高压双屏蔽电缆运行状态而设置。当负荷侧电缆受外力冲击和绝缘老化，会引起地线、监视线间电阻及回路电阻发生变化。

当地线与监视线间绝缘和回路电阻参数达到规定动作值时，经绝缘监视电路进行信号处理与鉴别，输出监视跳闸信号，实现监视保护，同时进行指示灯显示和故障记忆。

⑥ 失压脱扣保护。失压脱扣保护由安装在真空断路器内的失压脱扣器实现。该失压脱扣器的工作特性符合表 5-9-3 的要求。

表 5-9-3　失压脱扣器的工作特性

操作电压与额定电压比值	下降到≤35%	下降到≥65%	≥85%
失压脱扣电磁铁工作状态	可靠释放	不得释放（保护吸合）	可靠吸合

⑦ 过电压保护。过电压保护由压敏电阻器实现。当真空断路器在合闸和分闸过程中出现过压时，可将过压值限制在 2.6 倍相电压峰值以下。

4. 安装接线

高压真空配电装置根据左、右两边和右下边输出法兰盘下接线喇叭嘴的封堵情况，可有 4 种连接方案，如图 5-9-11 所示。图 5-9-11(a)、(b)所示方案既可单台使用，也可联台使用；图 5-9-11(c)所示方案只能联台使用；图 5-9-11(d)所示方案用于母线联络（过桥）开关用。

电缆采用高压铜芯橡套电缆，电缆的长短根据现场情况确定。橡套电缆头的制作应严格按照操作工艺进行。将橡套电缆头剥离后，套入尼龙手套式电缆头，并根据高压配电装置连接螺栓的距离做出 3 个线鼻儿，固定在螺栓上，并将电缆接地线芯与配电装置接地螺栓相连。

5. 试验与整定

(1) 高压继电保护装置的试验

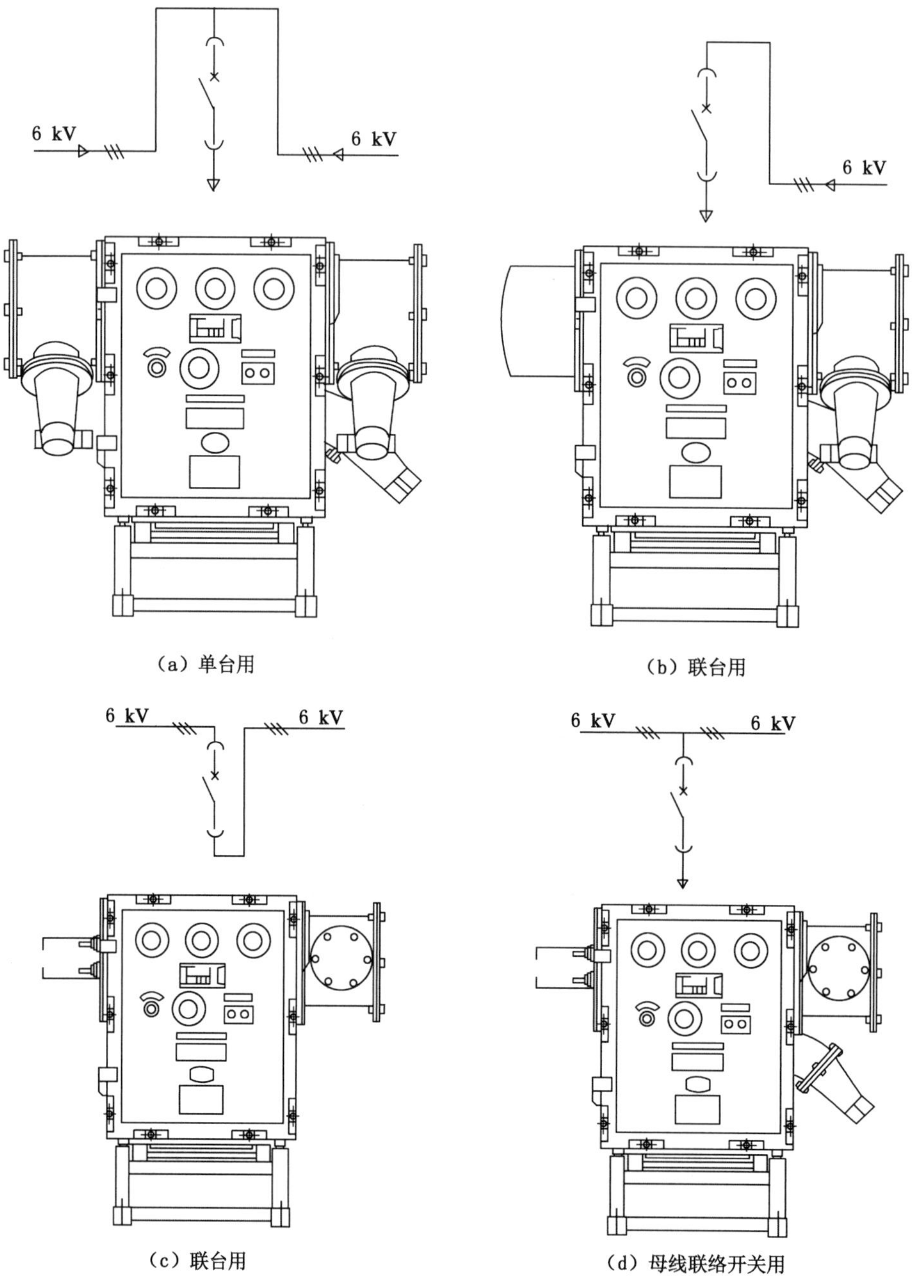

(a) 单台用　(b) 联台用　(c) 联台用　(d) 母线联络开关用

图 5-9-11　配电装置使用接线图

拆除三相低压熔断器的熔断芯，在箱门的接线端子板引入 100 V 的三相四线制低压工频电源(线号为 4、5、6 和 D1)，箱门上电压表指示为 6 kV，电源指示灯为绿色。综合继电保护装置面板上有电源指示(红色)，显示板显示 6 000 V。

将隔离插销连锁柄置于“合”位置，断路器失压电磁铁吸合。分别操作电动的合、分闸按钮和手动的合、分闸操作手柄，可实现断路器的合、分闸。

将隔离插销连锁柄置于“分”位置，断路器不能电动合闸操作，操作手动合闸手柄，真空断路器分、合闸。

① 操作“过流”“漏电”“监视”试验按钮，真空断路器都能分闸，相应的故障指示显示正确。按下“复位”按钮，故障指示熄灭。

② 过载、短路保护试验，可通过加二次电流的方法试验，即将 U 相（或 W 相）电流互感器的 1 k 绕组端拆下，并在拆下的导线上引入单相工频电流，5 A 为额定电流值。

过载试验以过载电流整定为 0.4 倍挡和反时限动作时间为 4 挡为例，引入 2.0 A 的二次电流，同一时间断路器合闸，计时器开始计时，当达到整定 4 挡位置的时间（21.0 s）后，断路器即可分闸，显示过载故障。注意：试验电流不能波动太大，否则延时不准。

短路试验以短路电流整定 4 倍挡为例，断路器合闸后，引入 20 A 的二次电流，断路器立刻分闸，显示短路故障。

试验完毕拆除试验线路，恢复配电装置的所有接线，并对隔离插销进行合闸和分闸试验，合、分闸应灵活，无卡滞现象，并保证在合闸时，触头插入触桥的深度不小于 20 mm。最后检查各机械联锁装置均应能正确工作。

（2）保护功能试验

① 过流试验。对应过载与短路电流整定参数，如短路整定倍数旋钮处于 1～3 挡，按“过流试验”按钮，则短路工作，保护面板上过流指示灯亮，显示故障原因代码 DL2，试验完毕按“复位”按钮。如短路整定旋钮倍数处于 4 倍及以上，则对应于过载整定倍数及过载延时各挡，按“过流试验”按钮，过载动作，保护面板上过流指示灯亮，显示故障原因代码 GA1，试验完毕按“复位”按钮。

② 漏电试验。正常工作运行情况下，对应于漏电延时各挡，按下“漏电”按钮，发出保护信号，保护面板上漏电灯亮，同时显示故障原因代码 LD3，试验完毕按“复位”按钮。

③ 监视试验。正常工作运行情况下，按下“监视”按钮，发出保护信号，保护面板上监视灯亮，同时显示故障原因代码 JS4，试验完毕按“复位”按钮。

（3）ZJBD-2 型微处理器智能综合保护装置工作参数整定

该装置的额定工作电流分为 8 挡，分别为 50 A、100 A、150 A、200 A、300 A、400 A、500 A 和 600 A，根据 BGP9L-6AK 型高压真空配电装置的额定电流对应选择挡位即可，如额定电流 100 A 的配电装置选择 100 挡位，额定电流 400 A 时选择 400 挡位。

其余各工作参数，可根据负载情况参照主要技术参数确定。

6. 停送电操作

（1）送电

BGP9L-6AK 型矿用隔爆型高压真空配电装置的送电程序如下：

① 隔离插销合闸到位。

② 隔离插销联锁柄置“合”位置。

③ 真空断路器手动或电动合闸。使用电动合闸时，操作频率不得超过 3 次/min，且连续操作 3 次以后，应当经过 5 min 后方可进行后续操作。

按送电程序的要求给每台配电装置送电，并逐一观察配电装置送电后是否能正常工作，发现异常现象，立即停电、检查、处理。

（2）停电

BGP9L-6AK 型矿用隔爆型高压真空配电装置的停电程序如下：

① 真空断路器手动或电动分闸。

② 隔离插销联锁柄置“分”位置。

③ 隔离插销分闸到位。

配电装置短暂时间停电时，可以不进行以上停电操作程序中的②、③两项操作。停电操作时严禁不进行①、②两项操作而直接进行③项操作。

7. 故障排除

(1) 故障显示

本装置有两排数码显示，正常工作时，上面 5 位实时显示电网电压，下面 3 位显示负载工作电流，如图 5-9-12 所示。

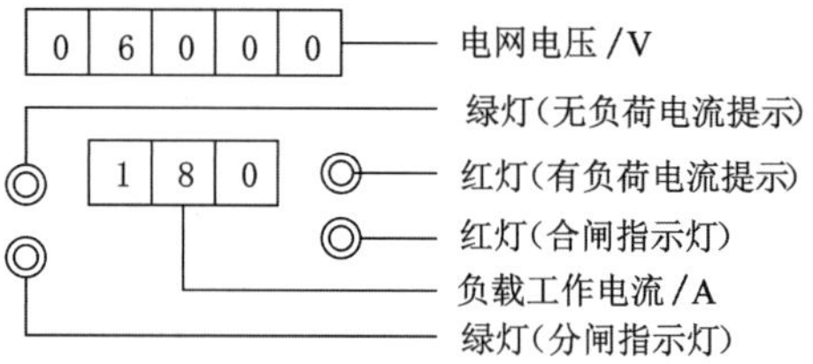

图 5-9-12　显示屏显示说明

当设备出现故障时，则显示故障原因代码，如图 5-9-13 所示。

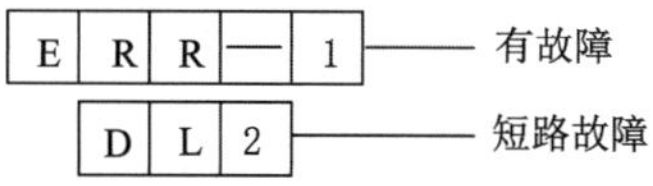

图 5-9-13　显示故障原因代码

故障原因代码见表 5-9-4。

表 5-9-4　BGP9L-6AK 型矿用隔爆型高压真空配电装置故障原因代码

故障代码	故障原因
FA1	过载(负载电流超限)
DL2	短路
LD3	漏电
JS4	监视(回路电阻超限)
JS5	监视(绝缘电阻超限)
GU6	过电压(电源电压超限)
DU7	低电压(电源电压超限)
PH8	相不平衡
BD9	波段开关故障

(2) 故障检修

① 调整及漏气判断。真空断路器是接通和分断高压主回路的电气元件。高压主回路

的接通和分断是依靠封闭在真空灭弧室的静、动触点来实现的。真空断路器的使用安全可靠，寿命长，维修工作量极少。该真空断路器为弹簧储能，手动合闸。分闸有手动、电动和失压脱扣三种方式。该真空断路器的主要参数见表 5-9-5。

表 5-9-5 真空断路器的主要参数

序号	性能	参数
1	触头开距	8^{+1} mm
2	触头超行程	3^{+1} mm
3	三相触头不同时接触时间	≤2 ms
4	平均分闸速度	0.8～1.2 m/s
5	平均合闸速度	0 6 ～1.0 m/s
6	每相接触电阻	≤100 μΩ
7	合闸时触头弹跳时间	≤3 ms

② 三相触头的同期性调整。三相灭弧室各跨接一个与 1.5 V 电源串接的灯泡，慢慢旋转手柄关合断路器，如果 3 个灯几乎同时发亮，则说明三相触头基本同期。调整时，用专用扳手调节球头螺钉，调好后用螺母紧固，并用顶丝顶紧以防松动。

③ 调整触头行程。调整配电箱左侧的紧固螺钉，使断路器由合闸到分闸位置时，测量导电夹的行程，即为触头开距，应保证 8^{+1} mm 的距离。

④ 调整触头超行程。当合闸时，指示灯亮后到合闸终了，测量方接头上端的行程即为超行程，超行程应保证在 3^{+1} mm 范围内，可调节配电箱右侧的拉杆达到并锁紧。

总行程、开距和超行程满足下列关系：

$$总行程=开距+超行程$$

如图 5-9-14 所示，固定在摇臂上的销 7 可在导杆 6 上的长圆孔中移动。S 为套在销上套管 7 的下侧与导杆下侧的距离，设断路器分闸时所测 S 值为 S_1，合闸时为 S_2，则断路器的超行程为(S_2-S_1)。当超行程不满足要求时，松开螺母 10，通过旋转绝缘子 4 来调节。当机构主轴 9 的转角不变时，超行程与开距之和为一常数，增大超行程必然使开距减小，反之亦然。断路器分、合闸同期性满足要求后，再通过调节机构主轴分闸限位螺栓改变机构主轴转角，使开距也满足要求。

松开或拧紧图 5-9-14 中的螺母 10 时，应用扳手夹住动导电杆 11，使其不得扭动，否则真空灭弧室将损坏。调节完毕后，螺母应拧紧。

⑤ 真空灭弧室的漏气判断。

外观检查：仔细观察外壳的封接部位有无破裂、损坏，波纹管有无划伤、裂纹等不正常现象，发现明显损坏，应立即更换灭弧室。

负压力检查：抽出摇臂与方接头的销轴，用手拉动灭弧室动导电杆，如感觉无负压，则证明灭弧室已经漏气，应予以更换。

(3) 高压真空配电装置的故障分析与排除

BGP9L-6AK 型矿用隔爆型高压真空配电装置的故障分析与排除见表 5-9-6。

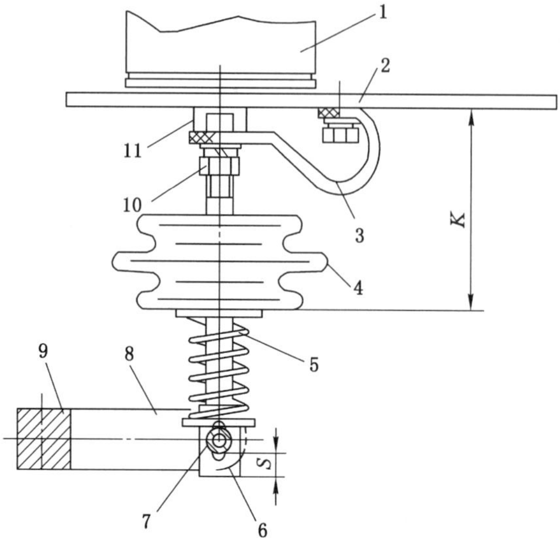

1—真空灭弧室;2—引出线端子;3—软连接;4—绝缘子;5—触头弹簧;6—导杆;
7—套管、销;8—摆臂;9—机构主轴;10—螺母;11—动导电杆。

图 5-9-14 开距、超行程的测量及调节

表 5-9-6 BGP9L-6AK 型矿用隔爆型高压真空配电装置的故障分析与排除

故障现象	故障原因	排除方法	备注
配电装置工作正常,电压表指示正常,电源指示灯或断路器合闸指示灯不亮	指示灯线路不通或发光二极管损坏	检修线路或更换发光二极管	相关导线标号为 26、30、6、D1
隔离插销合闸卡滞	插座与触头中轴线偏离太大或触桥排列不整齐	校正两者中轴线,更换触桥或触桥弹簧	
隔离插销严重发热	触头、触桥烧损或触桥弹簧退火	更换触头、触桥或触桥弹簧	
低压熔断器熔体烧断	线路有短路或工作电流过大现象	检查短路点,处理后更换熔体	
真空断路器电动合闸拒合,手动合闸正常	配电装置的控制线路、断路器电动合闸电机或机构故障	检修控制线路或电动合闸机构	相关导线标号为 31、33、35、37、D1
真空断路器手动、电动合闸均拒合	断路器的锁扣机构失灵或欠压脱扣器故障	检查锁扣机构,更换欠压脱扣电磁铁	相关导线标号为 5、6、32、34、36、101、102
真空断路器手动分闸正常、电动分闸拒分	断路器脱扣机构和电动分闸线路故障	检查脱扣机构,检测分闸线路	
真空断路器手动、电动分闸均拒分	断路器脱扣机构故障	检查脱扣机构	
过载、短路、漏电、监视等保护工作不正常	高压综合继电保护装置故障	检修高压综合继电保护装置的相应电路或更换整台保护装置	

第六章　可燃性粉尘环境用电气设备

第一节　可燃性粉尘环境通用要求

一、粉尘种类

在大气中依靠自身重量可沉淀下来，但也可持续悬浮在空气中一段时间的包括纤维和飞絮在内的固体微小颗粒物质均称为粉尘。主要产生在开采、破碎、粉碎、筛分、包装、配料、混合、搅拌、散粉装卸及输送除尘等生产过程中。在爆炸性粉尘环境中，粉尘应分为下列四种。

1. 爆炸性粉尘

在大气条件下，粉尘、纤维或飞絮状的可燃性物质与空气形成的混合物质被点燃，燃烧将传遍整个未燃混合物的环境。这种粉尘即使在空气中氧气很少的环境中也能着火，呈悬浮状态时能产生剧烈的爆炸，如镁、铝、铝青铜等粉尘。

2. 可燃性导电粉尘

与空气中的氧气起发热反应而燃烧的导电粉尘，如石墨、炭黑、焦炭、煤、铁、锌、钛等粉尘。

3. 可燃性非导电粉尘

与空气中的氧气起发热反应而燃烧的非导电粉尘，如聚乙烯、苯酚树脂、小麦、玉米、砂糖、染料、可可、木质、米糠、硫黄等尘。

4. 可燃纤维

与空气中的氧起发热反应而燃烧的纤维，如棉花纤维、麻纤维、丝纤维、毛纤维、木质纤维、人造纤维等。

其特性见表 6-1-1。

二、爆炸性粉尘危险、危害因素

爆炸性粉尘属生产性粉尘，其危险性主要表现为：

① 与气体爆炸相比，其燃烧速度和爆炸压力均较低，但因其燃烧时间长、产生能量大，所以破坏力和损害程度大。

② 爆炸时粒子一边燃烧一边飞散，可使可燃物局部严重炭化，造成人员严重烧伤。

③ 最初的局部爆炸发生之后，会扬起周围的粉尘，继而引起二次爆炸、三次爆炸，扩大伤害。

④ 与气体爆炸相比，易于造成不完全燃烧，从而使人发生一氧化碳中毒。

表 6-1-1　部分易燃易爆粉尘和可燃纤维特性表

粉尘种类	粉尘名称	引燃温度组别	高温表面沉积粉尘(5 mm 厚)的引燃温度/℃	云状粉尘的引燃温度/℃	爆炸下限浓度/(g/m^3)	粉尘平均颗粒/μm	危险性种类
金属	铝(表面处理)	T11	320	590	37～50	10～15	爆
	铝(含油)	T12	230	400	37～50	10～20	爆
	铁粉	T12	242	430	153～240	100～150	易导
	镁	T11	340	470	44～59	5～10	爆
	红磷	T11	305	360	48～64	30～50	易
	炭黑	T12	535	>690	36～45	10～20	易导
	钛	T11	290	375			爆
	锌	T11	430	530	212～284	10～15	易导
	电石	T11	325	555		<200	易
	钙硅铝合金	T11	290	465			易导
	8%钙-30%硅-55%铝	T11	450	640			易导
	硅铁合金	T11	445	555		<90	易导
	锆石	T11	305	360	92～123	5～10	易导
橡胶天然树脂	钠丁间酮酸酯	T11	熔融	520		5～8	
	聚丙烯腈		炭化	505		5～7	
	聚氯酯		熔融	425		50～100	
	有机玻璃粉		熔融、炭化	485			易
	骨胶(虫胶)		沸腾	475		20～50	易
	硬质橡胶		沸腾	360	36～49	20～30	易
	软质橡胶		沸腾	425		80～100	易
	天然树脂		熔融	370	38～52	20～30	易
农产品	裸麦粉(未处理)	T11	325	415	67～93	30.5	易
	裸麦谷物粉(未处理)		305	430		50～100	
	裸麦筛落品(粉碎品)		305	415		30～40	
	小麦粉		炭化	410		20～40	
	小麦谷物粉		290	420		15～30	
	小麦筛落粉(粉碎品)		290	410		3～5	
	乌麦、大麦谷物粉		270	440		50～100	
	筛米粉		270	410		50～100	
	玉米淀粉		炭化	430		20～30	
	马铃薯淀粉		炭化	430		60～80	
	布丁粉		炭化	395		10～20	
	糊精粉		炭化	400	71～99	20～30	

表 6-1-1(续)

粉尘种类	粉尘名称	引燃温度组别	高温表面沉积粉尘(5 mm 厚)的引燃温度/℃	云状粉尘的引燃温度/℃	爆炸下限浓度/(g/m³)	粉尘平均颗粒/μm	危险性种类
农产品	砂糖粉	T11	熔融	360	77～99	20～40	易
	砂糖粉(含奶粉)		熔融	450	83～100	20～30	
	黑麦谷粉		305	430		50～10	
	黑麦面粉		325	415		30～50	
	黑麦滤过粉末(磨碎)		305	415		30～40	
	豆麻饼子和磨坊粉末		285	470			
	米滤过的粉末		270	420		50～100	
燃料	煤泥粉	T11	260	450		60～90	易
	褐煤粉(褐煤)		260		49～68	2～3	易
	褐煤粉(火车用)		230	485		3～5	易
	有烟煤粉		235	595	41～57	5～10	易
	瓦斯煤粉		225	580	35～48	5～10	易
	焦炭用煤粉		280	610	33～45	5～10	易
	贫煤粉		285	680	34～45	5～7	易
	无烟煤粉		>430	>600	40～54	100～150	易
	水炭粉(硬质)		340	595	39～52	1～2	易导
	泥煤焦炭粉		360	615	40～54	1～2	易导
	裸煤焦炭粉		235			4～5	易导
	煤焦炭粉		430	>750	37～50	4～5	易导
	焰粉		235	595		5～10	
	石墨		不着火	>750		15～25	
	炭黑		535	>690		10～20	

三、粉尘爆炸的条件

爆炸性粉尘形成的四个必要条件为：

① 粉尘的化学组成和性质。

② 粉尘的粒度和粒度分布。

③ 粉尘的形状与表面状态。

④ 粉尘中的水分。

可用上述四个条件来辨识是否为爆炸性粉尘。

固体可燃物及某些常态下不燃的物质如金属、矿物等经粉碎达到一定程度成为高度分散物系，具有极高的比表面自由焓，此时表现出不同于常态的化学活性。

爆炸性粉尘爆炸的条件为：

① 可燃性和微粉状态。

② 在空气中(或助燃气体)搅拌，悬浮式流动。

③ 达到爆炸极限。

④ 存在点火源。

四、粉尘爆炸的过程

① 悬浮粉尘在热源作用下迅速地被干馏或气化而产生可燃气体。

② 可燃气体与空气混合而燃烧。

③ 燃烧产生的热量从燃烧中心向外传递，引起邻近的粉尘进一步燃烧。如此循环下去，反应速度不断加快，最后形成爆炸。

五、粉尘爆炸的特点

① 具有二次爆炸的可能。粉尘初始爆炸的气浪可能将沉积的粉尘扬起，形成爆炸性尘云，在新的空间再次产生爆炸，这叫二次爆炸。这种连续爆炸会造成严重的破坏。

② 粉尘爆炸感应期长，达数十秒，为气体的数十倍。

③ 粉尘爆炸可能产生两种有毒气体：一种是一氧化碳，另一种是爆炸物质（如塑料等）自身分解产生的毒性气体。

六、影响粉尘爆炸的因素

(1) 物理化学性质

物质的燃烧热越大，则其粉尘的爆炸危险性也越大，例如煤、碳、硫的粉尘等；越易氧化的物质，其粉尘越易爆炸，例如镁、氧化亚铁、染料等；越易带电的粉尘越易引起爆炸。粉尘在生产过程中，由于互相碰撞、摩擦等作用，产生的静电不易散失，造成静电积累，当达到某一数值后，便出现静电放电。静电放电火花能引起火灾和爆炸事故。

粉尘爆炸还与其所含挥发物有关。如煤粉中当挥发物低于10%时，就不再发生爆炸，因而焦炭粉尘没有爆炸危险性。

(2) 颗粒大小

粉尘的表面吸附空气中的氧，颗粒越细，吸附的氧就越多，因而越易发生爆炸，而且发火点越低，爆炸下限也越低。随着粉尘颗粒直径的减小，不仅化学活性增加，而且还容易带上静电。

(3) 粉尘的浓度

与可燃气体相似，粉尘爆炸也有一定的浓度范围，也有上下限之分。但在一般资料中多数只列出粉尘的爆炸下限，因为粉尘的爆炸上限较高。

掌握了粉尘爆炸的机理，就可据以采取相应的安全措施，如密闭设备、通风除尘、抽风吸尘、润湿降尘、清扫积尘、控制电源、清除静电隔绝火源等。在扑救粉尘的火灾中，应注意不要使沉积粉尘飞扬起来，最好采用喷雾水流，以防发生二次爆炸。

生产过程中，如果在粉尘作业环境中长时间工作吸入粉尘，就会引起肺部组织纤维化、硬化，丧失呼吸功能，导致肺病。尘肺病是无法治愈的职业病；粉尘还会引起刺激性疾病、急性中毒或癌症；爆炸性粉尘在空气中达到一定的浓度（爆炸下限浓度）时，遇火源会发生爆炸。

七、防爆原理

在爆炸性粉尘环境中产生爆炸必须同时存在下列条件：存在爆炸性粉尘混合物，其浓度在爆炸极限内及足以点燃爆炸性粉尘混合物的火花、电弧或高温。防止爆炸的基本措施是使产生爆炸的条件同时出现的可能性减小到最低程度，因此，在工程设计中采取消除或减少爆炸性粉尘混合物产生和积聚的措施，更主要的是选用粉尘防爆电器。粉尘防爆电器采取了引燃源与粉尘隔离原理。使用一个有一定防护能力的外壳将带电部件包住，使粉尘不能进入到外壳中，防止爆炸的产生。

粉尘防爆技术就是采用防尘或尘密外壳的结构及限制表面温度的方法对可燃性粉尘环境进行保护的电气设备。

八、粉尘防爆电器的分类

粉尘防爆电器的外壳接合面配合紧密，必要时可增加可靠的密封圈，外壳的防尘能力达到IP5X以上，并且限制设备的发热温度在允许值以下，按其粉尘进入设备的能力分为两类：

① 尘密外壳：能够阻止所有可见粉尘颗粒进入的外壳，外壳防护等级为IP6X。

② 防尘外壳：不能完全阻止粉尘进入，但进入量不会妨碍设备安全运行，且不会在外壳内容易引起点燃危险部位积聚的外壳，外壳防护等级为IP5X。

九、粉尘防爆电器允许的最高表面温度

粉尘防爆电器的最高表面温度应符合表6-1-2的规定。

表6-1-2　粉尘防爆电器的最高表面温度

温度组别	点燃温度 T/℃	无过负载/℃	有认可的过负载/℃
T11	$T>270$	215	190
T12	$270\geqslant T>200$	160	145
T13	$200\geqslant T>150$	120	110

表6-1-2中，使用无过负载数值时取粉尘点燃温度的80%；使用有认可的负载数值时取无过负载的90%。这样粉尘防爆电器温度控制方面采取了更保险的措施，以达到更可靠的安全性。

十、可燃性粉尘危险区域的划分

根据可燃性粉尘环境出现的频率和持续时间，把危险场所分为三个区域，它们分别是20区、21区和22区。

① 20区：空气中的可燃性粉尘云持续地或长期地呈现于爆炸性环境中的场所。

② 21区：在正常运行时，空气中的可燃性粉尘云很可能偶尔出现于爆炸性环境中的场所。

③ 22区：在正常运行时，空气中的可燃性粉尘云一般不可能出现于爆炸性粉尘环境中的场所，即使出现，持续时间也是短暂的。

第二节　可燃性粉尘环境用电气设备的安装与维护要求

(1) 粉尘环境防爆电器设备日常维护应进行下列检查：

① 设备的防爆标志、外壳防护等级和温度组别，应与爆炸性粉尘环境相适应。

② 设备的型号、规格应符合设计要求，铭牌及防爆标志应正确、清晰。

③ 设备的外壳应光滑、无裂纹、无损伤、无凹坑或沟槽，并应有足够的强度。

④ 设备的紧固螺栓应无松动、锈蚀。

⑤ 设备的外壳接合面应紧固严密，密封垫圈完好，转动轴与轴孔间的防尘密封应严密，透明件应无裂损。

(2) 设备安装应牢固，接线应正确，接触应良好，通风孔道不得堵塞，应注意保持设备的爬电距离和电气间隙，以避免产生电弧或火花的可能性。

(3) 设备安装时，为防止可能遇到的外部影响(如化学、机械和热应力)，电气设备应采取附加措施。这些附加措施不应削弱设备的正常热扩散，不应削弱外壳提供的防护等级的完整性。

(4) 爆炸性粉尘环境内的电气设备和线路，应符合周围环境内化学的、机械的、热的、霉菌以及风沙等不同环境条件对电气设备的要求。在正常运行时能发生火花的电气设备，宜布置在爆炸性粉尘环境以外。在爆炸性粉尘环境内，不宜采用携带式电气设备。

(5) 在爆炸性粉尘环境采用非防爆型电气设备进行隔墙机械传动时，应符合下列要求：

① 安装电气设备的房间，应采用非燃烧体的实体墙与爆炸性粉尘环境隔开。

② 应采用通过隔墙由填料函密封或同等效果密封措施的传动轴转动。

③ 安装电气设备房间的出口，应通向非爆炸和无火灾危险的环境，当安装电气设备的房间必须与爆炸性粉尘环境相通时，应在爆炸性粉尘环境采取正压措施。

(6) 爆炸性粉尘环境内，有可能过负荷的电气设备，应装设可靠的过负荷保护。

(7) 在爆炸性粉尘环境内，应少装插座盒局部照明灯具。如必须采用时，插座宜布置在爆炸性粉尘不易积聚的地点，局部照明灯宜布置在事故时气流不易冲击的位置。粉尘环境中安装的插座必须开口的一面朝下，且与垂直面的角度不大于 60°。

第三节　粉尘防爆插接装置

一、BCZ 系列粉尘防爆插接装置

1. 结构特点

BCZ 系列粉尘防爆插接装置外壳为铸铝合金，表面高压静电喷塑。产品设置时序功能，对于不同的工作电压设置不同的指示颜色，防止不同规格的插头与插座误拔插；防尘盖采用链条固定，防止脱落，保护接触铜杆；具有连锁结构，只有插座内的开关分段后方能拔出插头，也只有插入插头后方能合上开关；插头主要由外壳与插座对应的插杆、插杆支架、接线托架及进线装置等组成；插座主要由外壳、插接用的插座和连锁机构及电缆引入装置等组成。内装分段隔离开关且实现机械连锁，确保插头插拔时不带电，插座电缆或钢管布线均可。BCZ 系列粉尘防爆插接装置结构特点如图 6-3-1 所示。BCZ 系列粉尘防爆插接装置外形及安装图如图 6-3-2 所示。

(a) 体盖采用隔爆螺纹式固定　(b) 不同工作电压设置不同颜色指示　(c) 不锈钢指示牌　(d) 链条固定式防尘盖

图 6-3-1　BCZ 系列粉尘防爆插接装置结构特点

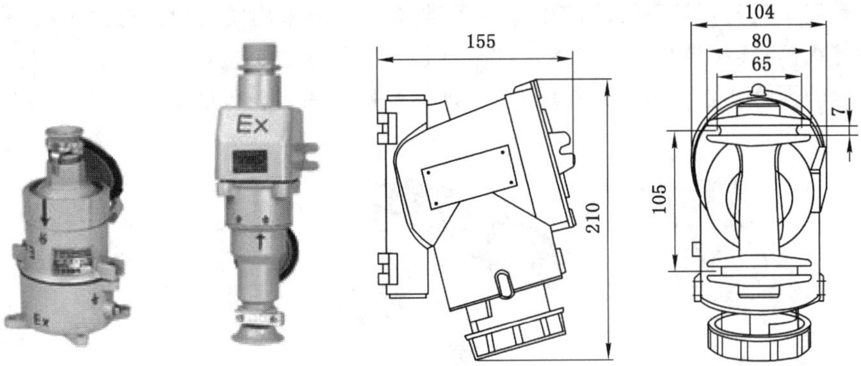

（a）插座

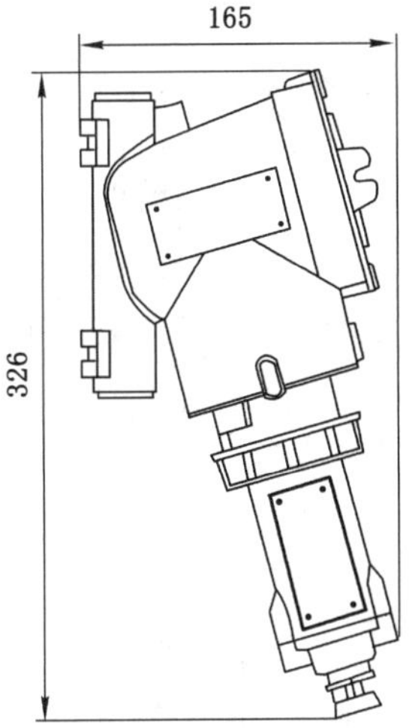

（b）插接装置

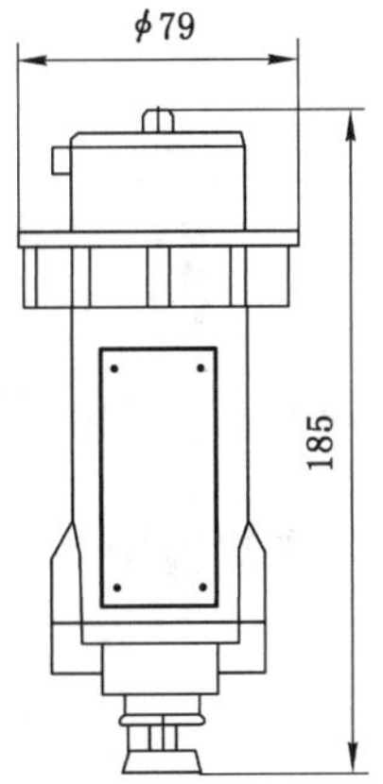

（c）插头

图 6-3-2　BCZ 系列粉尘防爆插接装置外形及安装尺寸

2. 适用范围

该系列粉尘防爆插接装置适用于含有爆炸性或可燃性粉尘环境及 20 区、21 区、22 区危险场所，供给 380 V、20 A 以内的交流电源接线。

BCZ 系列粉尘防爆插接装置的型号含义：

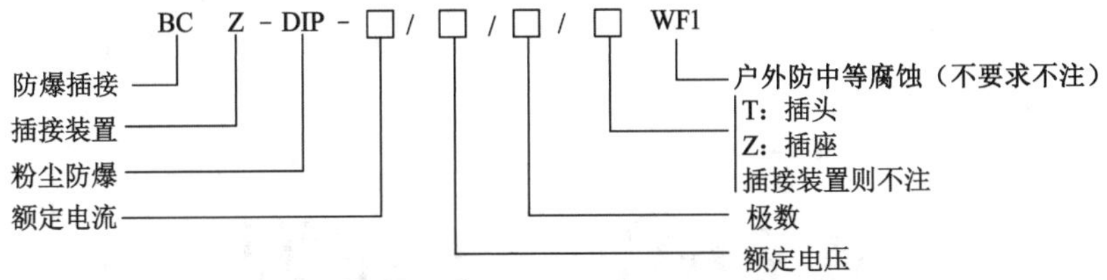

二、BLJ 系列粉尘防爆连接器

1. 结构特点

BLJ 系列防爆连接器外壳为高强度航空铝，表面阳极氧化处理，强度高，防腐性能好；具有锁扣结构，连接器连接好后旋于锁定位置，可防止误插拔；连接器采用插拔式结构，方便安装；高导电性接触件，插接后接触可靠；插芯材料为热塑性工程塑料绝缘，V0 级阻燃；设有插芯机械连锁机构，具有防震、防松脱功能；防爆连接器采用紧凑型结构设计，锁紧后防水防尘密封等级高；连接器可与危险区域的电气设备方便快速连接，安全、可靠、容易分段。BLJ 系列粉尘防爆连接器结构特点如图 6-3-3 所示。BLJ 系列粉尘防爆连接器外形及安装尺寸如图 6-3-4 所示。

（a）内置锁扣

（b）防护堵头

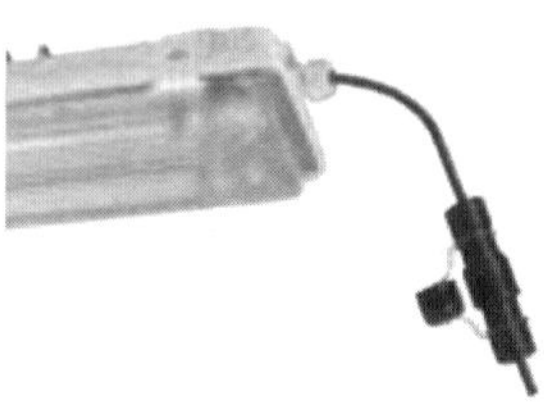

（c）可与防爆灯具配套使用

图 6-3-3　BLJ 系列粉尘防爆连接器结构特点

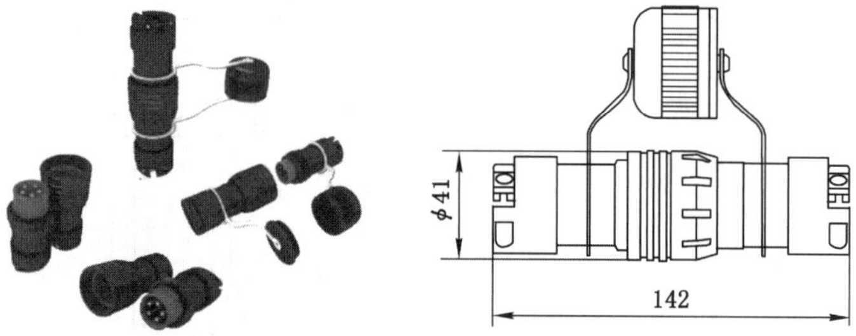

（a）连接器

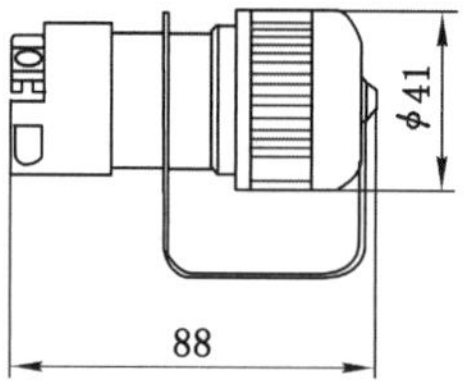

（b）插头

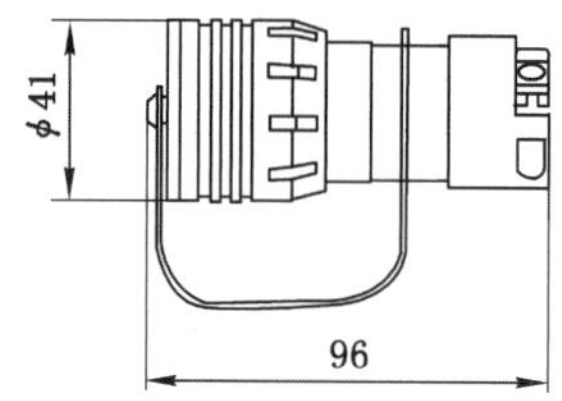

（c）插座

图 6-3-4　BLJ 系列粉尘防爆连接器外形及安装尺寸

2. 适用范围

该系列粉尘防爆连接器适用于含有爆炸性或可燃性粉尘环境及 21 区、22 区危险场所。适用于 T1～T6 组温度组别。广泛用于仪器仪表、电力、通信、机车、医疗和石油勘探等领域的电力及信号传输。

安装方式如图 6-3-5 所示。

安装前

安装后

图 6-3-5　安装方式

BLJ 系列粉尘防爆连接器的型号含义：

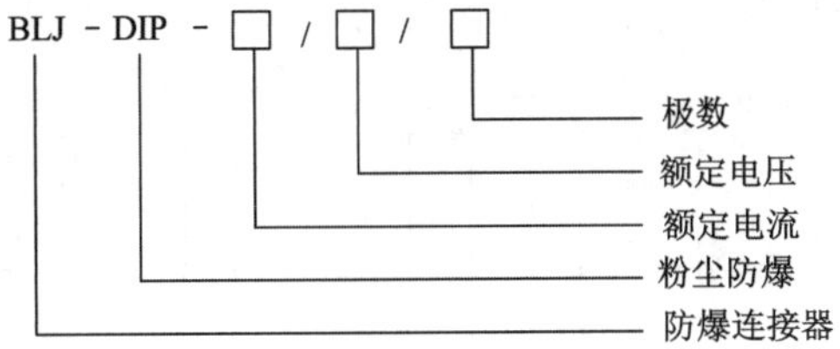

第四节　粉尘防爆配电箱

一、BXM(D)系列粉尘防爆配电箱

1. 结构特点

BXM(D)系列粉尘防爆配电箱为铸铝合金外壳，采用平面尘式密结构，具有很强的防尘防水功能；内装高分断小型断路器或塑壳式断路器；采用模块化结构，各种回路可以自由选择组合。有特殊要求可特制；钢管或电缆布线均可。其外形及安装尺寸如图 6-4-1 所示。

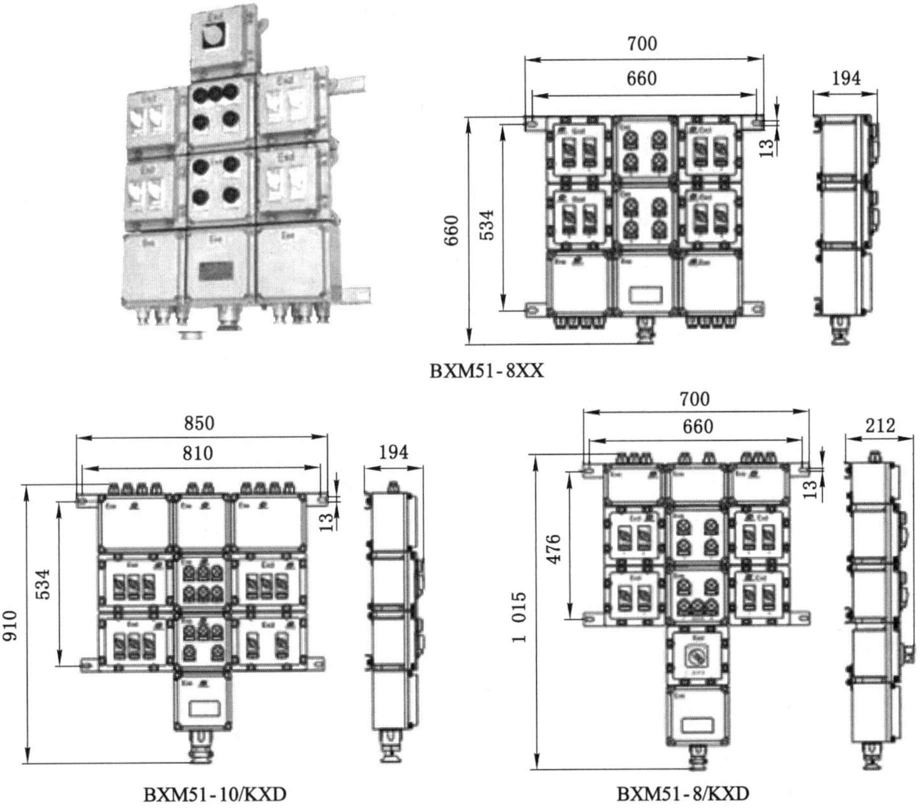

图 6-4-1　BXM(D)系列粉尘防爆配电箱外形及安装尺寸

2. 适用范围

该系列粉尘防爆配电箱适用于含有爆炸性或可燃性粉尘环境及 21 区、22 区危险场所。用于 380 V、220 V 电路中，用作照明或动力系统配电使用。主回路可带开关，亦可不带开

关，4～12 个支回路，具有过载、短路保护功能，可根据要求增加漏电保护功能。

BXM(D)系列粉尘防爆配电箱的型号含义：

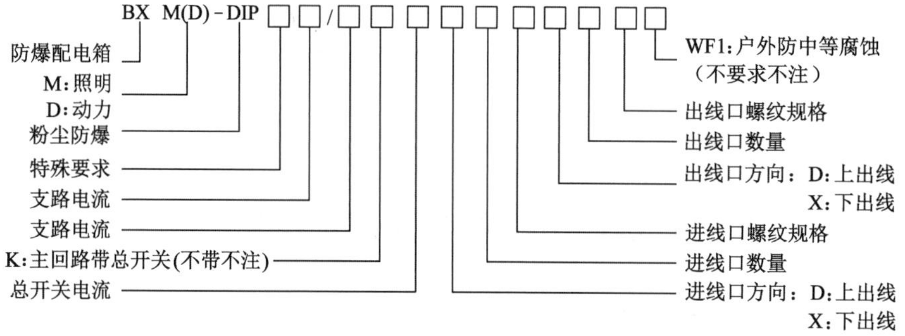

3. 主要技术参数

该系列粉尘防爆配电箱主要技术数据见表 6-4-1。

表 6-4-1　BXM(D)系列粉尘防爆配电箱主要技术数据

型号	额定电压/V	主回路额定电流/A	支路数	支路额定电流/A	防爆标志	防护等级	管螺纹		电缆外径/mm	
							进线	出线	进线	出线
BXM(D)-4	380、220	60、100、250	4	1、3、5、10、15	IPA20TAT6	IP65	G1¼～G3	G1¾～G1	ϕ18，ϕ22，ϕ26，ϕ30，ϕ34，ϕ36	ϕ10～17
BXM(D)-6			6							
BXM(D)-8			8							
BXM(D)-10			10							
BXM(D)-12			12							

注：M—照明；D—动力；K—主回路带总开关。

二、BQD 系列粉尘防爆电磁启动器

1. 结构特点

BQD 系列粉尘防爆电磁启动器为铸铝合金外壳，表面喷塑；内装交流接触器、热继电器、自复位万能转换开关；进出线可采用钢管布线或电缆布线。其外形及安装尺寸如图 6-4-2 所示。

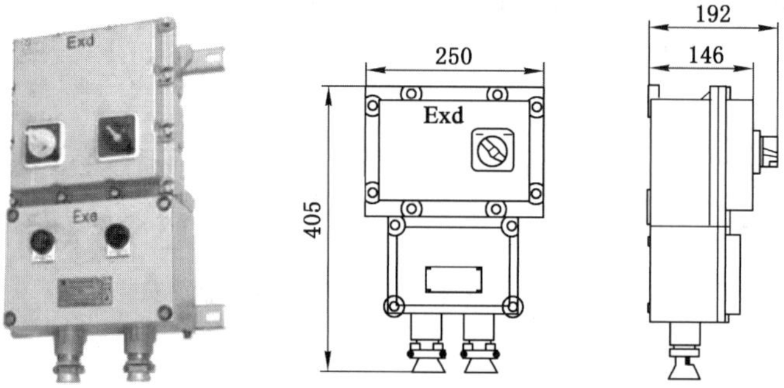

图 6-4-2　BQD 系列粉尘防爆电磁启动器外形及安装尺寸

2. 适用范围

该系列粉尘防爆电磁启动器适用于含有爆炸性或可燃性粉尘环境及 21 区、22 区危险场所。控制 380 V、50 Hz 三相异步电动机的启动和停止，控制电动机的功率从 5.5～45 kW。具有过载、断相及失压保护功能。

3. 主要技术参数

该系列粉尘防爆电磁启动器主要技术参数见表 6-4-2。

表 6-4-2　BQD 系列粉尘防爆电磁启动器主要技术数据

型号规格	控制电动机最大功率/kW	继电器整定电流调节范围/A	接触器额定电流/A	出线口螺纹	电缆外径/mm
BQD-DIP12/□	5.5	7～10	12	G1″	φ12～φ17
BQD-DIP18/□	7.5	12～18	18	G1″	φ12～φ17
BQD-DIP25/□	11	16～24	25	G1″	φ12～φ17
BQD-DIP32/□	15	23～32	32	G1¼″	φ15～φ23
BQD-DIP40/□	18.5	30～40	40	G1¼″	φ15～φ23
BQD-DIP50/□	22	37～50	50	G1½″	φ18～φ33
BQD-DIP63/□	30	48～65	63	G1½″	φ18～φ33

BQD 系列粉尘防爆电磁启动器的型号含义：

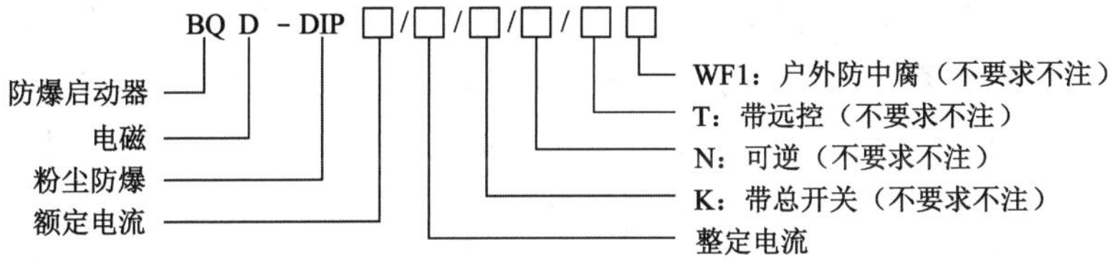

第七章　防爆电气设备管理

第一节　防爆电气设备失爆分析

随着科学技术迅猛发展，工业生产规模日益扩大，防火防爆问题显得更为重要。危险场所的电气设备在正常使用或故障状态下，都可能发生电火花、电弧、高温、静电以及摩擦、撞击火花等情况，从而导致火灾爆炸事故发生。据相关数字显示，从引发的直接原因看，电气引起最多，占总数的30.3%；其次是用火不慎，占22.9%；再次是生产作业不慎，占5.4%。其中，电气火灾所占比重保持上升态势。因此，如何防止电气设备的失爆，降低石油、化工、粮食加工等行业设备失爆和故障率对保证安全生产，实现安全与生产、安全与效益协调可持续发展有着十分重要的意义。

分析防爆电气设备的失爆原因主要有下列几点：

① 电气设施的产品质量直接决定了电气设备的耐爆性和防爆效果。如石油化工生产具有易燃易爆、高温高压、露天和连续化生产等特点，由于其投资大、规模大、社会影响大，属于高风险行业，其生产场所使用的电气设备各项防爆技术都必须符合国家标准的要求，才能达到真正的防爆目的。尽管当前我国已经制定了新的防爆产品相关标准，但是防爆电气设备的质量仍良莠不齐。如防爆电机绕组质量可靠性不高、噪声和振动质量较差，防爆灯具产品结构不合格等。伪劣设备即便使用时间不长，由于非常容易发生电弧火花引燃易燃物，因此，也非常容易导致电气火灾或爆炸。即使一个设备的电气件不合格，或者电气绝缘部分损坏，也极可能导致过负荷使设备失爆。

② 电气设备不按照要求安装或安装不合格是造成电气设备失爆的主要原因之一。防爆电气设备上的连接部件（如接线箱、接线盒）基本上都是用螺丝固定，在取件过程中很可能伤及其防爆面；若不选用专用工具，硬拆、硬敲使设备外壳变形、扭曲，致使防爆间隙变短、宽度变大；残留在防爆面上的木屑、焊渣等使其间隙变宽或损伤而失爆；内径过大或过小的密封圈也会使喇叭嘴失去防爆能力。以上种种不规范操作都极容易引起设备失爆。

③ 由于设备安装人员对防爆知识掌握不够，生产作业不规范，防爆安全意识薄弱等。

④ 防爆电气设备疏于维护和管理。以为装了防爆电气设备就万事大吉了，“重使用、轻维护”是许多企业普遍存在的现象，现场检查发现，设备常年失修，一些运行多年的电气设备的电缆护套以及电缆引入口的密封圈严重老化；许多隔爆型电气设备的紧固螺钉丢失、隔爆面锈蚀；增安型电气设备的塑料外壳变形；导体支持绝缘物损坏或包裹的绝缘材料脱落或损坏；线路连接导线接头连接不牢靠、活动触头（开关、熔丝、接触器、插座、灯泡与灯座等）接触不良；一些运行多年的电气设备普遍存在严重老化等。

所有这些问题都会造成防爆电气失爆，严重危及危险场所生产人员生命和财产的安全，因此，加强防爆电气的管理刻不容缓。

第二节　相关标准和法规

防爆电气设备国家标准和法规是对防爆电气设备实施管理的主要依据，其内容的完善与否将直接影响到管理效果，其执行的力度与全面性，更关系到防爆电气设备是否具有防爆性能及其在危险场所中是否可靠、有效。

作为防爆电气作业人员，在学习电气知识的基础上，还应认真学习防爆电气知识。因为防爆电气使用场所复杂，其防爆型式多种多样，安装、维护要求也不一样，因此，要保证防爆电气作业安全，学习防爆电气设备国家标准和法规是极其重要的任务。

当前我国正在全面修订和完善国家防爆技术标准和相应的安全规程，在政府部门的统一协调下，防爆及其管理技术标准化迅速地与国际接轨。我们在认真执行国家防爆电气政策法规的同时，还应积极地做好宣传工作，力求使企业管理人员、生产操作人员在电气设备防爆问题上做到认识统一、制度落实、职责分明、作业规范、安全实效。

一、《爆炸危险场所安全规定》的主要内容

《爆炸危险场所安全规定》是原劳动部于 1995 年 1 月颁发的，这个文件对爆炸危险场所的定义、危险等级划分、技术安全、安全管理及法则，对有爆炸危险的生产过程、厂房、设施、仓库等的控制，对通风要求、防静电措施等提出了明确的技术规定，对危险场所设备校验、维护保养和检修、作业人员培训和考核、操作规程、通风管理、特种作业等也都做出了规定，其主要内容如下：

1. 爆炸危险场所方面

爆炸危险场所是指存在由于爆炸性混合物出现造成爆炸事故危险而必须对其生产、使用、储存和装卸采取预防措施的场所。

爆炸危险场所划分为特别危险场所、高度危险场所和一般危险场所三个等级。

特别危险场所是指物质的性质特别危险，储存的数量特别大，工艺条件特殊，一旦发生爆炸事故将会造成巨大的经济损失、严重的人员伤亡、危害极大的危险场所。

高度危险场所是指物质的危险性较大，储存的数量较大，工艺条件较为特殊，一旦发生爆炸事故将会造成较大的经济损失、较为严重的人员伤亡、具有一定危害的危险场所。

一般危险场所是指物质的危险性较小，储存的数量较少，工艺条件一般，即使发生爆炸事故，所造成的危害较小的场所。

在划分危险场所等级时，对周围环境条件较差或发生过重大事故的危险场所应提高一个危险等级。

2. 危险场所的技术安全方面

有爆炸危险的生产过程，应选择物质危险性较小、工艺较缓和、较为成熟的工艺路线。

生产装置应有完善的生产工艺控制手段，设置具有可靠的温度、压力、流量、液面等工艺参数的控制仪表，对工艺参数控制要求严格的应设双系列控制仪表，并尽可能提高其自动化程度；在工艺布置时应尽量避免或缩短操作人员处于危险场所内的操作时间；对特殊生产工艺应有特殊的工艺控制手段。

生产厂房、设备、储罐、仓库、装卸设施应远离各种引爆源和生活办公区；应布置在全年

最小频率风的上风向；厂房的朝向应有利于爆炸危险气体的散发；厂房应有足够的泄压防爆电气作业面积和必要的安全通道；对散发比空气重的有爆炸危险气体的场所地面应有不引爆措施；设备、设施的安全间距应符合国家有关规定；生产厂房内的爆炸危险物料必须限量，储罐、仓库的储存量严格按国家有关规定执行。

生产过程必须有可靠的供电、供气（汽）、供水等公用工程系统。对特别危险场所应设置双电源供电或备用电源，对重要的控制仪表应设置不间断电源（UPS）。特别危险场所和高度危险场所应设置排除险情的装置。

生产设备、储罐和管道的材质、压力等级、制造工艺、焊接质量、检验要求必须执行国家有关规程，其安装必须有良好的密闭性能。对压力管线要有防止高低压窜气、窜液措施。

爆炸危险场所必须有良好的通风设施，以防止有爆炸危险气体的积聚。生产装置尽可能采用露天、半露天布置，布置在室内应有足够的通风量；通排风设施应根据气体比重确定位置；对局部易露部位应设置局部符合防爆要求的机械排风设施。

危险场所必须按《中华人民共和国爆炸危险场所电气安全规程》划定危险场所区域等级图，并按危险区域等级和爆炸性混合物的级别、组别配置符合国家标准规定的防爆等级的电气设备。防爆电气设备的配置应符合整体防爆要求；防爆电气设备的施工、安装、维护和检修也必须符合规程要求。

爆炸危险场所必须设置相应的可靠的避雷设施；有静电积聚危险的生产装置应采用控制流速、导除静电接地、静电消除器、添加防静电剂等有效的消除静电措施。

爆炸危险场所的生产、储存、装卸过程必须根据生产工艺的要求设置相应的安全装置。

桶装的有爆炸危险的物质应储存在库房内。库房应有足够的泄压面积和安全通道库房内不得设置办公和生活用房；库房应有良好的通风设施；对储存温度要求较低的有爆炸危险物质的库房应有降温设施；对储存退温易爆物品的库房地面应比周围高出一定的高度；库房的门、窗应有遮雨设施。

装卸有爆炸危险的气体、液体时，连接管道的材质和压力等级等应符合工艺要求，其装卸过程必须采用控制流速等有效的消除静电措施。

3. 危险场所的安全管理方面

企业应实行安全生产责任制，企业法定代表人应对本单位爆炸危险场所的安全管理工作负全面责任，以实现整体防爆安全。

新建、改建、扩建有爆炸危险的工程建设项目时，必须实行安全设施与主体工程同时设计、同时施工、同时竣工投产的“三同时”原则。

爆炸危险场所的设备应保持完好，并应定期进行校验、维护保养和检修，其完好率和泄漏率都必须达到规定要求。

爆炸危险场所的管理人员和操作工人，必须经培训考核合格后才能上岗。危险性较大的操作岗位，企业应规定操作人员的文化程度和技术等级。

防爆电气的安装、维修工人必须经过培训、考核合格，持证上岗。

企业必须有安全操作规程，操作工人应按操作规程操作。

爆炸危险场所必须设置标有危险等级和注意事项的标志牌。生产工艺、检修时的各种引爆源，必须采取完善的安全措施予以消除和隔离。

爆炸危险场所使用的机动车辆应采取有效的防爆措施。作业人员使用的工具、防护用品应符合防爆要求。

企业必须加强对防爆电气设备、避雷、静电导除设施的管理，选用经国家指定的防爆检验单位检验合格的防爆电气产品，做好防爆电气设备的备品、备件工作，不准任意降低防爆等级，对在用的防爆电气设备必须定期进行检验。检验和检修防爆电气产品的单位必须经过资格认可。

爆炸危险场所内的各种安全设施，必须经常检查，定期校验，保持完好的状态，做好记录。各种安全设施不得擅自解除或拆除。

爆炸危险场所内的各种机械通风设施必须处于良好运行状态，并应定期检测。

仓库内的爆炸危险物品应分类存放，并应有明显的货物标志。堆垛之间应留有足够的垛距、墙距、顶距和安全通道。

仓库和储罐区应建立健全管理制度。库房内及露天堆垛附近不得从事试验、分装、焊接等作业。

爆炸危险物品在装卸前应对储运设备和容器进行安全检查。装卸应严格按操作规程操作，对不符合安全要求的不得装卸。

企业的主管部门应按本规定的要求加强对爆炸危险场所的安全管理，并组织、检查和指导企业爆炸危险场所的安全管理工作。

二、《粉尘防爆安全规程》(GB 15577—2018)的内容

（一）总则

企业应辨识所存在的粉尘爆炸危险场所，确定可燃性粉尘爆炸危险性以及粉尘爆炸危险场所的数量、位置、危险区域等，分析存在的粉尘爆炸危险因素，评估粉尘爆炸风险，并制定能消除或有效控制粉尘爆炸风险的措施。

企业应建立粉尘防爆相关安全管理制度(包括除尘系统管理等)和岗位安全操作规程，安全操作规程应包含防范粉尘爆炸的安全作业和应急处置措施等内容。

企业应根据本标准并结合自身工艺、设备、粉尘爆炸特性、爆炸防护措施及安全管理制度等制定粉尘防爆安全检查表，并定期开展粉尘防爆安全检查。企业应每季度至少检查一次，车间或工段应每月至少检查一次。

企业应开展粉尘防爆安全教育及培训，普及粉尘防爆安全知识和有关法规、标准，使员工了解本企业粉尘爆炸危险场所的危险程度和防爆措施；企业主要负责人、安全管理人员和粉尘爆炸危险岗位的作业人员及设备设施检维修人员应进行专项粉尘防爆安全技术培训，并经考试合格，方准上岗。

企业应编制粉尘爆炸事故应急预案，并定期开展应急演练。

通风除尘、粉尘爆炸预防及控制等安全设备设施应确保持续有效，未经企业安全管理部门或安全负责人批准，不应更换或停止使用。

粉尘爆炸危险场所的出入口、生产区域及重点危险设备设施等部位，应设置显著的安全警示标识标志；粉尘爆炸危险区域应根据爆炸性粉尘环境出现的频繁程度和持续时间划分为 20 区、21 区和 22 区，分区应符合下列规定：

① 20 区应为爆炸性粉尘环境持续地或长期地或频繁地出现的区域。

② 21 区应为在正常运行时，爆炸性粉尘环境可能偶尔出现或故障状态下出现的区域。

③ 22 区应为在正常运行时，爆炸性粉尘环境一般不可能出现的区域，即使出现，持续

时间也是短暂的。

（二）建(构)筑物的结构与布局

存在粉尘爆炸危险的工艺设备或存在粉尘爆炸危险场所的建(构)筑物，不应设置在公共场所和居民区内，其防火间距应符合 GB 50016 的相关规定；存在粉尘爆炸危险场所的建筑物宜为框架结构的单层建筑，其屋顶宜用轻型结构。如为多层建应采用框架结构；存在粉尘爆炸危险场所的建筑物应设置符合 GB 50016 等要求的泄爆面积。

对涉及粉尘爆炸危险的工程及工艺设计，当有专门的国家标准时，应符合标准规定；存在粉尘爆炸危险的工艺设备宜设置在露天场所；如厂房内有粉尘爆炸危险的工艺设备，宜设置在建筑物内较高的位置，并靠近外墙。

梁、支架、墙及设备等应具有便于清洁的表面结构；粉尘爆炸危险场所（区域）应设有符合 GB 50016 相关规定的安全出口，其中至少有一个直通室外的安全出口；粉尘爆炸危险场所应设有安全疏散通道，疏散通道的位置和宽度应符合 GB 50016 的相关规定；安全疏散通道应保持畅通，疏散路线应设置应急照明和明显的疏散指示标志。

粉尘爆炸危险场所应严格控制区域内作业人员数量，不得设有休息室、会议室等人员密集场所，与其他厂房、员工宿舍等应不小于 GB 50016 规定的防火安全距离。

（三）防止粉尘云与粉尘层着火

1. 防止粉料自燃

具有自燃性的热粉料，储存前应冷却到正常储存温度；在通常储存条件下，大量储存具有自燃性的散装粉料时，应对粉料温度进行连续监测；当发现温度升高或气体析出时，应采取使粉料冷却的措施；对遇湿自燃的金属粉尘，其收集、堆放与储存时应采取防水防潮措施。

2. 防止明火与热表面引燃

粉尘爆炸危险场所不应存在明火。当需要进行动火作业时，应遵守下列规定。

① 由安全生产管理负责人批准并取得动火审批作业证。

② 动火作业前，应清除动火作业场所 10 m 范围内的可燃粉尘并配备充足的灭火器材。

③ 动火作业区段内涉粉作业设备应停止运行。

④ 动火作业的区段应与其他区段有效分开或隔断。

⑤ 动火作业后应全面检查设备内外部，确保无热熔焊渣遗留，防止粉尘阴燃。

⑥ 动火作业期间和作业完成后的冷却期间，不应有粉尘进入明火作业场所。

与粉尘直接接触的设备或装置（如电机外壳、传动轴、加热源等），其表面最高允许温度应低于相应粉尘的最低着火温度；粉尘爆炸危险场所设备和装置的传动机构应符合下列规定：

① 工艺设备的轴承应密封防尘并定期维护；有过热可能时，应设置轴承温度连续监测装置。

② 使用皮带传动时应设置打滑监测装置；当发生皮带打滑时，应自动停机或发出声光报警信号。

③ 金属粉末干磨设备应设置温度监测装置，当金属粉末温度超过规定值时应自动停机。

3. 防止电弧和电火花

粉尘爆炸危险场所建(构)筑物应按 GB 50057 中有关规定采取相应防雷措施。

当存在静电引燃危险时，除应符合 GB 12158 相关要求外，还应遵守下列规定：

① 所有金属设备、装置外壳、金属管道、支架、构件、部件等，应采用防静电直接接地措施；不便或工艺不准许直接接地的，可通过导静电材料或制品间接接地。

② 直接用于盛装起电粉料的器具、输送粉料的管道(带)等，应采用金属或防静电材料制成。

③ 金属管道连接处(如法兰)，应进行防静电跨接。

④ 操作人员应采取防静电措施。

粉尘爆炸危险场所用电气设备应符合 GB 12476.1、GB/T 3836.15 的相关规定；应防止由电气设备或线路产生的过热及火花，防止可燃性粉尘进入产生电火花或高温部件的外壳内；粉尘爆炸危险场所电气设计、安装应按 GB 50058 的有关规定执行。

4. 防止摩擦、碰撞火花

粉尘爆炸危险场所设备和装置应采取防止发生摩擦、碰撞的措施；在工艺流程的进料处，应设置能除去混入料中杂物的磁铁、气动分离器或筛子等防止杂物进入的设备或设施；应采取有效措施防止铝、镁、钛、锆等金属粉末或含有这些金属的粉末与锈钢摩擦产生火花；使用旋转磨轮和旋转切盘进行研磨和切割，应采用与动火作业相同的安全措施。

粉尘输送管道中存在火花等点火源时，如与木质板材加工用砂光机连接的除尘风管、纺织梳棉(麻)设备除尘风管等，应设置火花探测与消除火花的装置。

5. 惰化

在生产或处理易燃粉末的工艺设备中，采取防止点燃措施后仍不能保证安全时，宜采用惰化技术；对采用惰化防爆的工艺设备应进行氧浓度监测。

6. 灭火

灭火应符合消防相关规定要求，应根据粉尘的物理化学性质，正确选用灭火剂。

不应采用引起粉尘飞扬的灭火措施和方法；对于金属粉尘和与水接触可能产生爆炸性气体的粉尘，不应采用水基灭火器和水灭火。

(四) 粉尘爆炸的控制

粉尘爆炸危险场所工艺设备的连接，如不能保证动火作业安全，其连接应设计为能将各设备方便地分离和移动；在紧急情况下，应能及时切断所有动力系统的电源；存在粉尘爆炸危险的工艺设备，应采用泄爆、抑爆和隔爆、抗爆中的一种或多种控爆方式，但不能单独采取隔爆。

1. 抗爆

生产和处理能导致爆炸的粉料时，若无抑爆装置，也无泄压措施，则所有的工艺设备应采用抗爆设计，且能够承受内部爆炸产生的超压而不破裂；各工艺设备之间的连接部分(如管道、法兰等)，应与设备本身有相同的强度；高强度设备与低强度设备之间的连接部分，应安装隔爆装置；耐爆炸压力和耐爆炸压力冲击设备应符合 GB/T 24626 的相关要求。

2. 泄爆

工艺设备的强度不足以承受其实际工况下内部粉尘爆炸产生的超压时，应设置泄爆口，泄爆口应朝向安全的方向，泄爆口的尺寸应符合 GB/T 15605 的要求。

对安装在室内的粉尘爆炸危险工艺设备应通过泄压导管向室外安全方向泄爆，泄压导管应尽量短而直，泄压导管的截面积应不小于泄压口面积，其强度应不低于被保护设备容器的强度；不能通过泄压导管向室外泄爆的室内容器设备，应安装无焰泄爆装置；具有内联管道的工艺设备，设计指标应能承受至少 0.1 MPa 的内部超压。

3. 抑爆

存在粉尘爆炸危险的工艺设备，宜采用抑爆装置进行保护；如采用监控式抑爆装置，应符合 GB/T 18154 的要求；抑爆系统设计和应用应符合 GB/T 20445 的要求。

4. 隔爆

通过管道相互连通的存在粉尘爆炸危险的设备设施，管道上宜设置隔爆装置。

存在粉尘爆炸危险的多层建(构)筑物楼梯之间，应设置隔爆门，隔爆门关闭方向应与爆炸传播方向一致。

(五) 除尘系统

不同类别的可燃性粉尘不应合用同一除尘系统；粉尘爆炸危险场所除尘系统不应与带有可燃气体、高温气体或其他工业气体的风管及设备连通；应按工艺分片(分区域)设置相对独立的除尘系统；不同防火分区的除尘系统不应连通。

除尘系统的导电部件应进行等电位连接，并可靠接地，接地电阻应小于 100 Ω；管道连接法兰应采用跨接线。

除尘系统的启动应先于生产加工系统启动，生产加工系统停机时除尘系统应至少延时停机 10 min，应在停机后将箱体和灰斗内的粉尘全部清除和卸出。

铝、镁等金属粉尘禁止采用正压吹送的除尘系统；其他可燃性粉尘除尘系统采用正压吹送时，应采取可靠的防范点燃源的措施；镁等金属制品加工过程产生可燃性金属粉尘场所宜采用湿法除尘。

1. 吸尘罩

所有产尘点均应装设吸尘罩并保证有足够的入口风量以满足作业岗位粉尘捕集要求；吸尘罩设计应符合 GB/T 16758 等相关规定。

2. 风管

风管应明铺，不应布置在地下、半地下建筑物(室)中；风管应采用钢质材料制造，禁止采用干式巷道式构筑物作为除尘风道；风管的设计强度应不小于除尘器的设计强度；风管中不应有粉尘沉积；水平风管每间隔 6 m 处宜设置清灰口或设置高压惰性气体吹刷喷头；风管非清理状态时清灰口应封闭，其设计强度应大于风管的设计强度。

3. 除尘器

除尘器的安装、使用及维护应符合 GB/T 17919 的相关规定；禁止采用干式静电除尘器和重力沉降室除尘；除尘器宜布置在厂房建筑物外部。如干式除尘器安装在厂房内，应安装在厂房内的建筑物外墙处的单独房间内，房间的间隔墙应采用耐火极限不低于 3 h 的防火隔墙，房间的建筑物外墙处应开有泄爆口，泄爆面积应符合 GB 50016 的要求。

袋式除尘器进、出风口应设置风压差监测报警装置，并记录压差数据；在风压差偏离设定值时监测装置应发出声光报警信号；袋式除尘器不应采用机械振打方式，滤袋应采用阻燃及防静电的滤料制作，滤袋抗静电特性应符合 GB/T 17919 的要求。

干式除尘器应设置锁气卸灰装置，及时清卸灰仓内的积灰；干式除尘器灰斗内壁应光滑；干式除尘器应采用泄爆、抑爆和隔爆、抗爆中的一种或多种控爆方式，但不能单独采取隔爆。如采用泄爆装置，泄爆口应朝向安全区域，泄爆面积和泄爆装置参数应符合 GB/T

15605 的要求；泄爆方向无法满足安全要求的，应采用无焰泄爆装置。

对安装在室外的干式除尘器，其进风管上宜设置隔爆阀，其安装应能阻隔爆炸向室内传播。

湿式除尘系统水量、流速应能满足去除进入除尘器粉尘的要求，并设置液位、流速的连续监测报警装置；应及时清除沉淀的泥浆，并保证水槽（箱）及水质过滤池（箱）无论除尘器处于开启或者停止状态，都要有良好的通风；湿式除尘系统应采取防冻措施。

（六）粉尘控制与清理

企业对粉尘爆炸危险场所应制定包括清扫范围、清扫方式、清扫周期等内容的粉尘清理制度；生产、加工、储运可燃性粉尘的工艺设备应有防止粉尘泄漏的措施，工艺设备的接头、检查口、挡板、泄爆口盖等均应封闭严密。

不能完全防止粉尘泄漏的特殊地点（如粉料进出工艺设备处），应采取有效的除尘措施；所有可能沉积粉尘的区域（包括粉料储存间）及设备设施的所有部位应进行及时全面规范清扫；应根据粉尘特性采用不产生扬尘的清扫方法，不应使用压缩空气进行吹扫，宜采用负压吸尘方式清洁；遇湿自燃的金属粉尘，不应采用洒水增湿方式清扫，清扫收集的粉尘应按规定处理。

（七）检修

粉尘爆炸危险场所应制定设备设施检修安全作业制度和应急处置措施。检修作业应进行审批；应定期对粉尘爆炸危险场所中的设备传动装置（齿轮、滑轮、胶带运输机托辊、轴承等）、润滑系统以及除尘系统、电气设备等进行检修维护。

抑爆、泄爆、隔爆及火花探测器等安全装置应定期进行检验检查和维护；检修前，应停止所有设备运转，清洁检修现场地面和设备表面沉积的粉尘。检修部位与非检修部位应保持隔离，检修区域内所有的泄爆口处应无任何障碍物；检修作业应采用防止产生火花的防爆工具，禁止使用铁质检修作业工具；检修过程如涉及动火作业，应符合动火作业规定，并应设专人监护，配置足够的消防器材。

应按照设备检修维护规程和程序作业，粉尘爆炸危险场所禁止交叉作业。不应任意变更或拆除防爆设施，如有变更，应重新进行检测核算，直至符合相关规定要求。

（八）个体防护

粉尘爆炸危险场所作业人员应按 GB/T 11651 的有关规定，使用个体劳动防护用品；在工艺流程中使用惰性气体或可能释放出有毒气体的场所，应配备可保证作业人员安全的呼吸保护装置；粉尘爆炸危险场所作业人员不应穿化纤类易产生静电的工作服。

三、《危险场所电气防爆安全规范》（AQ 3009—2007）简介

《危险场所电气防爆安全规范》（AQ 3009—2007）是由国家安全生产监督管理总局于 2007 年 10 月 22 日发布，于 2008 年 1 月 1 日施行的安全生产行业性标准，其实用范围是：规定了爆炸性气体或可燃性粉尘环境中电气设备的选型、安装、使用、维护的安全要求及检查程序。该标准不适用煤矿井下、炸药的制造和加工场所及医疗室环境。

该规范主要内容共有 7 章：

① 范围；

② 规范性引用文件；

③ 术语和定义；

④ 爆炸性物质分级、分组和爆炸危险场所的分类、分级和区域范围划分；

⑤ 爆炸危险场所防爆电气设备的选型；

⑥ 爆炸危险场所电气线路和防爆电气设备的安装；

⑦ 危险场所防爆电气设备的检查和维护。

另有 A、B、C、D、E 五个附录。

《危险场所电气防爆安全规范》(AQ 3009—2007)是防爆电气作业人员必须认真学习并严格执行的安全技术文件。

四、《爆炸性环境》(GB 3836 系列简介，现有部分已作废或被替代)

GB 3836 系列分为以下若干部分：

GB 3836.1—2010——第 1 部分：设备 通用要求；

GB 3836.2—2010——第 2 部分：由隔爆外壳“d”保护的设备；

GB 3836.3—2010——第 3 部分：由增安型“e”保护的设备；

GB 3836.4—2010——第 4 部分：由本质安全型“i”保护的设备；

GB/T 3836.5—2017 ——第 5 部分：由正压外壳“p”保护的设备；

GB/T 3836.6—2017——第 6 部分：由液浸型“o”保护的设备；

GB/T 3836.7—2017——第 7 部分：由充砂型“q”保护的设备；

GB 3836.8—2014——第 8 部分：由“n”型保护的设备；

GB 3836.9—2014——第 9 部分：由浇封型“m”保护的设备；

GB/T 3836.11—2017——第 11 部分：气体和蒸气物质特性分类 试验方法和数据；

GB 3836.13—2013——第 13 部分：设备的修理、检修、修复和改造；

GB 3836.14—2014——第 14 部分：场所分类 爆炸性气体环境；

GB/T 3836.15—2017——第 15 部分：电气装置的设计、选型和安装；

GB/T 3836.16—2017——第 16 部分：电气装置的检查与维护；

GB 3836.17—2007——第 17 部分：正压房间或建筑物的结构和使用；

GB/T 3836.18—2017——第 18 部分：本质安全电气系统；

GB 3836.19—2010——第 19 部分：现场总线本质安全概念(FISCO)；

GB 3836.20—2010——第 20 部分：设备保护级别(EPL)为 Ga 级的设备；

GB/T 3836.21—2017——第 21 部分：设备生产质量体系的应用；

GB/T 3836.22—2017——第 22 部分：光辐射设备和传输系统的保护措施；

GB/T 3836.23—2017——第 23 部分：用于瓦斯和/或煤尘环境的 Ⅰ 类 EPL Ma 级设备；

GB/T 3836.24—2017——第 24 部分：由特殊型“s”保护的设备。

五、《可燃性粉尘环境用电气设备》(GB 12476 系统简介，现有部分已作废或被替代)

GB 12476 系列分为以下若干部分：

GB 12476.1—2013——第 1 部分：通用要求；

GB 12476.2—2010——第 2 部分：选型和安装；

GB/T 12476.3—2017——第 3 部分：存在或可能存在可燃性粉尘的场所分类；

GB 12476.4—2010——第 4 部分：本质安全型“iD”；

GB 12476.5—2013——第 5 部分：外壳保护型“tD”；

GB 12476.6—2010——第 6 部分：浇封保护型“mD”；

GB 12476.7—2010——第 7 部分：正压保护型“pD”；

GB 12476.8—2010——第 8 部分：试验方法 确定粉尘最低点燃温度的方法；

GB 12476.9—2010——第 9 部分：试验方法 粉尘层电阻率的测定方法；

GB 12476.10—2010——第 10 部分：试验方法 粉尘与空气混合物最小点燃能量的测定方法。

第三节 防爆电气全过程管理

一、做好工程项目设计审查

在工程项目设计完成后，应对项目中电气设备防爆安全技术措施进行审查，严格把好电气防爆设计关：

① 爆炸危险区域的划分是否合适，是否已同时考虑到各种环境因素可能对区域划分的影响。

② 各电气设备的选型和配置是否符合防爆技术要求。

③ 电气布线的选定和走向是否符合防爆技术要求，尤其是对于本安系统的布线是否考虑了与其他布线的分隔措施。

④ 采取的防爆技术措施是否全面，能否达到“电气整体防爆”的要求。

二、严格检查防爆电气设备供应商和产品资质

① 防爆合格证：必要时要验证证书的真伪性。特别要注意整体设备的系统认证。

② 防爆电气产品的检验报告和检验机构审查通过的技术文件：主要是防止防爆合格证的伪造、一证多用，应详细地了解产品防爆参数和限制的条件。

③ 生产许可证：没有生产许可证的，其产品不能使用。

④ 企业的定点或入网证明：此项限于特大型企业。

⑤ 产品的其他质量证明：如型式试验报告、防腐报告、防护试验报告等。

例如，防护性能和等级，制造商在出示的设备防爆合格证中，检验机构应验证后注明其具有的特殊防护性能和相应等级要求，或在出示的单项型式试验报告中说明：“采取了相应防护措施后，防爆性能未受影响”。后者主要是指制造商在防爆电气产品取得防爆合格证后，补做相应的抗其他特殊环境影响的型式试验报告。

⑥ 国外进口的防爆电气设备按照国家有关规定，必须取得中国检验机构的防爆合格证后方可安装使用。

三、安装前最基本的鉴别

1. 设备总体防爆标志

应在设备外壳明显处标/铸有防爆标志全称，如 ExdⅡC T6。

2. 产品铭牌

① 防爆标志；

② 防爆合格证号；

③ 生产许可证标志；

④ 特定的要求；

⑤ 出厂日期/编号。

3. 设备整体外观

① 金属外壳的隔爆型设备：壳体相对壁厚、铸面及氩焊面光滑，无凹凸不平状况，保证其承受爆炸强度要求和无砂孔。

② 产品体积较大的要以保证其散热能力和温度组别要求，提高产品的使用寿命。

③ 设备具备内外接地并有接地标志。

④ 注意电气设备的引入装置配置情况，应保证施工配线的需要。

⑤ 设备结构合理性确认，如解码器盒、电源箱允许回路数和最大电流、功率等。

四、试验

防爆电气设备检修或安装后都必须进行试验。例如以下几个实例：

① 本安电气设备和关联电气设备修理后，在本安电路端子与外壳之间应承受 50～60 Hz、500 V、历时 1 min 的耐压试验。

② 增安型电气设备对可能影响外壳机械强度的修理，应按标准进行冲击试验；对可能影响外壳防护等级的修理，应按标准进行防护性能试验；对可能影响设备温度组别的修理，应按标准进行温度试验；电缆和导管引入装置，应按标准进行夹紧试验（Ⅱ类固定式设备除外），密封圈应进行硬度和尺寸测量，其材料应用按标准进行的老化试验报告；更换的塑料风扇，应有按标准测定表面绝缘电阻的报告；更换的铝合金风扇，应有材料成分分析（含镁量）报告等。

③ 无火花型电气设备“n”对可能影响外壳机械强度的修理，应按标准进行冲击试验；对可能影响外壳防护等级的修理，应按标准进行防护性能试验；对可能影响设备温度组别的修理，应按标准进行温度试验；电缆和导管引入装置，应按标准进行夹紧试验（Ⅱ类固定式设备除外），密封圈应进行硬度和尺寸测量，其材料应有按标准进行的老化试验报告；更换的风扇，应有满足标准规定的试验报告等。

上述的只是举例，具体的试验要按相关规范确定，这一点是防爆电气设备与普通电气设备不同的，因为各类防爆型式的电气设备各有特殊的要求，不能混同。

五、全面推行工程项目安装验收制度

正确安装是确保防爆电气设备安全运行的重要环节之一。据现场检查发现，由于项目施工中存在层层转包，安装人员又缺乏防爆安全基本知识，原来是防爆的产品，由于不正确安装，使产品防爆性能失效的情况时有发生。

以下几条为规范验收程序：

① 技术文件的审查和确认，即主要审查防爆合格证书的有效性以及实物与证书的一致性。

② 防爆电气设备的质量检查，即采取抽样的办法对电气设备实施必要的样机检测和试验验证。

③ 安装质量验收，即从“电气整体防爆”角度，对安装后的电气设备的防爆有效性予以验证。

防爆电气设备除了在外部结构、温升控制等方面有些特殊要求外，在许多地方跟普通电气设备是近似的，故爆炸和火灾危险环境的电气装置的安装，除了按防爆电气相关法规标准进行试验验证，还应执行《电气装置安装工程 爆炸和火灾危险环境电气装置施工及验收规范》(GB 50257—2014)，并应符合现行国家标准相关的电气装置安装工程系列中的“高压电器”“电力变压器、油浸电抗器、互感器”“母线装置”“旋转电机”“盘、柜及二次回路结线”“电缆线路”“接地装置”“电气照明”“配线工程”等施工及验收规范和《电气装置安装工程 电气设备交接试验标准》(GB 50150—2016)，以及其他各专业标准规程的有关规定。

六、日常维护与管理

防爆电气设备的日常维护与管理是确保电气设备持续安全运行的重要措施。石化企业一般 1～2 年对电气设备进行一次维修保养。假若防爆电气作业人员都能严格按照国家安全规程的规定实施维修，应该在电气设备的日常使用过程中不会出现新的安全问题。

对于正常运行的防爆电气设备进行日常管理，在实施定期维护保养措施的基础上，根据实际情况也应定期或不定期地对电气设备的防爆安全实施评估，以避免在日常使用和维护过程中可能出现的安全问题。

七、防爆电气作业人员培训与考核

要保证在爆炸危险场所安全生产，切实保障人民生命和财产的安全，人的因素是第一位的，企业的主管领导及相应的管理人员、技术人员、采购人员和施工维修人员应除认真学习国家安全生产法以及国家相关安全生产法规、技术标准外，还应广泛、深入地掌握防爆电气应用方面的知识，特别是防爆电气作业人员，更要不断提高防爆电气安全的意识和技能。企业要经常参加本行业和制造业举办的技术交流活动，这样会了解到其他企业的应用和管理经验，了解防爆电气产品的最新动态和产品质量。此外，应邀请国内相关权威机构人员来企业进行技术培训，使员工增强鉴别真伪技术和对标准、法规理解的能力。

国家安全生产监督管理总局已于 2010 年 5 月 24 日发布《特种作业人员安全技术培训考核管理规定》(安监总局第 30 号令，2010 年 7 月 1 日实施)，在特种作业目录中正式列入“防爆电气作业”。

防爆电气作业是指对各种防爆电气设备进行安装、检修、维护的作业，适用于除煤矿井下以外的防爆电气作业。

防爆电气作业人员应具备下列基本条件：

① 年满 18 周岁，且不超过国家法定退休年龄。

② 经社区或者县级以上医疗机构体检健康合格，并无妨碍从事防爆电气作业的器质性心脏病、癫痫病、美尼尔氏症、眩晕症、癔病、震颤麻痹症、精神病、痴呆症、色盲以及其他疾病和生理缺陷。

③ 具有初中及以上文化程度。

④ 取得低压电工或高压电工特种作业操作证。

⑤ 相应特种作业规定的其他条件。

防爆电气作业人员必须经专门的安全技术培训并考核合格，取得《中华人民共和国特种作业操作证》后，方可上岗作业。

必须指出，因为防爆电气的安装、维修也要遵守普通电气设备安装维修的有关基本规定，因此防爆电气作业人员也必须认真学习电工基础知识，掌握普通电气作业的技能和安全技术。

参 考 文 献

[1] 李德永,李双梅.变频器技术及应用[M].北京:高等教育出版社,2007.
[2] 李虎伟.矿山供电技术[M].徐州:中国矿业大学出版社,2008.
[3] 唐奇民,黄翠柏.煤矿电气设备维修技能训练[M].2版.北京:中国劳动社会保障出版社,2018.
[4] 王尽余,潘妙琼,钟梅.防爆电器手册[M].北京:化学工业出版社,2009.
[5] 王祥.油库电气安全防爆技术[M].北京:中国电力出版社,2006.
[6] 吴炳辉.防爆电气作业[M].南京:东南大学出版社,2011.
[7] 中国电器工业协会防爆电器分会.防爆电器产品样本[M].北京:机械工业出版社,2004.

附　录

附录 1　Ex“d”、“e”和“n”装置检查一览表

（D—详细检查；C——一般检查；V—目视检查）

检查		Ex“d”			Ex“e”			Ex“n”		
		检查等级								
		D	C	V	D	C	V	D	C	V
A	设备									
1	设备适合于 EPL/安装区域要求	×	×	×	×	×	×	×	×	×
2	设备类别正确	×	×		×	×		×	×	
3	设备温度组别正确	×	×		×	×		×	×	
4	设备电路标识正确	×			×			×		
5	设备电路标识清晰	×	×	×	×	×	×	×	×	×
6	外壳、透明件及透明件与金属密封垫和/或胶黏剂符合要求	×	×	×	×	×	×	×	×	×
7	不存在未经批准的修改	×			×			×		
8	不存在可见的未经批准的修改		×	×		×	×		×	×
9	螺栓、电缆引入装置（直接或间接引入）和封堵件的类型正确、完整并紧固									
	——物理检查	×	×		×	×		×	×	
	——目视检查			×			×			×
10	法兰表面清洁、无损坏，衬垫（如果有）良好	×								
11	法兰间隙尺寸在允许的最大尺寸范围内	×	×							
12	灯具光源额定值、型号和位置正确	×			×			×		
13	电气连接件安装牢固				×			×		
14	外壳衬垫状态良好				×			×		
15	封闭式断路装置和气密型装置无损坏							×		
16	限制呼吸外壳良好							×		
17	电动机风扇与外壳和/或外罩之间有足够的间距	×			×			×		
18	呼吸和排液装置良好	×	×		×	×		×	×	
B	安装									
1	电缆型号合适	×			×			×		

附录 1(续)

检查		Ex“d”			Ex“e”			Ex“n”		
		检查等级								
		D	C	V	D	C	V	D	C	V
2	电缆无明显损坏	×	×	×	×	×	×	×	×	×
3	线槽、管道、管线和/或导管密封良好	×	×	×	×	×	×	×	×	×
4	填料盒和电缆盒正确地填充	×								
5	保持导管系统及其与混合系统的连接完整	×			×			×		
6	接地连接件,包括附加的等电位接地连接件满足要求(如连接牢固、导线截面足够)									
	——物理检查	×			×			×		
	——目视检查		×	×		×	×		×	×
7	故障回路电阻(TN 系统)或接地电阻(IT 系统)满足要求	×			×			×		
8	绝缘电阻满足要求	×			×			×		
9	电气自动保护装置在允许范围内动作	×			×			×		
10	电气自动保护装置整定正确(不能自动复位)	×			×			×		
11	符合特定使用条件(如果适用)	×			×			×		
12	不用的电缆正确端接	×			×			×		
13	接近隔爆法兰接合面的障碍物符合 IEC 60079-14 的规定	×	×	×						
14	各种电压和频率符合文件要求	×	×		×	×		×	×	
C	环境									
1	设备适应防腐、气候防护、防止振动和其他不利条件	×	×	×	×	×	×	×	×	×
2	无粉尘和污物的过度堆积	×	×	×	×	×	×	×	×	×
3	电气绝缘清洁干燥				×			×		

注:1. 通用:对于利用两种防爆型式“e”和“d”电气设备的检查为两栏目的组合。

2. 项 B7 和项 B8:当使用电气检查设备时要考虑设备附近可能出现爆炸性环境的可能性。

附录 2　Ex“i”、“iD”和“nL”装置检查一览表

检查		检查等级		
		详细检查	一般检查	目视检查
A	设备			
1	电路和/或设备的文件符合 EPL/安装区域要求	×	×	×
2	安装的设备是文件所规定的设备——仅指固定式设备	×	×	
3	电路和/或电气设备类别和组别正确	×	×	
4	设备温度组别正确	×	×	
5	装置标牌清楚	×	×	
6	外壳、透明件及透明件与金属密封垫和/或胶黏剂符合要求	×		
7	不存在未经批准的修改	×		
8	不存在可见的未经批准的修改	×	×	×
9	安全栅、继电器和其他限能装置为批准的类型，按证书的要求安装，需要的地方安全接地	×	×	×
10	电气连接件安装牢固	×		
11	印制电路板清洁无损坏	×		
B	安装			
1	电缆按文件要求安装	×		
2	电缆屏蔽按文件要求接地	×		
3	电缆无明显损坏	×	×	×
4	线槽、管道、管线和/或导管密封良好	×	×	×
5	点与点的连接均正确	×		
6	非电流隔离电路接地连续性良好(如连接牢固、导线截面足够)	×		
7	接地连接件保持防爆型式的完整性	×	×	×
8	本安电路接地和绝缘电阻满足要求	×		
9	在公用配电箱或继电器盒内本安电路和非本安电路之间保持隔离	×		
10	如果适用，电源短路保护符合文件要求	×		
11	符合特定使用条件(如适合)	×		
12	不用的电缆正确端接	×		
C	环境			
1	设备适应防腐、气候防护、防止振动和其他不利条件	×	×	×
2	外部无粉尘和污物的过度堆积	×	×	×

附录 3 Ex“p”和“pD”装置检查一览表

检查		检查等级		
		详细检查	一般检查	目视检查
A	设备			
1	设备适合于 EPL/安装区域要求	×	×	×
2	设备类别正确	×	×	
3	设备温度组别或表面温度正确	×	×	
4	设备电路标识正确	×		
5	设备电路标识清晰	×	×	×
6	外壳、透明件及透明件与金属密封垫和/或胶黏剂满足要求	×	×	×
7	不存在未经批准的修改	×		
8	不存在可见的未经批准的修改		×	×
9	灯具光源的额定值、型号和位置正确	×		
B	安装			
1	电缆型号合适	×		
2	电缆无明显损坏	×	×	×
3	接地连接件、包括附加的等电位接地连接件良好(如连接牢固、导线截面足够)			
	——物理检查	×		
	——目视检查		×	×
4	故障回路电阻(TN 系统)或接地电阻(IT 系统)满足要求	×		
5	电气自动保护装置在允许范围内动作	×		
6	电气自动保护装置整定正确	×		
7	保护气体进气口温度低于规定的最高值	×	×	×
8	管道、管线和外壳状态良好	×	×	×
9	保护气体基本未受污染	×	×	×
10	保护气体压力和/或流量合适	×		
11	压力和/或流量指示仪、报警器和联锁装置功能正常	×		
12	危险场所排气管道中火花和火花颗粒挡板状态良好	×		
13	符合特定使用条件(如果适用)	×		
C	环境			
1	电气设备适应防腐、气候防护、防止振动和其他不利条件	×	×	×
2	无粉尘和污物的过度堆积	×	×	×

附录 4　Ex"tD"装置检查一览表

检查		检查等级		
		详细检查	一般检查	目视检查
A	设备			
1	设备适合于 EPL/安装区域要求	×	×	×
2	设备 IP 防护等级适合于粉尘情况	×	×	×
3	设备最高表面温度正确	×	×	
4	设备电路标识正确	×		
5	设备电路标识清晰	×	×	×
6	外壳、透明件及透明件与金属密封垫和/或胶黏剂满足要求	×	×	×
7	不存在未经批准的修改	×		
8	不存在可见的未经批准的修改		×	×
9	螺栓、电缆引入装置和封堵件的类型正确、完整并紧固			
	——物理检查	×	×	
	——目视检查			×
10	灯具光源的额定值、型号和位置正确	×		
11	电气连接牢固	×		
12	外壳衬垫状态良好	×		
13	电动机风扇与外壳和/或外罩之间有足够的间距	×		
B	安装			
1	安装使粉尘积聚风险最小	×	×	×
2	电缆型号合适	×		
3	电缆无明显损坏	×	×	×
4	线槽、管道、管线和/或导管密封良好	×	×	×
5	接地连接件、包括附加的等电位接地连接件满足要求			
	——物理检查	×		
	——目视检查		×	×
6	故障回路电阻(TN 系统)或接地电阻(IT 系统)满足要求	×		
7	绝缘电阻满足要求	×		
8	电气自动保护装置在允许范围内动作	×		
9	符合特定使用条件(如果适用)	×		
10	不用的电缆正确端接	×	×	
C	环境			
1	电气设备适应防腐、气候防护、防止振动和其他不利条件	×	×	×
2	无粉尘和污物的过度堆积	×	×	×

附录 5 粉尘防爆场所安全检查表

序号	检查内容	检查依据	检查结果	检查说明
	一、建(构)筑物的结构与布局			
1	安装有粉尘爆炸危险的工艺设备或存在可燃粉尘的建(构)筑物,应与其他建(构)筑物分离,其防火间距应符合 GB 50016 的相关规定	《粉尘防爆安全规程》(GB 15577—2018)		
2	建筑物宜为单层建筑,屋顶宜用轻型结构	《粉尘防爆安全规程》(GB 15577—2018)		
3	多层建筑的结构要求如下: 多层建筑物宜采用框架结构; 不能使用框架结构的建筑物应在墙上设置符合要求的泄爆口; 如果将窗户或其他开口作为泄爆口,应经核算并保证在爆炸时其能有效进行泄爆	《粉尘防爆安全规程》(GB 15577—2018)		
4	梁、支架、墙及设备等应具有便于清扫的表面结构。 工房内墙表面应采用平整不易积尘和易清扫的结构,且不应向上拼接。 非整料构筑的墙体,墙面应用砂浆抹平,不得留有孔隙。 工房、成品库房的地面、工作平台应采用硬质防滑导静电的非燃性材料制作,且不应有积尘接缝。 工、库房屋顶不应漏水,同时应防止室内漏水及外部水流入。 工房、成品库房所有门、窗框架均应采用金属材料制作。 窗扇应向外开启,且不得设中梃并配有摩擦式窗栓	《粉尘防爆安全规程》(GB 15577—2018) 《铝镁粉加工粉尘防爆安全规程》(GB 17269—2003)		
5	疏散通道要求如下: 工作区应有疏散通道,疏散通道的数目和位置应符合 GB 50016 的相关规定; 门应向外开启,并不得设门槛。	《粉尘防爆安全规程》(GB 15577—2018) 《铝镁粉加工粉尘防爆安全规程》(GB 17269—2003)		
6	疏散路线应设置明显的路标和应急照明	《粉尘防爆安全规程》(GB 15577—2018)		
	二、工艺设备			
1	如厂房内有粉尘爆炸危险的工艺设备,宜设在建筑物内较高的位置,并靠近外墙	《粉尘防爆安全规程》(GB 15577—2018)		
2	有爆炸危险的工艺设备宜设置在建筑物外的露天场所	《粉尘防爆安全规程》(GB 15577—2018)		
3	与粉尘直接接触的设备或装置(如光源、加热源等),其表面允许温度应低于相应粉尘的最低着火温度。	《粉尘防爆安全规程》(GB 15577—2018)		
4	存在可燃粉尘的场所,其设备和装置的传动机构应符合下列规定: 工艺设备的轴承应防尘密封,如有过热可能,应安装能连续监测轴承温度的探测器; 不宜使用皮带传动,如果使用皮带传动,应安装速差传感器和自动防滑保护装置,当发生滑动摩擦时,保护装置应能确保自动停机	《粉尘防爆安全规程》(GB 15577—2018)		

附录5(续)

序号	检查内容	检查依据	检查结果	检查说明
二、工艺设备				
5	在工艺流程的进料处,应安装能除去混入料中杂物的磁铁、气动分离器或筛子,防止杂物与设备碰撞	《粉尘防爆安全规程》(GB 15577—2018)		
6	应采取有效措施防止铝、镁、钛、锆等金属粉末或含有这些金属的粉末与锈钢摩擦产生火花	《粉尘防爆安全规程》(GB 15577—2018)		
7	爆炸时实现保护性停车。 应根据车间的大小,安装数个能互相联锁的动力电源控制箱;在紧急情况下,应能及时切断所有电机的电源	《粉尘防爆安全规程》(GB 15577—2018)		
8	工艺设备的接头、检查门、挡板、泄爆口盖等均应封闭严密	《粉尘防爆安全规程》(GB 15577—2018)		
9	设备外壳应由非燃材料制成	《粮食加工、储运系统粉尘防爆安全规程》(GB 17440—2008)		
10	设备的运转部件间应运转灵活,不得有刮、碰、卡、擦现象	《粮食加工、储运系统粉尘防爆安全规程》(GB 17440—2008)		
11	工艺设备的强度不足以承受其实际工况下内部粉尘爆炸产生的超压时,应设置泄爆口,泄爆口的尺寸宜符合 GB/T 15605	《粉尘防爆安全规程》(GB 15577—2018)		
12	泄爆口的位置应靠近可能产生引爆源的地方;应尽量在围包体顶部或上部开设,不得泄向易燃易爆危险场所,以免点燃其他可燃物;不得泄向公共场所,以免泄爆伤人	《粉尘爆炸泄压指南》(GB/T 15605—2008)		
三、防雷防静电				
1	粉尘爆炸危险场所应按 GB 50057 中有关规定采取相应防雷措施	《粉尘防爆安全规程》(GB 15577—2018)		
2	当存在静电危险时,应遵守下列规定: 所有金属设备、装置外壳、金属管道、支架、构件、部件等,一般应采用防静电直接接地;不便或工艺不允许直接接地的,可通过导静电材料或制品间接接地; 直接用于盛装起电粉末的器具、输送粉末的管道(带)等,应采用金属或防静电材料制成; 所有金属管道连接处(如法兰),应进行跨接; 操作人员应采取防静电措施; 不应采用直接接地的金属导体或筛网与高速流动的粉末接触的方法消除静电	《粉尘防爆安全规程》(GB 15577—2018)		

附录 5(续)

序号	检查内容	检查依据	检查结果	检查说明
	四、防爆电器			
1	粉尘爆炸危险场所用电器设备应符合 GB 12476.1 的相关规定	《粉尘防爆安全规程》(GB 15577—2018)		
2	粉尘爆炸危险场所电力设计应按 GB 50058 的有关规定执行	《粉尘防爆安全规程》(GB 15577—2018)		
3	防爆电气设备应根据爆炸危险区域的等级和爆炸危险物质的类别、级别和组别选型	《危险场所电气防爆安全规范》(AQ 3009—2007)		
4	防爆电气设备选型,除可燃性非导电粉尘和可燃纤维的 21 区或 22 区环境采用防尘结构的粉尘防爆电气设备外,爆炸性粉尘环境 20 区及其他爆炸性粉尘环境均采用尘密结构的粉尘防爆电气设备,并按照粉尘的不同引燃温度选择不同引燃温度组别的电气设备	《爆炸危险环境电力装置设计规范》(GB 50058—2014)		
5	配线钢管,应采用低压流体输送用镀锌焊接钢管	《电气装置安装工程爆炸和火灾危险环境电气装置施工及验收规范》(GB 50257—2014)		
6	钢管与钢管、钢管与电气设备、钢管与钢管附件之间的连接,应采用螺纹连接。不得采用套管焊接,并应符合下列要求: 螺纹加工应光滑、完整、无锈蚀,在螺纹上应涂以电力复合脂或导电性防锈脂; 不得在螺纹上缠麻或绝缘胶带及涂其他油漆; 管径为 25 mm 及以下的钢管不应少于 5 扣,管径为 32 mm 及以上的钢管不应少于 6 扣	《电气装置安装工程爆炸和火灾危险环境电气装置施工及验收规范》(GB 50257—2014)		
7	钢管配线应在下列各处装设防爆挠性连接管: 电机的进线口; 钢管与电气设备直接连接有困难处; 管路通过建筑物的伸缩缝、沉降缝处	《电气装置安装工程爆炸和火灾危险环境电气装置施工及验收规范》(GB 50257—2014)		
8	在 20 区、21 区和 22 区内不宜用移动式电气设备。若必须使用移动式电气设备时,导线应选用 YC 或 YCW 橡胶电缆	《粮食加工、储运系统粉尘防爆安全规程》(GB 17440—2008)		

附录 5(续)

序号	检查内容	检查依据	检查结果	检查说明
	五、通风、除尘			
1	宜按工艺分片设置相对独立的除尘系统	《粉尘防爆安全规程》(GB 15577—2018)		
2	所有产尘点均应装设吸尘罩	《粉尘防爆安全规程》(GB 15577—2018)		
3	风管中不应有粉尘沉降	《粉尘防爆安全规程》(GB 15577—2018)		
4	宜采用袋式收尘器并优先采用外滤型式	《粉尘爆炸危险场所用收尘器防爆导则》(GB/T 17919—2008)		
5	收尘器宜安装于室外;如安装于室内,其泄爆管应直通室外,且长度小于3 m,并根据粉尘属性确定是否设立隔(阻)爆装置	《粉尘爆炸危险场所用收尘器防爆导则》(GB/T 17919—2008)		
6	在收尘器进、出风口处宜设置隔离阀,并安装温度监控装置	《粉尘爆炸危险场所用收尘器防爆导则》(GB/T 17919—2008)		
7	脉冲喷吹灰袋式收尘器宜采用 N_2、CO_2 或其他惰性气体作为清灰气源	《粉尘爆炸危险场所用收尘器防爆导则》(GB/T 17919—2008)		
	六、消防			
1	应根据粉尘的物理化学性质正确选用灭火剂	《粉尘防爆安全规程》(GB 15577—2018)		
2	灭火时,应防止粉尘扬起形成粉尘云	《粉尘防爆安全规程》(GB 15577—2018)		
3	若燃烧物与水接触能生成爆炸性气体,不应用水灭火	《粉尘防爆安全规程》(GB 15577—2018)		
	七、作业安全			
1	粉尘云能够被碰撞产生的火花引燃时,应采取措施防止碰撞发生,同时,检修时应使用防爆工具	《粉尘防爆安全规程》(GB 15577—2018)		
2	没有与明火作业等效的保护措施,不应使用旋转磨轮和旋转切盘进行研磨和切割	《粉尘防爆安全规程》(GB 15577—2018)		
3	所有可能积累粉尘的生产车间和储存室都应及时清扫	《粉尘防爆安全规程》(GB 15577—2018)		
4	不应使用压缩空气进行吹扫	《粉尘防爆安全规程》(GB 15577—2018)		
5	在作业场所内,生产人员不应贴身穿着化纤制品衣裤	《粉尘防爆安全规程》(GB 15577—2018)		